外来物种红耳龟入侵半咸水的生理生态机制

洪美玲 史海涛 丁 利 著

科学出版社
北京

内容简介

本书从生理生态学角度系统阐述了红耳龟在半咸水环境中的野外生态适应性、渗透压调节、糖脂代谢调节、应激通路调节、肠道菌群调节等适应对策及相关机制,为红耳龟的生态危害评估及防控提供了理论依据和实践指导,为外来入侵物种适应机制的深入研究奠定了基础,为生态环境保护和生物多样性保护提供了技术支撑。

本书适合从事生物入侵、生物多样性、生态安全、动物检疫、环境保护等领域的科研工作人员,本科院校师生以及行政管理人员等阅读参考。

图书在版编目(CIP)数据

外来物种红耳龟入侵半咸水的生理生态机制/洪美玲,史海涛,丁利著. —北京:科学出版社,2020.4

ISBN 978-7-03-063854-0

Ⅰ. ①外… Ⅱ. ①洪… ②史… ③丁… Ⅲ. ①龟科-外来入侵动物-动物生态学-研究 Ⅳ. ①Q959.6

中国版本图书馆 CIP 数据核字(2019)第 299376 号

责任编辑:韩学哲　高璐佳/责任校对:郑金红
责任印制:吴兆东/封面设计:刘新新

科学出版社 出版
北京东黄城根北街 16 号
邮政编码:100717
http://www.sciencep.com

北京虎彩文化传播有限公司 印刷
科学出版社发行　各地新华书店经销

*

2020 年 4 月第 一 版　　开本:787×1092　1/16
2020 年 4 月第一次印刷　　印张:12 1/2
字数:277 000

定价:148.00 元
(如有印装质量问题,我社负责调换)

前　言

外来物种入侵导致了全球生物多样性的丧失和全球生态系统的破坏。中国是世界上遭受生物入侵危害最为严重的国家之一，已记录的外来入侵生物达 560 种，严重危害入侵地的生物多样性和生态环境安全，并造成了巨大的经济损失。

红耳龟繁殖、竞争和耐受恶劣环境的能力强，可传播疾病，能与不同科的龟种杂交，被世界自然保护联盟（IUCN）列为世界最危险的 100 个入侵物种之一。该种已在欧洲、非洲、大洋洲、亚洲及美洲等世界范围内成功入侵。红耳龟以其竞争优势，使本土龟类的生存受到严重威胁，并对入侵水域的生物多样性造成破坏。长期以来，由于宠物弃养、宗教放生、养殖逃逸，甚至一些错误的执法放生等原因，红耳龟已在我国野外普遍存在，主要分布在河流湖泊，与我国 14 种淡水龟的生存环境具有很大的重叠性，对国内的生物多样性及濒危龟类资源保护构成严重的威胁。有关该物种的入侵机制研究可为红耳龟的防控，以及制定和实施对该物种限制进口及放生等的管理举措提供重要参考。

红耳龟原本生活于淡水中，海南师范大学龟类研究与保护课题组的野外调查发现，红耳龟可在海南南渡江入海口等半咸水区域生存并繁殖后代，这表明红耳龟可入侵河口、入海口等生态保护红线范围内的生境敏感区。以往关于红耳龟入侵区域的预测和研究均忽略了这一潜在的广大区域。况且，由于全球气候变暖，冰川融化，海平面上升，一方面将导致局部海水盐度降低，另一方面，海（咸）水入侵加剧，淡水咸化，导致半咸水区域也可能因此逐步扩大，所以未来红耳龟可入侵的潜在范围及危害将显著增大。

本书综合了课题组十多年来对红耳龟入侵半咸水的区域范围及适应对策的相关研究成果，以胁迫生理学为主线，详细阐述了红耳龟对半咸水环境的适应机制。本书从野外种群建立及入侵危害入手，论述了红耳龟在半咸水环境中的野外生态适应性（第二章），探讨了红耳龟对盐度的耐受性，以及盐度胁迫对其消化生理（第三章）、渗透压（第四章）及糖脂代谢（第五章）的影响。并分别从抗氧化防御调节（第六章）、免疫调节（第七章）、JAK-STAT 通路的应答调节（第八章）、p53 信号通路调控（第九章）和肠道菌群调节（第十章）等方面深入阐述了红耳龟入侵半咸水的适应策略。本书配有大量的图表及研究结论，论述详细，研究成果可为入侵生物学相关工作提供研究思路及研究方法。本书可为红耳龟的生态危害评估及防控提供理论依据和实践指导，为外来入侵物种适应机制的深入研究奠定基础，为生态环境保护和生物多样性保护提供技术支撑。

本书的相关研究得到国家自然科学基金（31760116、31772486、31960226）、国家自然科学基金重大国际合作项目（30910103916）、教育部科学技术研究重点项目（211145）、海南省自然科学基金创新研究团队（2019CXTD404）、海南省自然科学基金（313048、318MS046）等项目资助，本书的出版得到教育部重点实验室——热带岛屿生态学实验室、海南省生态学重点学科、海南师范大学生物学优势学科、海南师范大学出版基金的资助，在此深表感谢。

感谢广东省生物资源应用研究所龚世平研究员，海南师范大学汪继超教授、王力军教授、傅丽容教授、林柳副教授、王伟副教授及肖繁荣副教授，海南职业技术学院方振华副教授，中国热带农业科学院热带生物技术研究所王冬梅研究员等在实验设计和著作撰写方面给予的热情帮助。感谢曾就读于海南师范大学的博士生王剑，硕士生张珂、江爱萍、李江月、刘丹、沈兰、杨江波、陈懋、马凯、周鹏、李闯等，以及本科生魏朝军、张杰、赵龙辉、谢迪、梁婷婷等在论文完成期间对红耳龟所做的大量野外调查和科学研究工作，同时也感谢正在攻读博士学位的吴山楠，攻读硕士学位的李娜、李维昊、梁龄月、李家威、黄祖彬，以及2016级生物科学专业和生物技术专业的本科生李倩、任鹏、陈雅慧、王润琦、瞿皓月、李钰、冯丹、张新迎、金慧琳等在实验数据收集与统计分析、文献收集与资料整理方面给予的大力帮助。

本书在写作期间，新的研究和新的文献不断涌现，作者力求将主要的新文献收入书中。尽管如此，仍然未能将该领域的研究都介绍到。限于学识和水平，可能对入侵物种适应机制的认识和研究还很粗浅，同时也受到研究技术和研究手段的限制，如有不妥之处，恳请同行提出宝贵意见，以便今后逐步完善。

洪美玲　史海涛　丁　利
2019年4月于海南海口

目 录

前言
第一章 外来物种红耳龟入侵概述 ··· 1
  第一节 红耳龟形态、分类及地理分布 ······································ 2
    一、红耳龟的形态特征 ·· 2
    二、红耳龟的分类地位 ·· 2
    三、红耳龟的地理分布及入侵现状 ······································ 2
  第二节 红耳龟在中国的入侵现状 ·· 3
    一、红耳龟在中国的分布 ·· 3
    二、红耳龟的传入及扩散路径 ·· 4
  第三节 红耳龟种群建立及传播机制 ·· 6
    一、红耳龟的种群结构 ·· 6
    二、红耳龟的生态适应性 ·· 7
    三、红耳龟的天敌 ·· 13
  第四节 红耳龟的入侵危害 ·· 13
    一、对本土龟类的影响 ·· 13
    二、对人类健康的影响 ·· 16
  第五节 红耳龟的入侵管理 ·· 17
    一、制定相关法律 ·· 18
    二、规范养殖和市场 ·· 18
    三、科学管理放生活动 ·· 18
    四、加强宣传和教育 ·· 19
  结语 ··· 19
  参考文献 ··· 20
第二章 外来物种红耳龟对半咸水环境的生态适应 ························· 23
  第一节 研究区域的自然概况 ·· 23
    一、研究区域的位置与气候 ·· 23
    二、植物资源 ·· 23
    三、动物资源 ·· 24
  第二节 半咸水环境中红耳龟的活动家域 ·································· 24
    一、半咸水环境中红耳龟的家域和核域 ································ 25
    二、红耳龟在半咸水环境中的家域分析 ································ 26
  第三节 半咸水环境中红耳龟对微生境的利用 ····························· 26
    一、微生境 ··· 27

二、半咸水环境中红耳龟微生境分析 …………………………………… 29
 第四节　红耳龟在半咸水环境中的食性 ………………………………………… 29
　　一、红耳龟取食的动物种类 …………………………………………… 30
　　二、红耳龟取食的植物种类 …………………………………………… 31
　　三、红耳龟年龄、性别与取食的关系 ………………………………… 31
　　四、半咸水环境中红耳龟食性分析 …………………………………… 32
 第五节　红耳龟在半咸水环境中的繁殖 ………………………………………… 33
　　一、半咸水环境中红耳龟对巢址的选择 ……………………………… 33
　　二、半咸水环境中红耳龟的筑巢行为 ………………………………… 34
　　三、半咸水环境中红耳龟的窝卵数及孵化 …………………………… 35
　　四、半咸水环境中孵出的红耳龟稚龟 ………………………………… 36
　　五、半咸水环境中红耳龟繁殖状况分析 ……………………………… 36
 结语 …………………………………………………………………………………… 37
 参考文献 ……………………………………………………………………………… 38

第三章　红耳龟对盐度的耐受性及消化生理调节 ……………………………… 42
 第一节　红耳龟对环境盐度的耐受性 …………………………………………… 42
　　一、环境盐度的设置范围 ……………………………………………… 42
　　二、红耳龟的存活情况 ………………………………………………… 43
　　三、红耳龟的临床特征及病理剖检 …………………………………… 43
 第二节　半咸水环境中对红耳龟的消化生理调节 ……………………………… 43
　　一、半咸水环境中红耳龟消化酶活力 ………………………………… 43
　　二、半咸水环境中红耳龟肝脏组织结构变化 ………………………… 45
　　三、半咸水环境中红耳龟肠道组织结构变化 ………………………… 45
　　四、半咸水环境中红耳龟消化生理分析 ……………………………… 45
 结语 …………………………………………………………………………………… 46
 参考文献 ……………………………………………………………………………… 46

第四章　红耳龟适应半咸水环境的渗透压调节 ………………………………… 48
 第一节　半咸水环境中红耳龟渗透压的调节 …………………………………… 48
　　一、半咸水环境中红耳龟血浆渗透压 ………………………………… 49
　　二、半咸水环境中红耳龟血浆离子浓度 ……………………………… 50
　　三、半咸水环境中红耳龟尿液离子浓度 ……………………………… 51
　　四、半咸水环境中红耳龟血清醛固酮含量 …………………………… 52
　　五、半咸水环境中红耳龟 Na^+-K^+-ATP 酶活力 ……………………… 52
　　六、半咸水环境中红耳龟血液和尿液中含氮代谢物含量 …………… 53
　　七、半咸水环境中红耳龟对渗透压的调节分析 ……………………… 55
 第二节　半咸水环境中游离氨基酸对渗透压的调节 …………………………… 56
　　一、半咸水环境中红耳龟肌肉游离天冬酰胺含量 …………………… 57
　　二、半咸水环境中红耳龟肌肉游离组氨酸含量 ……………………… 57

三、半咸水环境中红耳龟肌肉游离丙氨酸含量 ·· 57
　　四、半咸水环境中红耳龟肌肉游离谷氨酸和谷氨酰胺含量 ··························· 58
　　五、半咸水环境中红耳龟肌肉总游离氨基酸含量 ··· 58
　　六、半咸水环境中游离氨基酸对渗透压的调节作用分析 ······························ 61
　第三节　半咸水环境中红耳龟肝脏转录组学分析 ··· 62
　　一、红耳龟序列数据质量分析 ·· 62
　　二、红耳龟基因功能注释 ··· 64
　　三、根据转录组数据分析红耳龟适应半咸水环境的渗透压调节机制 ·············· 72
　结语 ··· 74
　参考文献 ·· 75

第五章　红耳龟适应半咸水环境的糖脂代谢调节 ··· 79
　第一节　半咸水环境中红耳龟对营养物质的利用 ··· 79
　　一、半咸水环境中红耳龟血糖和肝糖原的含量 ··· 79
　　二、半咸水环境中红耳龟血清和肝脏可溶性蛋白的含量 ······························ 80
　　三、半咸水环境中红耳龟血清脂质成分的含量 ··· 82
　　四、半咸水环境中红耳龟对营养物质利用的分析 ······································· 83
　第二节　红耳龟 AMPK 亚基分布及在半咸水环境中的表达 ······························ 83
　　一、AMPK 在红耳龟各组织中的表达分布 ··· 84
　　二、半咸水环境中红耳龟 AMPK 的表达及活力 ·· 86
　　三、半咸水环境中红耳龟 AMPK 变化分析 ··· 86
　第三节　半咸水环境中红耳龟脂肪代谢相关通路的调控 ··································· 87
　　一、半咸水环境中红耳龟脂肪代谢转录因子的表达 ···································· 87
　　二、半咸水环境中红耳龟脂肪合成代谢相关基因的表达 ······························ 89
　　三、半咸水环境中红耳龟脂肪分解代谢相关基因的表达 ······························ 90
　　四、半咸水环境中红耳龟脂肪代谢相关酶的活力 ······································· 92
　　五、半咸水环境中红耳龟脂肪代谢通路分析 ·· 93
　第四节　半咸水环境中红耳龟糖代谢相关通路的调控 ······································ 94
　　一、半咸水环境中红耳龟糖代谢相关酶活力及 GLUT4 含量 ························ 95
　　二、半咸水环境中红耳龟糖代谢主要调控基因的表达 ································· 96
　　三、半咸水环境中红耳龟糖代谢通路分析 ··· 97
　结语 ··· 98
　参考文献 ·· 99

第六章　红耳龟适应半咸水环境的抗氧化防御调节 ··· 104
　第一节　半咸水环境中红耳龟的抗氧化酶系统 ·· 104
　　一、超氧化物歧化酶 mRNA 表达及酶活力 ·· 105
　　二、过氧化氢酶 mRNA 表达及酶活力 ·· 106
　　三、谷胱甘肽过氧化物酶 mRNA 表达及酶活力 ·· 107
　　四、谷胱甘肽转硫酶的 mRNA 表达 ·· 109

五、半咸水环境中红耳龟抗氧化酶系统分析 ················· 110
第二节　半咸水环境中红耳龟抗氧化系统调控通路 ················· 111
　　一、半咸水环境中红耳龟 *Nrf2/Keap1* 信号通路的活化 ········ 111
　　二、半咸水环境中红耳龟 TOR 及 S6K1 信号的激活 ·········· 112
　　三、半咸水环境中红耳龟抗氧化系统调控通路分析 ··········· 114
第三节　半咸水环境中红耳龟氧化应激效应物的变化 ··············· 115
　　一、半咸水环境中红耳龟丙二醛的含量 ················· 115
　　二、半咸水环境中红耳龟丙二醛变化分析 ················ 115
结语 ·· 116
参考文献 ··· 117

第七章　红耳龟适应半咸水环境的免疫调节 ················· 121
第一节　半咸水环境中红耳龟免疫细胞因子调节 ················· 121
　　一、血清中主要免疫细胞因子的含量 ··················· 122
　　二、红耳龟肝脏和心脏主要免疫细胞因子 mRNA 表达 ········ 125
　　三、半咸水环境中红耳龟免疫细胞因子分析 ··············· 128
第二节　半咸水环境中红耳龟 NF-κB 通路的调控 ················· 129
　　一、半咸水环境中红耳龟 *NF-κB* 的表达 ················· 129
　　二、半咸水环境中红耳龟 *IκB* 的表达 ··················· 130
　　三、红耳龟适应半咸水环境的 NF-κB 通路分析 ············· 132
结语 ·· 133
参考文献 ··· 133

第八章　红耳龟适应半咸水环境的 JAK-STAT 通路应答 ········ 138
第一节　半咸水环境中红耳龟 *JAK-STAT* 的表达 ················· 138
　　一、半咸水环境中红耳龟 JAK 家族反应 ················· 138
　　二、半咸水环境中红耳龟 STAT3 应答 ··················· 140
　　三、半咸水环境中红耳龟 JAK-STAT 通路分析 ············· 140
第二节　半咸水环境中红耳龟 JAK-STAT 通路的负调控 ············ 142
　　一、细胞因子信号转导抑制蛋白（SOCS）的表达 ··········· 142
　　二、活化 STAT 蛋白抑制因子（PIAS）的表达 ············· 143
　　三、半咸水环境中红耳龟 JAK-STAT 通路的负调控因子分析 ··· 145
第三节　半咸水环境中 JAK-STAT 通路对其靶基因的调控 ·········· 146
　　一、半咸水环境中红耳龟 *Mcl-1* 的表达 ················· 146
　　二、半咸水环境中红耳龟 *Bcl-xL* 的表达 ················· 147
　　三、半咸水环境中红耳龟 JAK-STAT 通路靶基因分析 ········ 147
结语 ·· 148
参考文献 ··· 149

第九章　红耳龟适应半咸水环境的 p53 信号通路调控 ········· 153
第一节　红耳龟 *p53* 基因序列分析 ··························· 153

  一、红耳龟 $p53$ 基因序列及其编码的氨基酸序列 ································· 154
  二、红耳龟 $p53$ 基因与其他物种的进化关系 ····································· 154
 第二节 半咸水环境中红耳龟 $p53$ 基因的表达分布 ·· 157
  一、红耳龟 $p53$ 基因在各组织中的分布 ··· 157
  二、半咸水环境中 $p53$ 基因的表达变化 ··· 158
  三、半咸水环境中红耳龟 $p53$ 基因表达分析 ····································· 159
 第三节 半咸水环境中 $p53$ 对细胞周期的调控 ··· 159
  一、半咸水环境中红耳龟 CDK 的表达 ·· 160
  二、半咸水环境中红耳龟细胞周期蛋白的表达 ··································· 161
  三、半咸水环境中红耳龟 $p21$ 的表达 ··· 162
  四、半咸水环境中红耳龟细胞周期调控分析 ····································· 163
 第四节 半咸水环境中 $p53$ 对红耳龟细胞凋亡的调控 ·································· 164
  一、半咸水环境中红耳龟 Bcl-2 家族调控 ··· 164
  二、半咸水环境中红耳龟 $caspase\ 3$ 的表达 ······································ 166
  三、半咸水环境中红耳龟细胞凋亡发生情况 ····································· 166
  四、半咸水环境中红耳龟细胞凋亡的分析 ·· 167
 结语 ·· 168
 参考文献 ·· 168
第十章 红耳龟适应半咸水环境的肠道菌群调节 ·· 173
 第一节 半咸水环境中红耳龟肠道菌群多样性分析 ······································· 174
  一、OTU 分析 ·· 174
  二、稀释曲线分析 ·· 174
  三、Alpha 多样性指数 ··· 174
 第二节 半咸水环境中红耳龟肠道菌群物种组成 ·· 175
  一、基于门分类水平的物种注释 ·· 175
  二、基于属分类水平的物种注释 ·· 176
  三、红耳龟肠道菌群的特有 OTU ··· 177
  四、红耳龟肠道菌群的物种差异分析 ·· 178
 第三节 半咸水环境中红耳龟肠道菌群系统发育及功能预测 ·························· 180
  一、系统发生进化树 ··· 180
  二、红耳龟肠道菌群 16S 功能预测 ··· 181
  三、半咸水环境中红耳龟肠道菌群功能分析 ····································· 184
 结语 ·· 185
 参考文献 ·· 185

第一章 外来物种红耳龟入侵概述

外来入侵物种（intrusive alien species，IAS），是指那些由于它们的引进而威胁到当地生物的多样性、安全、健康，甚至人类社会经济发展的，非本地原有的有机体（Rana and Akhter，2010）。外来物种入侵是全球环境的三大问题之一，导致了全球生物多样性的下降和全球生态系统的破坏，其危害性仅次于栖息地丧失而位居第二（Sala et al.，2000；桂富荣，2005；苏荣辉等，2002）。外来物种入侵每年会给世界造成 1.5 万亿美元的经济损失，相当于 5%的全球 GDP（MacNeely，2001）。

红耳龟（*Trachemys scripta elegans*），又名红耳彩龟、麻将龟、七彩龟、红耳滑龟、密西西比红耳龟、红耳侧线龟，是一种半水栖龟类，其主要特征是头顶后部两侧各具 1 条红色粗条纹。也许有人觉得奇怪：为何原产于美国的红耳龟竟然被称为巴西龟？事实上，巴西龟是来自南美洲的巴西斑彩龟（*Trachemys dorbigni*），而我国台湾最早进口的龟类确实也是原产于南美洲的巴西龟，它们在体色和外形上几乎与红耳龟相同（除耳后红斑外），后因饲养成本及运输问题而被生活在北美洲的密西西比红耳龟（*Trachemys scripta elegans*）所代替。由于两者幼体相似度极高，难以区分，因此称呼上延续了之前的"巴西龟"，久而久之，巴西龟变成了密西西比红耳龟的俗称。这两种龟同科同属，可以杂交出后代。

红耳龟具有极高的种内密度和极强的种间竞争力（Ramsay et al.，2007）。竞争实验的研究表明，红耳龟在食物和晒壳场所方面的竞争能力明显强于原产地龟类（Cadi and Joly，2004）。此外，该种食性杂、生长发育快、繁殖力强、具有广泛的生态耐受性和较强的扩散能力，因此，现已在欧洲、非洲、大洋洲、亚洲及美洲（非原产地）等世界范围内成功入侵（Kraus，2009，2015），并被列为世界最危险的 100 个外来入侵物种之一（Lowe et al.，2000）。

红耳龟于 20 世纪 80 年代经香港被引入我国内地。由于其生命力顽强，极易饲养，而且色彩艳丽，价格低廉，极易销售，红耳龟的养殖迅速遍及我国中南部的所有省区，贸易则见于全国所有省份（史海涛，2008；耿军，2017）。该种不仅在市场上占据了绝对优势，有关其野外发现记录和潜在生态入侵的警告也不绝于耳。乌龟（*Mauremys reevesii*）原是我国分布范围最广和种群数量最多的硬壳龟，以至于乌龟成了所有龟类的代名词。但遗憾的是，在乌龟原本分布集中的地区却难以找到乌龟，红耳龟倒是随处可见。国家林业局濒危物种进出口管理办公室的负责人早就警告说："如果有一天我们在野外见到红耳龟，那中国的龟就危险了！"（尹希宇，2004）。鉴于此，应禁止红耳龟的进口，并对龟鳖养殖场、宠物市场和动物放养等进行科学的管理。此外，应定期进行公共宣传教育，以提高公众对生物入侵危害的认识。

第一节 红耳龟形态、分类及地理分布

一、红耳龟的形态特征

红耳龟头、颈、四肢、尾部均布满黄绿蓝镶嵌粗细不均的纵纹,头部两侧有2条纵行红斑,随年龄的增长,包括红斑在内的彩纹逐渐消失,变为黑褐色。背甲密布黄绿镶嵌且不规则的斑纹。腹甲黄色,每一盾片有深色大斑。指、趾间具蹼,尾较短。雄性成体的足前端具弯曲的长爪,肛门位于臀盾之外(Ernst, 1990)。

经光谱测量及可视化模型构建,发现红耳龟体色存在性二态,雌、雄体色的紫外光色调差异显著。雄性前肢可见光色调与其质量显著相关,而雌性个体各测量部位体色光谱与身体质量均不存在相关性,提示红耳龟可能通过体色的紫外光色调差异来识别性别乃至个体差异(汪继超等,2013)。

二、红耳龟的分类地位

红耳龟,隶属于动物界(Animalia)脊索动物门(Chordata)脊椎动物亚门(Vertebrata)爬行纲(Reptilia)龟鳖目(Testudines)龟科(Emydidae)滑龟属(*Trachemys*)(Seidel, 2002)。

红耳龟原本有16个亚种,但是近年纷纷被改为独立种,因此现在只剩下分布在美国的三个亚种(Seidel, 2002)。其中另两种分别为:①黄腹彩龟(*Trachemys scripta scripta*),腹部斑点极少,分布于弗吉尼亚州至佛罗里达州北部与亚拉巴马州;②康河龟(*Trachemys scripta troosti*),腹部斑点呈环状,分布于肯塔基州至佐治亚州及亚拉巴马州。

三、红耳龟的地理分布及入侵现状

红耳龟原产于美国东部和墨西哥东北部,占据了从伊利诺伊州到墨西哥湾的密西西比河谷,包括美国19个州[亚拉巴马州、阿肯色州、佛罗里达州、佐治亚州、伊利诺伊州、印第安纳州、艾奥瓦州、堪萨斯州、肯塔基州、路易斯安那州、密西西比州、密苏里州、内布拉斯加州、新墨西哥州(东部)、俄亥俄州、俄克拉何马州、田纳西州、得克萨斯州、西弗吉尼亚州]和墨西哥2个州(新莱昂州、塔毛利帕斯州)(Ernst, 1990; 韩帅玮琦和葛建,2012)。

第二次世界大战结束后,市场对宠物龟的需求急剧增加,主要通过捕捉野外龟类来满足市场的需求,这对龟类野生种群造成了很大的压力。基于此,19世纪50年代后期和60年代,美国南部建立了很多龟类养殖场,主要养殖红耳龟,使之一度成为美国销售量最好的宠物龟,而宠物贸易促使红耳龟出现在世界各地(Bringsøe, 2006)。1986~1997年美国共出口了约5200万只红耳龟,法国在1985~1994年进口了约420万只。仅1996年美国就出口了840万只红耳龟,欧洲进口了其中的220万只,而1997年美国红耳龟出口量达到历史最高值。

在除南极洲之外的所有大洲上都已发现有野生红耳龟个体的存活(Salzberg, 2000)。

在北美洲,红耳龟在其美国原产地以外的美国东部、北部、南部都已经成功建立了种群:东部已入侵 4 个州,南部入侵地区包括佛罗里达州,北部已入侵 8 个州(Ernst, 1990);而拥有红耳龟成功繁殖记录的地区多达 9 个州(Edgren, 1943; Stein and Eames, 1980; Thomson et al., 2010)。据不完全统计,早在 1984 年,南非便出现了红耳龟的入侵记录(Newbery, 1984),现在全球范围内有多达 27 个国家或地区发现了红耳龟入侵的记录(Iriarte et al., 2005; Luiselli et al., 1997; Platt and Fontenot, 1992; Pupins, 2007; Schwartz and Henderson, 1991),且西班牙、法国、意大利、日本、中国(Bringsøe, 2006; Cadi and Joly, 2004; Chen, 2006; Kosuge et al., 2003)等国家均有红耳龟成功繁殖的记录。由此可见,红耳龟已在欧洲、非洲、大洋洲、亚洲及美洲(非原产地)等世界范围内成功入侵(Kraus, 2009)。

第二节 红耳龟在中国的入侵现状

自 1986 年起,红耳龟经香港进入中国内地,因其顽强的生命力、鲜艳的色泽和低廉的价格而成为宠物,1998 年从美国出口到中国的红耳龟数量达到 465 万只,1999 年为 471 万只,2000 年高达 750 万只(史海涛,2008)。21 世纪初,大规模的红耳龟养殖在中国蓬勃发展起来,史海涛等(2009)调查发现,2005 年,江苏、浙江、湖南、广东和海南 5 个省份,红耳龟的养殖总数达到了 2500 万只,该种的其养殖遍及我国中南部的所有省区,贸易则见于全国所有省份甚至包括西沙永兴岛。

一、红耳龟在中国的分布

1. 红耳龟在中国的养殖分布

我国河北、河南、陕西、辽宁、四川、湖北、湖南、江西、安徽、山东、江苏、浙江、福建、海南、广东、广西、上海 17 个省区市均有红耳龟养殖场分布,有明确名称的养殖场数为 68 个或更多(刘丹等,2011)。养殖规模较大的主要集中在我国中南部省份,其中海南、江苏、浙江、湖南和广东 5 省为养殖大省(刘丹等,2011)。

由于可获得信息和实地调查地点的有限性,所统计的红耳龟养殖场和市场数量存在一定的保守性,其实际值应该远大于目前掌握的数据。根据我们对资料的分析和实地调查,无明确名称和相关信息的中小型红耳龟养殖场还有很多,如海南养殖面积大于 10 亩[①]的养殖场有 11 个,但有资料和信息查询的只有 6 个,还发现了其他以往没有记录到的 5 个养殖场。广东省 2004 年办理龟鳖驯养繁殖许可证的有 280 户,据佛山龟鳖研究会介绍,仅顺德就有养殖户 800 家,但通过资料仅查得红耳龟养殖户 8 户。浙江省杭州市的桐庐、嘉兴市的秀城、湖州市的东林、金华市的义乌、宁波市的余姚等都已形成了一些养龟专业村、镇,可推想其养殖户数量之多,但具体到红耳龟养殖户的数量,却无法准确统计。同时遍布我国的红耳龟市场呈现多样化,包括水产品市场、水族馆、宠物店、

---

① 1 亩≈666.7m^2

网络市场、宾馆饭店及沿街兜售的小摊小贩，数量庞大，无法完整统计。而根据我们实地调查的结果，所有有龟类贸易的水产品市场和大部分花鸟虫鱼宠物市场均有红耳龟销售（刘丹等，2011）。

2. 红耳龟在中国野外的分布现状及特点

目前红耳龟在全国34个省级行政区（包括23个省、5个自治区、4个直辖市、2个特别行政区）均有野外分布记录。野外分布点多达265个，其中东南部的广东、台湾、海南、浙江、江苏、福建、湖北的分布点较多（每个省区分布点数超过10个），共151个，占全国野外分布点总数的57.0%；辽宁、上海、山东、云南、河南、湖南、北京等分布点数量中等（每个省区分布点数6～10个），共有56个，占21.1%；其余省区分布点较少（每个省区分布点数1～5个），共有58个，占21.9%；分布点最多的省份为广东（46个），最少的为西藏、甘肃、山西（各1个）。从分布的水系来看，中国各主要水系均有红耳龟分布，其中珠江水系和长江水系分布点较为密集。由于人为放生，红耳龟通常在一些人口密集的城镇地区、风景名胜区、森林公园等区域的水体分布概率较高，甚至在一些自然保护区（如广东惠东古田省级自然保护区、广东象头山国家级自然保护区）也有发现（龚世平等，2018）。

二、红耳龟的传入及扩散路径

1. 红耳龟的传入途径

红耳龟于20世纪80年代或更早时期最先从原产地美国通过贸易进入中国台湾和中国香港，然后主要从香港进入广东广州，也有少部分从台湾进入福建（厦门、泉州、福州）。2003年以后，大量红耳龟被直接从美国进口到北京、上海、广州、杭州等地。红耳龟通过以上路径引入中国大陆后，除一部分运往全国各地贸易市场外，另一部分则运往国内的养殖场用于繁殖，主要的养殖省份包括广东、浙江、江苏、海南、江西、湖南、湖北。这些养殖场繁殖的红耳龟除本地区贸易外，还运往全国各大城市的贸易市场，然后再逐次进入中小城市、乡镇、村庄的贸易市场。进入市场的红耳龟有相当一部分被消费者购买用于放生，部分被放生的红耳龟进入自然水体后在野外生存下来，并进行繁殖和扩散。从国际和全国尺度上看，红耳龟的入侵扩散路径实际上与贸易路径相吻合（龚世平等，2018）（图1-1）。

2. 红耳龟的扩散途径

在中国，用于贸易的红耳龟主要来自进口和养殖，其中只有一小部分被食用，大部分被放归野外（刘丹等，2011）（图1-2）。放生是红耳龟进入野外最主要的途径。在中国，放生除了有宠物弃养放生外，还有宗教信仰放生（Agoramoorthy and Hsu, 2007）。我国龟类被放生的历史有一千多年，自红耳龟出现后，其低廉的价格和高的市场出现率使其成为主要的宗教放生对象。宗教放生有团体放生和个人放生两种形式：前者通常由宗教协会和寺庙赞助举行隆重的仪式，一次放生的红耳龟数量较多，但活动举办的频率低；

而个人放生是信徒无组织的行为,仪式简单或没有仪式,但活动举办的频率很高。有的寺庙还利用民众放生积善的心理,高呼"放生积德,放龟长寿"等口号,在放生池边巧立红耳龟售卖点。根据现有的资料和实地调查统计,证实北京、上海、江西、河北、河南、陕西、安徽、云南、山东、四川、湖南、湖北、江苏、浙江、福建、台湾、海南、广东18个省市的51个寺庙的放生池中有红耳龟,如海南三亚南山寺、陕西扶风法门寺、云南昆明圆通寺、山东青岛湛山寺、福建厦门市南普陀寺等。

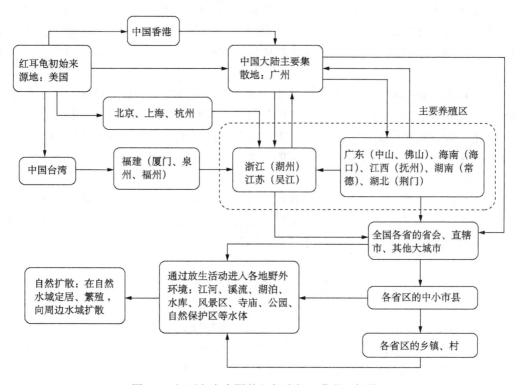

图 1-1 红耳龟在中国的入侵路径（龚世平提供）

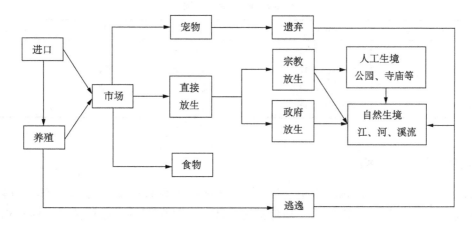

图 1-2 红耳龟在中国的扩散途径

而全国著名的寺庙有 150 余个，中小型寺庙更是数量众多，放生池就像庙里的香炉一样，是基本设施，而绝大多数放生池内都少不了红耳龟（刘丹等，2011）。这使得我国众多的放生池无意之中成了进行红耳龟与本地龟类物种竞争力实验的一个理想场所。结果发现，红耳龟的出现几乎无一例外地使国内其他龟类数量骤减。

宠物遗弃、错误放生和农场逃逸也是红耳龟进入野外环境的重要途径。尽管刚孵出的稚龟看起来温顺可爱，但其攻击性会随着年龄的增长而逐渐增强，因此，红耳龟长大后易被宠物主人丢弃。在某些情况下，相关执法人员由于缺乏相关的专业知识会把没收的外来物种（如红耳龟、蛇鳄龟等）视为本地物种并将其放生到野外。此外，由于大型的龟类养殖场通常建在野外，一些处于产卵期的红耳龟可能逃出，在野外建立自然繁殖种群。

一个值得注意的事实是，人工栖息地（如公园、寺庙等）在红耳龟向野外扩散中扮演着重要的角色。在中国，几乎可以在所调查的公园和寺庙的所有水池中找到自由生活的红耳龟。池塘被用来短期存放即将放生到野外的红耳龟。例如，2009 年，100 多只红耳龟被海南琼海当地的和尚从博鳌禅寺放生池中放生进入万泉河，放生后的红耳龟可能分散到邻近的野外地区。

综上所述，在我国，大量进口和养殖红耳龟使其成为贸易市场上最常见的龟，这促进了宗教人士、执法者和宠物主人有意识或无意识地将红耳龟放生到野外，进而对当地的生物多样性构成了巨大的威胁（陈懋，2014）。

第三节　红耳龟种群建立及传播机制

我们选择了四个典型研究地点，其具有不同的纬度、气候、生境类型及海拔：长江南京段（NYR）、广东惠东古田省级自然保护区（GNR）、海南南渡江海口段（HNR）和海南万泉河琼海段（QWR）（表 1-1）（李闯，2013；马凯，2013；杨江波，2014；周鹏，2013）。

表 1-1　研究地点概况

研究地点	地理坐标	气候带	生境类型	海拔/m
NYR	N32°04′, E118°42′	北部亚热带	江河	5
GNR	N23°06′, E114°47′	南部亚热带	溪流	256
HNR	N20°04′, E110°37′	热带	入海口	6
QWR	N19°15′, E110°27′	热带	江河	6

一、红耳龟的种群结构

野外红耳龟的种群结构不平衡，主要体现在性别比例偏差较大，且亚成体比例较低。长江南京段、万泉河、古田省级自然保护区的雌性红耳龟较多，这种种群结构模式主要与大量养殖的红耳龟被放生到野外环境有关（马凯等，2015）。在龟类养殖场，人们为提高孵化率、缩短孵化期，会相应地采取一些暖化措施，由于红耳龟的性别主要由孵化温度决定,在较高的孵化温度下孵出的雌性个体所占比例高于雄性(Willingham, 2005),因而更多来自养殖场的雌性红耳龟被放生到野外,造成了明显的雌性比例偏高的现象。此外,成年红耳龟要比亚成体的市场利润高。因此,商业养殖及许多放生活动对红耳龟的野生种群结构有较大影响。

红耳龟的相对密度远高于本地龟(表1-2),在淡水中所占的比例非常高。其中,南渡江最高,为98.7%,长江南京段最低,为60.2%。

表1-2 研究地点收集到的龟的数量

物种名	来源	总数/只	占比/%
红耳龟(*Trachemys scripta elegans*)	外来	302	83.0
乌龟(*Mauremys reevesii*)	本地	36	9.9
中华条颈龟(*Mauremys sinensis*)	本地	18	4.9
拟鳄龟(*Chelydra serpentina*)	外来	3	0.8
眼斑水龟(*Sacalia bealei*)	本地	3	0.8
安布闭壳龟(*Cuora amboinensis*)	外来	2	0.5

二、红耳龟的生态适应性

1. 家域

家域是动物个体或群体寻找食物、进行交配和哺育幼仔等活动所利用和经过的区域。研究表明红耳龟在海南万泉河、海南南渡江和广东古田的家域面积分别为 $8.56hm^2$、$3.83hm^2$ 和 $5.25hm^2$,远小于美国原产地的家域范围(约 $74hm^2$)(表1-3)。这表明红耳龟在入侵地不需要远距离迁移,这可能与当地丰富的食物、稳定的栖息地和适宜的气候有关。换句话说,红耳龟可以在有限的范围内安全地生长和繁殖。这样的生活方式将有助于减少捕食者带来的潜在风险,同时也会降低能量消耗。

表1-3 不同研究地点红耳龟的家域范围

研究地点	生境	样本量	研究周期/月	家域/hm^2		
				雌性	雄性	加权平均值
QWR	河流	19F, 8M	21	11.39	1.83	8.56
GNR	溪流	13F, 8M	17	2.16	10.26	5.25
HNR	入海口	5F, 7M	10	3.26	4.23	3.83
美国南卡罗来纳州	湖泊	7F, 9M	16	36.53	103.53	74.22

注:F指雌性;M指雄性。

和许多龟类一样,红耳龟有归巢行为并忠于其偏爱的生境。海南万泉河流域的红耳龟在栖息地适宜时,活动范围相对较小,受到干扰的红耳龟在干扰解除后会出现返回其原生境的现象;在栖息地不适宜时,它会通过不断迁移,去寻找适合的新栖息地(刘丹,2011)。

种群性别比例和生境类型可能是影响红耳龟家域的主要因素。南渡江海口段和古田省级自然保护区的雄性家域范围要大于雌性（杨江波，2014；周鹏，2013），而万泉河琼海段的雌性家域大于雄性（李闯，2013）。这种差异是由这两个地区之间种群性别比例和栖息地的不同造成的。在雄性比例偏高的种群中，相对于雌性比例较高的种群，雄性出于繁殖目的需要的活动范围更大。因此，从雄性的移动距离上可以反映出雄性在交配上投入的精力可能极大限度地影响了性别比例（Thomas et al., 1999）。同样，处于河流生境的雌性活动量要大于溪流，因为河流生境中水位高且变化迅速，雌性红耳龟为了筑巢不得不移动较远的距离（Tucker and Moll, 1997；马凯，2013）。

此外，红耳龟和我国本土中华条颈龟有相似的家域范围，但前者种内家域重叠范围远大于后者（马凯等，2013）。两龟种间的家域重叠程度相似，为 0.20 ± 0.02，且红耳龟的数量较少受空间因素限制，其能较好地适应高密度群体生活（马凯等，2013）。这一特性在红耳龟原产地也有发现，如在美国南卡罗来纳州萨凡纳河，红耳龟的种群密度可高达 100 只/hm^2，而中华条颈龟则表现出明显的分散空间格局。因此，红耳龟和本地龟在空间资源上存在着潜在的种间竞争。

2. 生境

红耳龟能很好地适应不同类型的生境，包括河流、小溪，甚至是半咸水（盐度 5.3‰～14.6‰）环境（刘丹，2011；马凯，2013；杨江波，2014；周鹏，2013）。生境选择及微生境利用表明，红耳龟喜欢栖息在水生动植物丰富、密度大、隐蔽度高、晒壳场所多、水流缓慢或静止的水域中，也喜欢生活在藻类丰富、冠层密度适中、隐蔽度高、近岸浅水的咸水环境中（杨江波，2014）。

此外，中华条颈龟和红耳龟均偏爱河岸植被丰富的生境类型，红耳龟的生态位宽度大于中华条颈龟（Wang et al., 2013），说明红耳龟对新环境具有更高的适应性。两种龟在微生境的所有变量上的种间重叠，暗示了入侵物种红耳龟和本地物种中华条颈龟对空间资源的依赖。

应用"3S 技术"（GPS、RS、GIS）在红耳龟生境评价的基础上对万泉河琼海段红耳龟的生境适宜性进行评价发现：海拔、离水距离和人为干扰可显著影响红耳龟对栖息地的选择（陈懋等，2014）。红耳龟更喜欢海拔 0～15m、人为干扰到水体距离为 200～400m、人工林到水域的距离小于 100m 的区域。根据马尔可夫预测模式，红耳龟的适宜生境未来 30 年将继续增加，这将使本土龟受到更大影响（陈懋，2014）。

ArcGIS 9.3 统计分析表明，万泉河琼海段红耳龟的最适宜入侵生境和较适宜入侵生境面积随着时间推移都具有增长现象，而较适宜入侵生境增长比例相对较为明显。最适宜入侵生境和较适宜入侵生境在 1999 年面积最小，为 19 565.08hm^2，占研究区总面积的 11.64%；2004 年增加到 20 902.6hm^2，占研究区总面积的 12.43%；2009 年则最大，达 24 845.46hm^2，占研究区总面积的 14.78%。对比 3 个年份的最适宜入侵生境，我们可以看出，1999 年多集中在琼海区域的中部偏东区域，2009 年，其分布重心向东部区域发生偏移，且分布更加均匀；而较适宜入侵生境虽然面积有所增加，但其空间位置变化表现不明显（陈懋，2014）。

以 2009 年红耳龟生境结构为初始状态，模拟出 2009~2039 年红耳龟入侵生境结构（表 1-4）。截至 2039 年，红耳龟最适宜入侵生境和较适宜入侵生境都保持增长趋势，到 2039 年红耳龟最适宜入侵生境将达到 10 156.82hm^2，占研究区总面积的 6.04%，较适宜入侵生境面积将达到 16 697.72hm^2，占研究区总面积的 9.92%。根据我们的预测，2009~2019 年是红耳龟入侵生境变化最为明显的时间段，2019~2039 年变化幅度减小，但其变化趋势仍与前面 10 年一致（陈懋，2014）。

表 1-4　马尔可夫模型预测 2009~2039 年红耳龟入侵生境结构变化

年份	最适宜入侵生境面积/hm^2	较适宜入侵生境面积/hm^2	不适宜入侵生境面积/hm^2
2009	9 568.45	15 489.06	143 046.04
2014	9 884.49	16 388.41	141 830.65
2019	10 035.78	16 611.99	141 455.78
2024	10 106.38	16 672.51	141 324.66
2029	10 134.96	16 691.01	141 277.58
2034	10 150.09	16 692.68	141 260.78
2039	10 156.82	16 697.72	141 249.01

3. 食性

对海南地区 76 只（万泉河 64 只+南渡江 12 只）红耳龟个体解剖，取其胃内容物分析发现，被红耳龟取食并已鉴定的物种共 22 种（表 1-5），分属 14 目 19 科（刘丹，2011）。由于红耳龟消化能力强，其取食和被捕捉的时间存在间隔等因素，其胃内食物部分被消化难以区分鉴定。在动物性食物中，除已鉴定的物种外，还有鱼类、鸟类、鼠类、蟹类未被鉴定，以及蜥蜴类的 1 种只鉴定到属；植物性食物中有未知植物 2 种、禾本科 1 种、大戟科 1 种和水藻类 1 种未被鉴定，以及桑科 1 种只鉴定到属（刘丹，2011）。

表 1-5　红耳龟的取食种类

研究点	个体数	食物种类（括号内为该食物出现的次数）		
		植物	动物	混杂物
万泉河	64	水葫芦（9）	菲律宾偏顶蛤（3）	石头（4）
		空心莲子草（4）	角偏顶蛤（2）	泥土（2）
		刺花莲子草（3）	瘤拟黑螺（7）	塑料（2）
		鸭跖草（3）	大川蜷（7）	鱼钩（1）
		榕属（3）	斜肋齿蜷（4）	红耳龟盾片（1）
		大藻（4）	球形无齿蚌（1）	不明物（4）
		水竹（2）	多棱角螺（1）	
		刺竹（1）	河蚬（1）	
		浮萍（1）	闪蚬（4）	

续表

研究点	个体数	食物种类（括号内为该食物出现的次数）		
		植物	动物	混杂物
万泉河	64	禾本科未知种（3） 大戟科（1）	海南沼虾（5） 鸟类（2） 鼠类（2） 鱼类（39）	
南渡江	12	厚藤（1） 水藻类（2） 未知植物（1） 未知植物（2）	和蔼巴非蛤（1） 彩拟蟹守螺（1） 海南沼虾（4） 黑框蟾蜍（1） 南蜥属（1） 鸟类（1） 鼠类（2） 蟹类（3） 鱼类（5）	石头（1） 泥沙（2） 不明物（1）

将动物性食物分为贝类、鱼类、鸟类、虾类、蟹类、鼠类、蜥蜴类、蛙类，植物性食物分为雨久花科、苋科、鸭跖草科、桑科、大戟科、禾本科、旋花科、天南星科、浮萍科统计出现频次（图1-3，图1-4）。发现鱼类和贝类是动物性食物中出现次数最多的两种食物，其次是虾类，接下来依次是鼠类、蟹类、鸟类，出现次数最少的是蛙类、蜥蜴类；植物性食物中，雨久花科、苋科、禾本科是红耳龟取食次数较多的植物，其次是天南星科、桑科、鸭跖草科，出现次数最少的是大戟科、旋花科、浮萍科（刘丹，2011）。

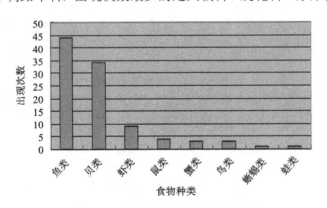

图1-3 动物性食物类型出现的次数

红耳龟取食的动植物食物的比例存在显著差异，万泉河琼海段的红耳龟偏肉食性，其取食的动物性食物多于植物性食物，由于这些区域软体动物和鱼类数量丰富，因此鱼、虾、蟹是其主要食物（Wang et al., 2013；刘丹，2011；杨江波，2014）。在古田省级自然保护区红耳龟偏植食性，取食的植物性食物多于动物性食物，其中以蕨类植物、禾本科植物为主（周鹏，2013）。

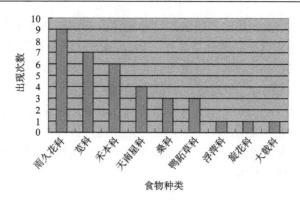

图 1-4 植物性食物类型出现的次数

红耳龟与本土中华条颈龟在食物结构上存在一定的差异。在万泉河琼海段,红耳龟以当地鱼类和贝类作为主要食物,而水草则构成了中华条颈龟的主要食物 (Wang et al., 2013)。大量的本土水生物种被红耳龟吃掉,直接危害当地的生态系统。红耳龟也可能通过改变当地群落结构进而发挥消极作用,促进其他外来物种入侵,如福寿螺(*Ampullaria gigas*)和水葫芦(*Eichhornia crassipes*)(Wang et al., 2013)。

4. 繁殖

红耳龟可以在中国南方的野外区域成功繁殖,在万泉河琼海段和南渡江海口段均发现有红耳龟的自然巢穴,窝卵数 8~15 枚,孵化期 56~78d,虽然两处的孵化率存在一定差异,但均可孵出稚龟(表 1-6)(李闯,2013;杨江波,2014)。虽然没有直接证据表明红耳龟能在古田省级自然保护区繁殖,但这种可能性是存在的,因为此处既有天然的巢穴,又发现有不到 1 龄的幼龟,同时在野外人工模拟巢穴中也可孵出红耳龟(周鹏,2013)。

表 1-6 我国红耳龟繁殖的基础数据

龟编号	产卵日期	窝卵数/枚	孵化数/枚	孵化率/%	孵化期/d	研究区域
174	2012.04.25	11	0	0	—	
188	2012.04.27	11	0	0	—	
186	2012.04.28	10	0	0	—	
197	2012.05.12	14	4	28.6	74	
196	2012.05.14	13	0	0	—	QWR
194	2012.05.14	13	2	15.4	72	
188	2012.05.18	12	2	16.7	78	
194	2012.06.06	15	3	20.0	57	
83	2013.05.02	11	5	45.5	64	
102	2013.05.05	10	1	10.0	56	
102	2013.05.26	8	5	62.5	61	HNR
104	2013.05.14	12	4	33.3	68	
115	2013.05.27	14	0	0	—	

对万泉河琼海段和南渡江海口段的红耳龟繁殖生态学研究发现，红耳龟的繁殖从 2 月开始，一直持续到 8 月底。雌性主要在 4 月中旬到 6 月中旬产卵，高峰出现在 4~5 月。红耳龟喜欢在温和的向阳坡、近海岸，植被丰富，土壤软、湿、弱酸性不浑浊的地方筑巢和产卵（李闯，2013；李闯等，2013；杨江波，2014）。

此外，2011 年 10 月至 2012 年 9 月在万泉河琼海段采用超声波技术对野生雌性红耳龟的卵泡数量和大小进行检测（图 1-5），发现野生雌性红耳龟全年均有卵泡，说明红耳龟具有较高的繁殖频率，推断其具有较强的繁殖能力。这样的繁殖能力可能有助于红耳龟的广泛传播和野外种群的发展。

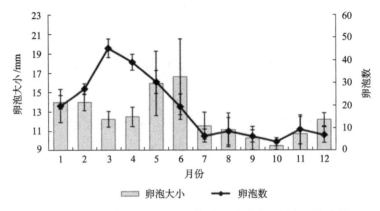

图 1-5　万泉河琼海段红耳龟卵泡数和卵泡大小的年周期变化

5. 活动节律

对红耳龟的活动节律研究发现，红耳龟全天均有活动，活动频率、活动强度在不同时间段具有显著差异（马凯，2013）。白天的活动频率（68.37%±1.26%）显著高于夜间（17.00%±1.13%），白天的活动强度（36.45m±1.66m）显著高于夜间（5.99m±0.77m），基本为昼行性（图 1-6）。以活动频率和活动强度统计，都只有一个活动高峰，为单峰模式；活动频率高峰时段为 12:00~14:00，活动强度高峰时段为 6:00~8:00。

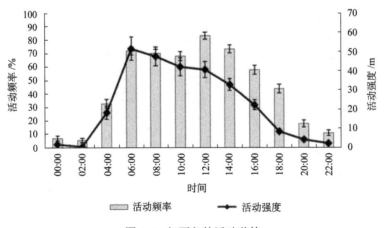

图 1-6　红耳龟的活动节律

三、红耳龟的天敌

目前在中国尚未发现捕食红耳龟成体、幼体及刚孵化出的稚龟的本土掠食者。但一些小动物可以破坏红耳龟的卵,这种巢捕食是造成红耳龟在野外繁殖失败的主要原因,这是迄今为止发现的唯一由本地生物种群发挥的阻力作用。巢捕食可以阻止红耳龟数量的增长,在一定程度上抑制红耳龟的入侵。例如,在海南岛,红耳龟的卵主要是被台湾小头蛇(*Oligodon formosanus*)和蚂蚁(*Polyrhachis dives* 和 *Pheidole Indica*)等吃掉,其在南渡江和万泉河的被捕食率分别为33.3%和22.0%(李闯,2013;史海涛等,2009)。在古田省级自然保护区,几乎所有的巢捕食者都是蚂蚁,包括大头蚁(*Pheidole* sp.)、巨首蚁(*Pheidologeton* sp.)、黄斑弓背蚁(*Camponotus albosparsus*)、火红尼科巴弓背蚁(*Camponotus nicobaresis*)、罗思尼斜结蚁(*Plagiolepis rothneyi*)、黑头慌蚁(*Tapinoma melanocephalum*)、布氏立毛蚁(*Paratrechina bourbonica*)等,其总捕食率约为65.6%(周鹏,2013)。此外,通过模拟红耳龟人工巢穴,研究海南吊罗山国家级自然保护区巢捕食者类型、捕食率及红耳龟繁殖成功率发现,66.7%的巢穴被破坏,而小型哺乳动物[针毛鼠(*Niviventer fulvescens*)和树鼩(*Tupaia belangeri*)]及蚂蚁是主要的捕食者,巢捕食率分别为51.3%及28.8%。

此外,在自然保护区(古田省级自然保护区和吊罗山国家级自然保护区)的巢捕食率高于人类活动干扰的区域,如城市周边的南渡江和万泉河等。这表明较高的生物多样性和较稳定的群落结构可能对外来物种有较强的抵抗力,换句话说,红耳龟可能会向生境退化和生境破碎的地区入侵。

第四节 红耳龟的入侵危害

一、对本土龟类的影响

1. 与本土龟类的资源竞争

红耳龟,杂食性,以鱼、虾、螺、昆虫、蝌蚪、蛙、水生植物,以及水域附近鸟巢中的卵和雏鸟为食,可对所入侵水域的生物多样性造成破坏。红耳龟性成熟年龄早,繁殖力强。养殖实验证明,红耳龟的繁殖力是乌龟(*Mauremys reevesii*)、黄喉拟水龟(*Mauremys mutica*)等本地种繁殖力的数倍(吴建军,2003)。红耳龟在其原产地以可达100只/hm^{2}的高密度聚集,并常与另外5种龟同时出现在一个环境中,因此该种生来就对高密度的环境和多物种的同台竞争有极强的适应性(Wang et al., 2013;马凯等,2013;史海涛等,2009)。

红耳龟会在食物、隐蔽场所和晒壳场所等资源上与本地种发生竞争(Cadi and Joly, 2003)。相关研究表明,红耳龟进入欧洲的淡水生态系统,适应当地的气候条件并在野外成功繁殖后,在晒壳场所和食物资源等方面与濒危的欧洲池龟(*Emys orbicularis*)相比存在明显的竞争优势(Cadi and Joly, 2003;Luiselli et al., 1997)。与当地种地中海拟水龟(*Mauremys leprosa*)相比,红耳龟在争抢食物等方面有着明显的优势,使地中海拟水龟在过去的数十年中种群数量锐减,目前已处于濒危状态(Polo-Cavia et al., 2009)。

在中国,红耳龟至少与14种本地龟(占淡水龟总数的50%)生活在相似生境中(如中华条颈龟、乌龟、黄喉拟水龟等)。生活在相同栖息地导致种间竞争增加,包括剥夺竞争、干扰竞争与显性竞争等。首先,拥有大量个体的红耳龟会消耗并占用大量资源,如食物、晒壳地、筑巢地等。中华条颈龟和红耳龟这两个物种同域分布,并利用相同的空间和食物资源。但与中华条颈龟相比,红耳龟在竞争中更灵活、更具侵略性,效率更高,本地物种在捕食上明显处于劣势地位。红耳龟在我国台湾也早已有成功繁殖的记录,在台湾北部的采样出现率已明显高于本地同域的所有其他龟类物种(Chen, 2006)。

刘丹(2011)曾将野外捕获的红耳龟放入养有其他龟类的养殖池中饲养,发现一只幼龟被吃且一只成体龟头部被咬伤致死;也有人曾在厦门南普陀寺内发现一大一小两只红耳龟撕咬一只大东方龟(*Heosemys grandis*)的行为。可见,红耳龟不仅与本地龟类存在食物上的重叠,同时还可能将本地龟类当成捕食对象直接对本地龟造成危害。结果发现,红耳龟的出现几乎无一例外地使其他本地龟类数量锐减。在普陀山海印池所做的抽样调查结果显示,所有样龟全部为红耳龟,没有发现放生红耳龟以前众多的当地原生龟种(徐婧等,2006)。

2. 与本土龟类争抢食物的能力

赵龙辉等(2013)设计了红耳龟(BW:81.42g±12.42g)与本土中华条颈龟(BW:83.21g±10.77g)食物争抢实验,研究发现在100次争抢实验中一共发生16次明显的撕咬式冲突,其中有11次由红耳龟首先发起,显著高于中华条颈龟先发起的频次($P<0.05$),这说明红耳龟的侵略性强于中华条颈龟。

不论是在一对一争抢实验(每次随机从龟池中选取大小相近的红耳龟和中华条颈龟各一只,向两只龟的中间位置逐粒投喂饲料,当一粒被取食后再投入另一粒,每次实验投入5粒,记录两种龟取食的颗粒数。实验共进行100次,比较两种龟取食的频次及总数的差异性)中,还是在三对三争抢实验(每次从龟池中随机选取红耳龟和中华条颈龟各3只放入实验区域中,向实验区域中均匀撒入9粒饲料,记录每次实验结束后两种龟取食的颗粒数。实验共进行100次,比较两种龟取食的频次及总数的差异性)中,红耳龟在争抢食物能力方面均要强于中华条颈龟。该研究结果在一定程度上反映了这两种龟在野外共存时对食物竞争的可能性。推测红耳龟在野外环境中能够通过撕咬、抓等对中华条颈龟造成直接的伤害,也能因为自身更加敏捷的反应能力和取食效率而在相同的环境中获取更多的食物资源,从而取代中华条颈龟等本土龟类的摄食地位,使后者面临更加严峻的饥饿胁迫。与地中海拟水龟的竞争研究表明,红耳龟具有更强的攻击性,迫使后者不敢直接竞争,而采取躲避的行为。

3. 本土龟类对红耳龟的化学通信行为

化学通信(chemical communication):指某个动物个体通过释放一种化学物质(信号),这种物质借助空气或者水体传播,被接收者所感受,并在神经中枢进行整合后,在生理或行为上做出反应的过程(刘定震和田红,2010)。红耳龟可释放某种化学信号物质使其他龟类误认为有天敌的存在而逃离;在比较蝌蚪(龟类食物)对外来物种红耳龟和本土龟所生存环境的水(并非龟实体)的逃避反应时发现,蝌蚪已具有对本土敌害的预警逃避的化学通信行为,但尚未进化出对外来物种(敌害)的预警逃避的化学通信行为。此外,泄殖腔分泌物和粪便也被认为是化学信号物质的可能来源。

我们开展的相关化学通信行为的研究结果表明,在对照组水体(自来水)中,不管是摄食行为还是运动行为及其他行为,中华条颈龟多表现得比较温和,一如往常,警惕性较低。在实验组水体(来自于红耳龟生活环境)中,中华条颈龟则表现出紧张焦躁,四处张望探寻,对食物的嗅闻、嗅触明显增多,取食行为明显减少,甚至出现无视食物存在的现象。整个过程中,中华条颈龟警惕性较高,对外界环境干扰反应敏感(就有所反应,如在中华条颈龟取食时,稍大的风声就会使其停止摄食,而迅速潜入水底静伏),并常做出攀壁、拱壁等试图离开水体的行为,这说明红耳龟可释放某种化学信号物质,并使其他龟类误认为有天敌的存在而逃离。

中华条颈龟对对照组水体和实验组水体的选择次数并无显著差异,但在对照组水体的停留时间、取食次数、取食时间及取食量极显著高于实验组水体($P<0.01$)(表1-7)。

表1-7　红耳龟生活环境水体对中华条颈龟摄食影响的量化结果($n=24$)

	选择次数	停留时间/s	取食次数	取食时间/s	取食量/g
对照组水体	6.17±0.80	1015.46±86.81	3.92±0.86	90.25±20.73	13.38±2.94
实验组水体	5.04±0.72	293.29±34.85	0.42±0.16	8.92±6.35	1.81±1.04
P值	0.299	0.00	0.00	0.00	0.00

外来物种红耳龟与本土物种中华条颈龟具有相似的生态位,且在竞争能力和耐受性等方面优于中华条颈龟,有着明显的竞争优势。近年来,由于受到滥捕、贸易、栖息地破坏、环境污染等诸多因素的影响,我国及周边所有的龟鳖动物几乎都处于濒危状态,中华条颈龟就是其中之一。实验中中华条颈龟可以感知红耳龟所释放的某些化学信息物,并对此做出行为上的反应,当中华条颈龟和红耳龟在野外共同存在时,其所表现出的行为会更加明显,红耳龟对中华条颈龟的影响会更加严重,这势必会造成中华条颈龟被排斥到较次等的生态环境中,进而对中华条颈龟的摄食和繁殖等行为产生显著影响。

4. 与本土龟类杂交

龟类杂交的现象十分普遍,包括亲缘关系较远的龟种间的杂交。红耳龟在其入侵地同样会与其他本土龟出现杂交,这是对当地生物多样性遗传结构的污染。红耳龟通过咬、爬、猛击、推搡等来攻击本地龟,干扰本土龟的求偶和交配活动。有时,红耳龟甚至与本地龟交配并产生杂交后代,从而对本土龟的生殖和种群数量产生负面影响。例如,2007年11月有研究人员在广州花店湾市场上就发现有红耳龟和中华条颈龟的杂交种(史海涛等,2009)。因此,红耳龟可能通过繁殖干扰和杂交进而改变本土龟的野生种群。相关的研究有待于进一步深入。

二、对人类健康的影响

沙门氏菌病是由沙门氏菌引起的一种重要的人畜共患病。在人类,特别是儿童和免疫能力低下的人,沙门氏菌会引起腹泻、痉挛、发烧和恶心,并可能导致更严重的并发症,如败血症、脑膜炎,甚至死亡(Tauxe et al., 1985)。全球每年大约有 1.3 亿人因沙门氏菌感染而导致肠胃炎(Pang et al., 1995)。在美国,仅仅由沙门氏菌感染所引起的病例每年就多达 140 万人,其中大约 7.4 万人是由于接触了爬行动物(Voetsch et al., 2004)。据有关文献报道,人类沙门氏菌感染中 14%是由龟类传播的,其中有 11%的病人小于 21 岁(Ramsay et al., 2007)。

龟类沙门氏菌的相关研究和报道层出不穷,Hirsch 和 Shapirohibsch(1954)首次报道了龟相关的沙门氏菌病;1960~1970 年,龟类相关沙门氏菌病的发病率呈上升趋势,特别是在儿童中。红耳龟是沙门氏菌传播的罪魁祸首,该病菌会同时出现在病龟的粪便及其生活的水域和岸边的土壤中,并已被证明可以从变温动物传播给恒温动物。由于宠物龟携带沙门氏菌对公共卫生有严重的影响,美国在 1970~1975 年就已经被确定了龟类可携带和传播沙门氏菌,并于 1975 年禁止了除教育以外的宠物龟的贸易。

在中国,我们发现野生红耳龟携带高致病性沙门氏菌。沈兰(2011)对 68 只来自海南省南渡江、万泉河和海口东湖的红耳龟个体进行了病原检测发现,54.4%的红耳龟携带沙门氏菌,南渡江、万泉河和海口东湖的红耳龟沙门氏菌携带率分别为 53.85%、58.82%和 50%。其中南渡江的红耳龟样本中有两株查理沙门氏菌(*Salmonella chailey*),一株纽波特沙门氏菌(*S. newport*),一株利奇菲尔得沙门氏菌(*S. litchfield*),一株茨昂威沙门氏菌(*S. tshiongwe*);万泉河的红耳龟样本中有一株斯坦利沙门氏菌(*S. stanley*),一株山夫登堡沙门氏菌(*S. senftenberg*),其他地点未检测出常规分型沙门氏菌。此外,高致病性波莫纳血清型沙门氏菌从中国野外的红耳龟中第一次被分离到。在广东惠东古田省级自然保护区采集的红耳龟样本中,波莫纳血清型沙门氏菌带菌率为 39%($n=41$),其中幼龟为 40%($n=25$)、成年龟为 38%($n=16$)。总的来说,红耳龟沙门氏菌高携带率和多种致病性血清型的检出,说明红耳龟可通过传播沙门氏菌直接危害水生生态系统。人类直接或间接接触红耳龟时有可能感染该病原菌(图 1-7)(沈兰,2011)。因此,宠物/食品市场上大量的野生红耳龟是沙门氏菌的巨大潜在来源,对公众健康和生态系统构成巨大的潜在威胁(Gong et al., 2014)。

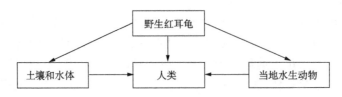

图 1-7 沙门氏菌经红耳龟传播的路线

第五节　红耳龟的入侵管理

为什么入侵的外来生物会给我们埋下严重的生态隐患？原因有多个方面。首先，没有专门机构的权威研究和管理，使生物入侵势头难挡。其次，针对生物入侵的专门立法缺位，造成无法可依。目前我国涉及防治生物入侵的法律法规主要有《中华人民共和国进出境动植物检疫法》《中华人民共和国进出境动植物检疫法实施条例》《中华人民共和国国境卫生检疫法》及《中华人民共和国国境卫生检疫法实施细则》，其内容大都集中在人类健康、病虫害及检疫等方面，并没有入侵物种破坏生物多样性或生态环境的相关规定。另外，现有立法对引进生物可能导致的问题严重性把握不足，如《中华人民共和国进出境动植物检疫法实施条例》"第六十条　有下列违法行为之一的，由口岸动植物检疫机关处 3000 元以上 3 万元以下的罚款：

（一）未经口岸动植物检疫机关许可擅自将进境、过境动植物、动植物产品和其他检疫物卸离运输工具或者运递的；

（二）擅自调离或者处理在口岸动植物检疫机关指定的隔离场所中隔离检疫的动植物的；

（三）擅自开拆过境动植物、动植物产品和其他检疫的包装，或者擅自开拆、损毁动植物检疫封识或者标志的；

（四）擅自抛弃过境动物的尸体、排泄物、铺垫材料或者其他废弃物，或者未按规定处理运输工具上的泔水、动植物性废弃物的。"

显然，如此低额的罚款很难扼制引进者的逐利心态。当然，刑法中有一款"妨害动植物防疫、检疫罪"，但构成此罪的客观要件是"引起重大动植物疫情的，或者有引起重大动植物疫情危险，情节严重的"。据了解，红耳龟在 21 世纪初至今的引进中确有很多不合法的纰漏，很多商人出于逃避进出口关税的目的，通过走私的方式大规模引进红耳龟。大量背甲长约 3cm 的龟苗被运到各大城市的花鸟虫鱼市场。

红耳龟的危害在国外早已受到高度重视。美国 1975 年禁止红耳龟的国内贸易，欧洲 1997 年禁止进口红耳龟，韩国 2001 年禁止红耳龟的进口。我国濒危物种进出口管理部门意识到问题的潜在危险，于 2002 年下发了《关于停止受理部分龟鳖类进口申请的通知》（濒办字〔2002〕41 号）。该通知明确指出，为保证我国的生态安全，避免龟鳖类大量进口在我国造成外来种入侵，危及国内濒危龟鳖类的生存；同时也为防止外来龟鳖类带来的疾病危及人民（特别是儿童）的健康。决定自 2002 年的 7 月 1 日起，停止受理背甲最大直径小于 10cm 的任何龟鳖类进口申请。但是国家林业局〔2012〕9 号公告中，这个通知就被废止了。

与控制外来种密切相关的两个国际规则[实施卫生与植物卫生检疫措施协议（SPS 协议）和技术性贸易壁垒协议（TBT 协议）]中均明确规定：在有充分科学依据的情况下，为保护生产安全和国家安全，可以设置一些技术壁垒，以阻止有害生物的入侵危害。只有加强外来种和生物入侵的基础科学研究，才能为保护国家安全和国际贸易公平提供科学依据。我国目前已有很多外来种侵入，国家急需基础科学依据和控制技术，以达到对外来种的可持续控制，提升我国在生物灾害研究领域的国际学术地位。

一、制定相关法律

国际上有许多有关生物入侵的条约及合作计划，如《生物多样性公约》（Convention on Biological Diversity）、《生物安全卡塔赫拉协议》（Cartagena Protocol on Biosafety）、《国际船舶和港口设施保安规则》（International Ship and Port Facility Security Code）等。2000年世界自然保护联盟（International Union for Conservation of Nature, IUCN）提出了制定外来入侵生物管理法规与准则的指南。面对外来生物入侵，每一个负责任的政府都应采取严厉的措施减弱并阻止它们的活动。目前，英国、德国、荷兰、意大利、新西兰、美国和日本都已制定了本国的生物入侵法。外来生物一旦入侵成功，要彻底根除是极为困难的，用于控制其危害、扩散蔓延的防治代价极大，费用极高。据测算，美国每年因入侵种造成的环境损害和经济损失（包括防治费用）高达1370亿美元。生物多样性的丧失是一个不可逆的过程，我们不能等到红耳龟完全替代了我国已经数量稀少的本土龟类才开始行动。因此，我们急需制定相应的生物入侵法律法规来禁止红耳龟的进口，并将其作为特殊类群进行监管。

二、规范养殖和市场

关于养殖与保护的话题一直都是讨论的焦点。就现有情况来看，红耳龟的大规模养殖并没有缓解我国本土野生龟类的生存压力，它不仅没有改变人们对吃野味的追求及传统医药的某些观点，反而引起了越来越多的人对吃龟、玩龟的兴趣。正如美国人给红耳龟所起的绰号"廉价商店龟（dime store turtle）"一样，它的确也是我国市场上最常见、最便宜的龟类；因受传统文化和错误生态环保观念的影响，放生红耳龟逐渐成为人们的一种爱好，而低廉的价格也使宠物饲养者对其保持不了多久的热情，于是便将它们随意丢弃。

应当对所有养殖、经营红耳龟的企业或个人颁发特殊营业执照，令其看管好饲养的红耳龟个体，杜绝逃逸现象的发生，并适当提高税收，以减少红耳龟的养殖量，同时加大对养殖场、市场（包括网络销售）的执法监管力度，严禁贩卖我国濒危野生龟类。

三、科学管理放生活动

放生是我国传统文化中的一种活动。《列子·说符》载："邯郸之民，以正月之旦，献鸠於简子，简子大悦，厚赏之。客问其故。简子曰：正旦放生，示有恩也。"佛家有"常行放生，生生受生"之说，在不少地方放生还是一种积善的习俗。放生是重视生命教育、尊重生命的体现，本意是好的。不过，除了要遵循一定的习俗，放生还应尊重自然及科学之法，否则就有可能适得其反。农业部（现称农业农村部）办公厅、国家宗教事务局办公室就曾联合下发通知，要求相关部门进一步规范宗教界水生生物放生（增殖放流）活动，树立保护和关爱水生生物的慈悲理念，以文明方式进行放流活动。

放生野生动物是一项专业性很强的工作，它要考虑到放生动物的来源（是否为外来物种）、生态习性、放生地点及时间、放生个体的健康状况等多种因素，盲目放生往往会带来生态危害。首先，应对宗教团体的放生活动进行有效监督，严禁其放生外来物种；对个体零散的野外放生行为，可实行奖惩制度来加以限制，即举报放生活动者可给予一定奖励，而对放生外来物种者进行罚款处理。其次，对红耳龟等外来物种的宠物饲养实行户籍制管理，即只有在相关部门登记后才可购买红耳龟作为宠物饲养。最后，对野生动物执法人员进行物种鉴定知识的培训，或在有关专家、相关科研人员的指导下开展被查获的野生动物的放归活动。

四、加强宣传和教育

普通民众大多缺乏对生物入侵危害的认识和了解，而民众意识的提高也需要一个过程，单纯依靠法律法规的监管还是不够的。应当更加重视网络、媒体的宣传作用，多举办一些科普讲座，以及多拍摄和播放一些有关红耳龟的宣教纪录片等；在公园景区、自然水域边设立严禁放生红耳龟的广告牌，告知人们放生红耳龟将造成的生态危害。

结　　语

红耳龟为杂食性龟，竞争力强，能够适应各种各样的环境，无论是清澈的湖泊、水库，还是浑浊的池塘、沟渠，在几乎所有受污染和未受污染的水域都可见其生存，因此成为世界上分布范围最广的入侵物种之一。一方面，红耳龟的生态位幅度宽，其各种生理活动能够耐受不同的生态因子，甚至是一些环境胁迫；另一方面，红耳龟有很强的行为适应能力，它可以通过调整和改变自身的各种行为来适应环境条件的变化。红耳龟能够有效利用各种资源，通常占有并统治着栖息地中最有利于生存的那一部分。除红耳龟自身具备的所有特点外，人为因素对其成功入侵起到了推波助澜的关键性作用。红耳龟在野外的分布主要集中在人口密集、经济发达的城市周边水域中，而"放生"是其进入自然环境的最主要途径。目前，红耳龟的入侵问题已经变得越来越严重，但仍未引起有关部门的高度重视，甚至有些人想当然地认为，中国人吃龟就可以消灭掉红耳龟。在此，必须要强调的是，以现在这种缺乏管理的养龟和吃龟，不仅解决不了生物入侵的问题（小龙虾和福寿螺就是很好的例子），反而会给我国的濒危龟类带来更大的危机。科学研究是具有预见性的，而对红耳龟的研究不仅仅是为了揭示生物入侵的理论问题，更重要的是为了保护我们原本脆弱的生态系统和正在衰退的生物多样性。为了实现这样的目的，我们仍需增加科研投入，继续深入开展外来物种红耳龟的种群统计学特征（密度、增长率、存活率、年龄组成、性比、扩散等）的研究，长期监测其种群的现况和种群特征的时空变化，并加大宣传的力度，运用社会的力量来共同防治这一有害物种。当然，通过科学工作者的不懈努力，也已能看到一些好的苗头和希望。在我们从事外来物种红耳龟的入侵生态学研究的十多年时间内，一直坚持科学普及工作，并协助中央电视台科教频道拍摄了关于外来物种红耳龟的纪录片，起到了非常好的传播作用，使更多的人认识到了放生红耳龟的危害。事实上，民众意识的片面和盲目是暂时的，相信在正确生态环保观念的引导下，一定会有越来越多的人加入到物种保护的行列中来。

参 考 文 献

陈懋. 2014. 外来物种红耳龟(*Trachemys scripta elegans*)生境适宜性分析——以万泉河琼海段为例. 海口: 海南师范大学硕士学位论文.

陈懋, 王力军, 史海涛, 等. 2014. 海南万泉河琼海段外来物种红耳龟生境适宜性分析. 动物学杂志, 49(5): 692-698.

耿军. 2017. 不同温度效应下红耳龟与乌龟幼体表型、生理与功能的比较. 杭州: 杭州师范大学硕士学位论文.

龚世平, 杨江波, 葛研. 2018. 外来物种红耳龟在中国野外分布现状及扩散路径研究. 野生动物学报, 39(2): 373-378.

桂富荣. 2005. 浅谈外来生物入侵对生态安全的影响. 云南农业, (7): 20-21.

韩帅, 玮琦, 葛建. 2012. 密西西比红耳龟在中国造成生物入侵问题的探讨. 企业导报, (19): 250.

李闯. 2013. 海南万泉河红耳龟(*Trachemys scripta elegans*)野外繁殖研究. 海口: 海南师范大学硕士学位论文.

李闯, 傅丽容, 马凯, 等. 2013. 外来物种红耳龟的卵泡发育研究. 四川动物, 32(5): 713-721.

刘丹. 2011. 海南岛外来物种红耳龟生境选择和食性研究. 海口: 海南师范大学硕士学位论文.

刘丹, 史海涛, 刘宇翔, 等. 2011. 红耳龟在我国分布现状的调查. 生物学通报, 46(6): 18-21.

刘定震, 田红. 2010. 动物化学通讯及其功能与机制. 自然杂志, 32(1): 33-39.

马凯. 2013. 海南万泉河外来物种红耳龟的活动节律和活动区. 海口: 海南师范大学硕士学位论文.

马凯, 李闯, 史海涛, 等. 2013. 海南万泉河琼海段外来物种红耳龟与本地种中华条颈龟家域的比较研究. 动物学杂志, 48(3): 331-337.

马凯, 史海涛, 李闯. 2015. 红耳龟在其原产地的行为生态学研究. 四川动物, 34(1): 155-160.

沈兰. 2011. 入侵物种红耳龟沙门氏菌携带率及对环境影响的研究. 海口: 海南师范大学硕士学位论文.

史海涛, 龚世平, 梁伟, 等. 2009. 控制外来物种红耳龟在中国野生环境蔓延的态势. 生物学通报, 44(4): 1-3.

史海涛. 2008. 中国贸易龟类检索图鉴. 北京: 中国大百科全书出版社.

苏荣辉, 娄治平, 张润志. 2002. 对生物入侵研究对策的思考. 中国科学院院刊, 17(5): 335-338.

汪继超, 杨灿朝, 梁伟, 等. 2013. 光谱分析揭示红耳龟(*Trachemys scripta*)体色的两性异形. 动物学研究, 34(5): 475-478.

魏朝军, 杨志兵, 洪美玲, 等. 2012. 外来种红耳龟和本地种中华条颈龟耐饥饿能力比较研究. 四川动物, 31(3): 430-434.

吴建军. 2003. 巴西彩龟繁殖生物学、孵化环境及稚龟生长研究. 长沙: 湖南农业大学硕士学位论文: 1-47.

徐婧, 周婷, 叶存奇, 等. 2006. 龟类外来种的生物入侵隐患及其防治措施. 四川动物, (2): 420-422.

杨江波. 2014. 红耳龟(*Trachemys scripta elegans*)在海南南渡江半咸水区域的生态适应性研究. 海口: 海南师范大学硕士学位论文.

尹希宇. 2004-3-19. 家里的巴西龟千万别放生. 北京青年报, 第8版.

赵龙辉, 李杰, 魏朝军, 等. 2013. 红耳龟与中华条颈龟争抢食物能力的对比研究. 四川动物, 32(6): 873-878.

周鹏. 2013. 广东古田外来物种红耳龟的家域及野外繁殖研究. 海口: 海南师范大学硕士学位论文.

Agoramoorthy G, Hsu M J. 2007. Ritual releasing of wild animals threatens island ecology. Human Ecology, 35(2): 251-254.

Bringsøe H. 2006. NOBANIS–Invasive alien species fact sheet–*Trachemys scripta*. http: //www. nobanis. org

[2017-06-02].

Cadi A, Joly P. 2003. Competition for basking places between the endangered European pond turtle (*Emys orbicularis galloitalica*) and the introduced red-eared slider (*Trachemys scripta elegans*). Canadian Journal of Zoology, 81(8): 1392-1398.

Cadi A, Joly P. 2004. Impact of the introduction of the red-eared slider (*Trachemys scripta elegans*) on survival rates of the European pond turtle (*Emys orbicularis*). Biodiversity & Conservation, 13(13): 2511-2518.

Chen T. 2006. Distribution and status of the introduced red-eared slider (*Trachemys scripta elegans*) in Taiwan. *In*: Koike F, Clout M N, Kawamichi M, et al. Assessment and Control of Biological Invasion Risks. SHOUKADOH Book Sellers, Switzerland: Japan and the World Conservation Union: 187-196.

Edgren R A. 1943. *Pseudemys scripta troostii* in Michigan. Copeia, (4): 249.

Ernst C. 1990. Systematics, taxonomy, variation, and geographic distribution of the slider turtle. *In*: Gibbons J W. Life History and Ecology of the Slider Turtle. Washington, DC: Smithsonian Institution Press: 156-167.

Gong S, Wang F, Shi H, et al. 2014. Highly pathogenic *Salmonella* Pomona was first isolated from the exotic red-eared slider (*Trachemys scripta elegans*) in the wild in China: Implications for public health. Science of the Total Environment, 468-469: 28-30.

Hirsch W, Shapirohibsch R. 1954. *Salmonella* in Tortoises. Harefuah, 46(11): 237.

Iriarte J G, Lobos G A, Jaksic F M. 2005. Invasive vertebrate species in Chile and their control and monitoring by governmental agencies. Revista Chilena de Historia Natural, 78(1): 43-54.

Kosuge Y, Ogano H, Hasegawa M. 2003. Spatial distribution of the fresh water turtles along Koito River, Boso Peninsula. Journal of Natural History Museum and Institute Chiba, Special Issue (6): 55-58.

Kraus F. 2009. Alien Reptiles and Amphibians: A Scientific Compendium and Analysis. Dordrecht: Springer: 58-75.

Kraus F. 2015. Impacts from invasive reptiles and amphibians. Annual Review of Ecology, Evolution, and Systematics, 46(1): 75-97.

Lowe S, Browne M, Boudjelas S, et al. 2000. 100 of the world's worst invasive alien species: a selection from the global invasive species database. Auckland: The Invasive Species Specialist Group (ISSG) a specialist group of the Species Survival Commission (SSC) of the World Conservation Union (IUCN).

Luiselli L, Capula M, Capizzi D. 1997. Problems for conservation of pond turtles (*Emys orbicularis*) in central Italy: is the introduced red-eared turtle (*Trachemys scripta*) a serious threat? Chelonian Conservation and Biology, (2): 417-419.

MacNeely J A. 2001. New Directions for the 21st Century. IUCN, Cambridge: Gland, Switzerland and Cambridge.

Newbery R. 1984. The American red-eared terrapin in South Africa. African Wildlife, 38(5): 186-189.

Pang T, Bhutta Z A, Finlay B B, et al. 1995. Typhoid fever and other salmonellosis: a continuing challenge. Trends in Microbiology, 3(7): 253-254.

Platt S G, Fontenot L W. 1992. The red-eared slider, *Trachemys scripta elegans* (Weid) in South Korea. Bulletin of the Chicago Herpetologic Society, 27(5): 2.

Polo-Cavia N, López P, Martín J. 2009. Interspecific differences in chemosensory responses of freshwater turtles: consequences for competition between native and invasive species. Biological Invasions, 11(2): 431-440.

Pupins M. 2007. First report on recording of the invasive species *Trachemys scripta elegans*, a potential competitor of *Emys orbicularis* in Latvia. Acta Universitatis Latviensis, 723: 37-46.

Ramsay N F, Ng P K A, O'Riordan R M, et al. 2007. The red-eared slider (*Trachemys scripta elegans*) in Asia: a review. *In*: Biological invaders in inland waters: profiles, distribution, and threats. Berlin: Springer: 161-174.

Rana M P, Akhter F. 2010. Uses of invasive alien plant species in *Rema-Kalenga* wildlife sanctuary of Bangladesh. Journal of Mountain Science, 7(4): 380-385.

Sala O E, Chapin F S, Armesto J J, et al. 2000. Global biodiversity scenarios for the year 2100. Science of the Total Environment, 287: 1770-1774.

Salzberg A. 2000. The cage papers. The Norway rat of the turtle world. Reptile & Amphibian Hobbyist, 5(8): 84.

Schwartz A, Henderson R W. 1991. Amphibians and reptiles of the West Indies: descriptions, distributions, and natural history. Gainesville: University Press of Florida.

Seidel M E. 2002. Taxonomic observations on extant species and subspecies of slider turtles, genus *Trachemys*. Journal of Herpetology, 36(2): 285-292.

Stein R J, Eames W K. 1980. *Chrysemys scripta elegans*. Herpetological Review, 11(4): 1.

Tauxe R V, Rigau-Perez J G, Wells J G, et al. 1985. Turtle-associated *salmonellosis* in Puerto Rico: hazards of the global turtle trade. JAMA, 254(2): 237-239.

Thomas R B, Vogrin N, Altig R. 1999. Sexual and seasonal differences in behavior of *Trachemys scripta* (Testudines: Emydidae). Journal of Herpetology, 33(3): 511-515.

Thomson R C, Spinks P Q, Shaffer H B. 2010. Distribution and abundance of invasive red-eared sliders (*Trachemys scripta elegans*) in California's Sacramento River Basin and possible impacts on native western pond turtles (*Emys marmorata*). Chelonian Conservation and Biology, 9: 297-302.

Tucker J, Moll D. 1997. Growth, reproduction, and survivorship in the red-eared turtle *Trachemys scripta elegans*, in Illinois, with conservation implications. Chelonian Conservation and Biology, 2: 352-357.

Voetsch A C, Van Gilder T J, Angulo F J, et al. 2004. Food Net estimate of the burden of illness caused by nontyphoidal *Salmonella* infections in the United States. Clinical Infectious Diseases, 38(Supplement_3): S127-S134.

Wang J, Shi H T, Hu S J, et al. 2013. Interspecific differences in diet between introduced red-eared sliders and native turtles in China. Asian Herpetological Research, 4(3): 190-196.

Willingham E. 2005. Different incubation temperatures result in differences in mass in female red-eared slider turtle hatchlings. Journal of Thermal Biology, 30(1): 61-64.

第二章　外来物种红耳龟对半咸水环境的生态适应

红耳龟属于淡水龟，但是，许多调查发现红耳龟可在半咸水环境中生活，如美国得克萨斯州淡水运河中发现有红耳龟以海洋鱼类和蟹类为食（Baughman, 1946）；路易斯安那州萨宾野生动物自然保护区咸水运河中也发现有红耳龟的踪迹（Cagle and Chaney, 1950）；在美国南卡罗来纳州基洼岛和刺山柑群岛的盐池里（盐度小于 10‰）也发现有红耳龟（Lovich and Gibbons, 1990）。也有学者将红耳龟作为哨兵物种（sentinel species），研究盐水的入侵导致庞恰特雷恩湖的环境盐度升高对生物的影响（Thompson et al., 2011）。本课题组的野外调查也发现，红耳龟在我国海南南渡江入海口的半咸水环境中也有分布（杨江波，2014）。这些研究表明红耳龟不仅能入侵淡水，还能入侵半咸水环境。因此，红耳龟入侵的潜在范围及其对半咸水的生态适应机制备受关注。本章从红耳龟在半咸水环境的活动家域、对微生境的利用、繁殖及食性展开系列研究和讨论。

第一节　研究区域的自然概况

半咸水环境多是分布在海湾、滨海湿地、入海河口等重要的生态保护红线范围内，该区域生物多样性丰富但生境敏感脆弱（陆健健，1996；唐小平和黄桂林，2003），为研究红耳龟对半咸水的生态适应机制，我们选择了海南南渡江入海口段作为研究的代表区域。

一、研究区域的位置与气候

研究地点主要集中在海南南渡江入海口河段（N22°16′，E43°41′），该区域属热带季风气候和副热带季风气候的过渡区，海拔 6m，年平均气温 23.3℃，气温最高月为 7 月，平均气温 28.4℃，最冷月为 1 月，平均气温为 17.7℃；平均年降水量 1686.4mm，雨季一般集中在 8～10 月。全年日照长度达 2069.5h，年平均相对湿度为 84%。盐度为 5.3‰～14.6‰（杨江波，2014）。

二、植物资源

研究区域内植物主要由禾本科的芦苇（*Phragmites australis*）、牛筋草（*Eleusine indica*）、狗尾草（*Setaria viridis*），马鞭草科的马缨丹（*Lantana camara*）、许树（*Clerodendrum inerme*），紫草科的基及树（*Carmona microphylla*），豆科的光荚含羞草（*Mimosa sepiaria*）、黄槐决明（*Cassia surattensis*）、水黄皮（*Pongamia pinnata*）、巴西含羞草（*Mimosa invisa*），菊科的乳蓟（*Silybum marianum*）、羊蹄草（*Emilia sonchifolia*）、三叶鬼针草（*Bidens pilosa*）、假臭草（*Praxelis clematidea*）、银胶菊（*Parthenium hysterophorus*），樟科的香樟（*Cinnamomum camphora*），木麻黄科的木麻黄（*Casuarina equisetifolia*），番杏科的海马齿（*Sesuvium portulacastrum*），芸香科的九里香（*Murraya* exotica)，锦葵科的黄槿（*Hibiscus tiliaceus*），茄科的颠茄（*Atropa belladonna*），茜草科的丰花草（*Borreria stricta*）、鸡屎藤（*Paederia scandens*）、大戟科的叶下珠（*Phyllanthus urinaria*），雨久花科的鸭舌草（*Monochoria vaginalis*），无患子科的倒地铃（*Cardiospermum halicacabum*）等物种组成。牛筋草、马缨丹、许树、水黄皮、乳蓟为常见种，其中马缨丹、许树、水黄皮等物种为优势类群，外来入侵植物6种：马缨丹、光荚含羞草、假臭草、银胶菊、黄槐决明、牛筋草。植被类型以马鞭草科、菊科和豆科为主，周围有少许灌木和其他草本，基本没有乔木。红耳龟主要摄食植物的茎叶（杨江波，2014）。上述植物都集中于研究地水体环境周边，未发现水生植物位于水体环境中。

三、动物资源

研究区域内水生动物主要有鲤科的鲫鱼（*Carassius auratus*）、鲢鱼（*Hypophthalmichthys molitrix*）、鲤鱼（*Cyprinus carpio*），丽鱼科的罗非鱼（*Oreochromis niloticus*），刺鳅科的大刺鳅（*Mastacembelus armatus*），虾虎鱼科的弹涂鱼（*Periophthalmus cantonensis*），金线鱼科的金线鱼（*Nemipterus virgatus*），鲳科的银鲳鱼（*Pampus argenteus*），鳗鲡科的花鳗鲡（*Anguilla marmorata*），花鳅科的大鳞副泥鳅（*Paramisgurnus dabryanus*），其中罗非鱼和弹涂鱼最为常见。田螺科的多棱角螺（*Angulyagra polyzonata*）、梨形环棱螺（*Bellamya purificata*），跑螺科的瘤拟黑螺（*Melaniodes tuberculata*），织纹螺科的秀丽织纹螺（*Nassarius festivus*），长臂虾科的海南沼虾（*Macrobrachium hainanense*），对虾科的斑节对虾（*Penaeus monodon*）、墨吉明对虾（*Penaeus merguiensis*）等物种的数量多且分布广泛。宝贝科的货贝（*Monetaria moneta*）、帘蛤科的菲律宾帘蛤（*Ruditapes philippinarum*）、樱蛤科的彩虹明樱蛤（*Moerella iridescens*）、竹蛏科的缢蛏（*Sinonovacula constrzcta*）分布数量较少。研究区域内两栖爬行动物种类较为丰富，海陆蛙（*Fejervarya cancrivora*）、黑眶蟾蜍（*Duttaphrynus melanostictus*）、沼蛙（*Boulengerana guentheri*）、泽陆蛙（*Fejervarya multistriata*）、虎纹蛙（*Hoplobatrachus chinensis*）、变色树蜥（*Calotes versicolor*）、多线南蜥（*Mabuya multifasciata*）、黄斑渔游蛇（*Xenochrophis piscator*）为优势种，中华条颈龟（*Mauremys sinensis*）只笼捕到一只幼体（杨江波，2014）。红耳龟主要以鱼类的幼仔和体形较小的鱼类、虾类，以及蛙类的卵作为摄食对象。

第二节 半咸水环境中红耳龟的活动家域

研究动物的家域面积大小及相对位置对评价动物的生态需求和进程具有重要的生物学意义（McGrath，2005），是评价动物的生境质量、估测栖息地负载量和规划保护区等的重要参数。核域是指在家域中被动物重点利用，具有更多的居住隐蔽场所和依赖性食物的区域（Powell et al.，1997）。动物家域的变化受多方面的因子影响，如食物可获得性、活动范围、隐蔽条件、种群密度、捕食风险等（Bowers et al.，1996）。红耳龟为淡水龟类，但也能在半咸水环境中生存（Conant and Conant，1958；Thompson et al.，2011）。早在1990年，Schubauer等（1990）利用标记重捕和无线电遥测的方法研究了湖泊生境的16只红耳龟成体（7雌，9雄）的家域范围。国内对红耳龟家域的研究起步较晚，本课题组相继开展了红耳龟在淡水水域中的生态学研究,并取得了一些成果(李闯,2013;刘丹,2011;马凯,2013;周鹏,2013)。为开展红耳龟在半咸水环境中的家域范围研究,我们于2012年9月至2013年11月,选取南渡江入海口地段(半咸水环境)作为研究地,将每天的6:00~20:00平均分为7个时段(每两小时为一个时段),利用电磁波和声波相结合的技术每次依照顺序选择不同的时段进行遥测,每天遥测一次,调查半咸水环境中红耳龟的家域范围,以了解该物种耐受的盐度范围和潜在的分布与扩散范围。

一、半咸水环境中红耳龟的家域和核域

在2012年9月到2013年1月,2013年2~5月,2013年6~9月分三个阶段对研究地捕获的20只红耳龟成体(11雄,9雌)进行遥测,其中12只为有效个体(7雄,5雌),共获得有效位点数1516个。结果表明红耳龟两性在家域和核域面积上均存在显著差异,雄性的家域面积($4.24hm^2 \pm 0.35hm^2$)显著大于雌性($3.26hm^2 \pm 0.84hm^2$)($P=0.019$),且雄性的核域面积($0.58hm^2 \pm 0.19hm^2$)也显著大于雌性($0.32hm^2 \pm 0.13hm^2$)($P=0.026$)(表2-1)(杨江波,2014)。

表2-1 红耳龟在南渡江入海口的家域面积和核域面积

项目	编号	有效位点数(n)	家域面积/hm^2	核域面积/hm^2
	TSE1	164	4.04	0.53
	TSE4	157	3.29	0.36
雌性	TSE56	115	3.16	0.25
	TSE57	72	1.92	0.20
	TSE93	147	3.90	0.27
平均值±标准差		131.0±37.9	3.26±0.84	0.32±0.13
	TSE22	152	4.12	0.81
	TSE24	78	4.09	0.57
	TSE37	173	4.10	0.46
雄性	TSE41	56	5.00	0.87
	TSE54	154	4.16	0.55
	TSE82	185	4.27	0.49
	TSE85	63	3.92	0.33
平均值±标准差		123.0±55.2	4.24±0.35	0.58±0.19
P值(雌雄比较)			0.019*	0.026*

*指$P<0.05$,表示差异显著。

在所有有效样本中,有7只个体在繁殖期和非繁殖期的有效位点数都大于30个,其中4只雄性,3只雌性。在繁殖期,雄性的家域和核域面积显著大于雌性,在非繁殖期没有显著差异。雄性的家域和核域面积在繁殖期显著大于非繁殖期,雌性的没有显著差异(表2-2)(杨江波,2014)。

雄性的家域面积在繁殖期显著大于非繁殖期,这可能与雄性在繁殖期为了和雌性红耳龟交配需要更大范围的活动有关。

表 2-2 繁殖期与非繁殖期红耳龟的家域和核域面积

项目		家域面积/hm²		核域面积/hm²	
		繁殖期	非繁殖期	繁殖期	非繁殖期
雌性（n=3）		3.84±0.93	2.75±0.86	0.38±0.16	0.28±0.10
雄性（n=4）		6.20±1.47	3.08±0.47	0.67±0.21	0.32±0.13
P 值（雌 vs 雄）		0.016*	0.561	0.027*	0.625
P 值（繁殖期 vs 非繁殖期）	雌性	0.230		0.246	
	雄性	0.018*		0.020*	

*指 $P<0.05$，表示差异显著。

二、红耳龟在半咸水环境中的家域分析

半咸水水域的生物多样性非常丰富，既有淡水和海水种类，又有特有的半咸水种类，从而形成了一个复杂多变的生物群落。虽然在半咸水区域没有特有的龟鳖类物种，但有些硬壳龟类，如钻纹龟（*Malaclemys terrapin*）、红耳龟（*Trachemys scripta elegans*）、黄腹彩龟（*Trachemys scripta scripta*）和头盔泽龟（*Kinosternon subrubrum*）等能在该区域生活。前人对红耳龟家域的研究往往没有区分其水体环境（淡水或半咸水）。

影响水龟类家域的生态因子有很多，如水域大小（Plummer et al., 1997）、性别比例（Ernst, 1990）、季节性变化（Jones, 1996）、食物可获得性（Brown et al., 1994）、繁殖状况（Morreale et al., 1984）、遥测位点数（Harris et al., 1990）、个体差异（Schubauer et al., 1990）等。本研究首次将水体盐度作为一个影响因子对红耳龟的家域进行研究。与美国原产地相比，本研究除了家域面积相对较小外，其他各方面的结论基本相同。在北美洲原产地，红耳龟通常会在数个不同的水域间迁移，其家域面积为 74.22hm²（n=16）（Cagle, 1944），而本研究中红耳龟基本不迁移，家域面积为 3.83hm²（n=12），其线家域为 0.46km。在国内，周鹏等（2013）和马凯（2013）研究表明红耳龟在淡水水域的家域面积分别为 5.25hm²（n=21）和 8.12hm²（n=27），与本研究结果基本相同（杨江波和史海涛，2014）。作为龟类家域面积的一个重要影响因子，栖息地的食物可获得性是一个决定性因子（胡庆如，2016）。本研究点位于河口地区，属于典型的半咸水生态环境，生物多样性丰富而独特，且研究点内有很多个人工鱼塘和虾塘，经济鱼类和虾类养殖量非常大，这些都为红耳龟提供了丰富的食物资源。红耳龟是杂食性动物，在研究地充足的食物资源条件下，只需一个很小的活动范围就能满足其生长和繁殖需要。盐度作为红耳龟家域的一个影响因子，在本研究的结果中并没有明显地体现出其作用。

第三节 半咸水环境中红耳龟对微生境的利用

生境或栖息地（habitat）是指动物的周边环境，即动物个体、种群、群落在其生长、发育、分布的地段上，各种生态环境因子的总和（Grinnell, 1917）。动物对生境的选择并非随机，它是动物的一个反应和决策的行为过程，是动物主动利用环境资源的体现（Hutto, 1985）。在研究鸟类和环境间的关系时，学者们发现鸟类通常能根据环境中某些

特定生态因子去主动选择生存环境（Lack，1933）。作为动物的生存空间，动物栖息地决定了资源、庇护所、筑巢位置的有效性；决定了种内和种间竞争的强度；决定了捕食、寄生、疾病的代价；决定了生物的交配与繁殖（颜忠诚和陈永林，1998；曾旭，2018）。生境研究是动物生态研究中非常重要的一环，在时间和空间尺度上，不同物种对生境的选择往往表现出不同的特点，龟类对生境的利用也有其独特性（王雷，2008）。目前国外对龟类生境选择的研究已取得较大进展（Del Vecchio et al., 2011; Haxton, 1999; Lee and Park, 2010; Rödder et al., 2009; Ryan et al., 2008），国内关于龟类生境选择的研究起步较晚（刘丹，2011）。生境选择如同其他生态过程，具有多层次性，因此生态因子的选择并不是一成不变的，往往要根据具体的物种或环境进行选择，如对陆龟（Smith et al., 1999）和淡水龟（Litzgus and Mousseau, 2004；汪继超，2007）的生境研究，在选择生态因子上就有很大的差别。本研究在半咸水环境中对红耳龟的微生境利用展开调查，与淡水中的研究资料作对比，了解其对半咸水环境的适应性。

一、微生境

对红耳龟微生境利用的生态因子的主成分分析结果表明，四个主成分的贡献率分别为 35.062%、20.791%、16.282%、11.230%，累计贡献率为 83.365%（表 2-3），基本涵盖了 12 个生态因子的信息量，可以体现出红耳龟的微生境利用特点。在四个主成分中负荷系数绝对值较大的生态因子有：第 1 主成分中水面流速、郁闭度、隐蔽度；第 2 主成分中的水藻密度；第 3 主成分中的水深和水生动物生物量；第 4 主成分中的水生动物种数、水生动物密度、距岸距离和干扰距离。通过主成分分析发现，水面流速、基底类型、距岸距离、郁闭度、隐蔽度、水藻密度、水深、水生动物生物量、水生动物种类、水生动物密度和干扰距离的负荷系数绝对值较高，说明这些生态因子对红耳龟的微生境利用有重要影响。

表 2-3　红耳龟微生境利用的生态因子主成分分析（负荷系数）

生态因子	主成分			
	1	2	3	4
水面流速/(m/s)	−0.816	−0.077	−0.093	−0.204
水深/m	0.258	−0.368	0.757	−0.032
基底类型	0.678	−0.518	−0.066	0.219
距岸距离/m	0.578	0.598	0.204	−0.474
干扰距离/m	−0.105	0.481	0.645	−0.458
郁闭度/%	0.907	−0.042	0.028	0.348
隐蔽度/%	0.927	0.211	0.047	0.147
水体盐度/‰	−0.234	−0.498	0.422	−0.197
水藻密度/%	0.490	0.828	0.327	−0.018
水生动物种数/(种/m^2)	−0.611	0.437	0.287	0.571
水生动物密度/(个/m^2)	−0.524	0.553	0.248	0.502
水生动物生物量/(g/m^2)	−0.171	0.143	−0.744	−0.251
贡献率/%	35.062	20.791	16.282	11.230
累计贡献率/%	35.062	55.853	72.135	83.365

在不同性别、年龄和季节之间，大多数因子都没有显著差异，但雨季和旱季之间在水藻密度、郁闭度、隐蔽度和距岸距离上都存在显著差异（表 2-4 和表 2-5）。

动物在不同季节、不同性别、不同生活史阶段的生存需求存在很大的差别，因此在不同条件下动物对生境的偏好和选择也有差异。本研究中，在雨季成年红耳龟个体不同性别间的郁闭度存在显著差异，雌性红耳龟相比于雄性红耳龟，选择郁闭度较低的生境，可能原因是阳光能促进雌龟在繁殖期间的卵泡发育。

表 2-4　红耳龟不同性别、年龄、季节间在微生境选择上的差异（P 值）

组合	组合	水面流速/(m/s)	水深/m	距岸距离/m	干扰距离/m	郁闭度/%	隐蔽度/%	水体盐度/‰	水藻密度/%	水生动物种数/(种/m²)	水生动物密度/(个/m²)	水生动物生物量/(g/m²)
雌成雨	雄成雨	0.613	0.026*	1.000	1.000	0.032*	1.000	1.000	0.373	0.615	0.133	0.435
	雌亚雨	0.467	0.436	0.415	1.000	0.413	0.093	1.000	0.644	0.984	0.441	0.671
	雌成旱	0.154	0.274	0.003**	0.437	0.009**	0.021*	0.771	0.007**	1.000	0.310	0.714
	雄亚雨	0.072	0.158	0.214	0.364	0.864	1.000	0.489	1.000	0.441	0.611	1.000
雄成雨	雄成旱	0.087	0.211	0.000**	0.165	0.013*	0.014*	0.118	0.001**	0.557	0.436	0.752
雌亚雨	雄亚雨	0.315	0.066	0.655	0.762	0.072	0.093	0.916	1.000	0.763	0.559	0.561
	雌亚旱	0.268	0.462	0.000**	0.431	0.011*	0.012*	0.923	0.000**	0.321	1.000	1.000
雄亚雨	雄亚旱	0.146	0.291	0.006**	0.925	0.000**	0.016*	0.371	0.004**	0.474	0.436	0.744
	雄成旱	0.059	0.631	0.360	0.647	0.551	1.000	1.000	0.677	0.560	0.067	0.616
雌成旱	雌亚旱	0.627	0.815	0.883	0.116	1.000	1.000	0.294	1.000	1.000	0.487	1.000
雄成旱	雌亚旱	0.812	1.000	0.247	1.000	0.751	1.000	0.227	1.000	0.828	0.187	0.299
雌亚旱	雄亚旱	0.516	1.000	1.000	1.000	0.163	1.000	0.665	1.000	0.692	0.241	0.473

注：性别：雌性（雌）和雄性（雄）；年龄：成体（成）和亚成体（亚）；季节：雨季（雨）和旱季（旱）；下同。
*指 $P<0.05$，表示差异显著；**指 $P<0.01$，表示差异极显著。

表 2-5　红耳龟年龄、性别、季节间基底类型差异

组合	组合	P 值
雌成雨	雄成雨	0.138
	雌亚雨	0.322
	雌成旱	0.237
	雄亚雨	0.162
雄成雨	雄成旱	0.218
雌亚雨	雄亚雨	0.106
	雌亚旱	0.102
雄亚雨	雄亚旱	0.093
	雄成旱	0.105
雌成旱	雌亚旱	0.336
雄成旱	雌亚旱	0.153
雌亚旱	雄亚旱	0.268

二、半咸水环境中红耳龟微生境分析

通过主成分分析发现，水面流速、基底类型、距岸距离、郁闭度、隐蔽度、水藻密度、水深、水生动物生物量、水生动物种数、水生动物密度和干扰距离的负荷系数绝对值较高，说明这些生态因子对红耳龟的微生境利用有重要影响。然而进行差异显著性分析时却发现水生动物生物量、水生动物种类、水生动物密度没有显著差异。原因可能是主成分分析完全从研究对象的样本情况出发分析各因子对结果的影响，未考虑生态因子在整个环境中的分布情况，有可能这3个生态因子在总体环境中广泛分布，而且存在可能，某些因子在各个主成分中均有重要贡献，但始终未能单独达到判定的数值要求，导致无法被识别出来。水面流速、水深、距岸距离和基底类型可归为地形因子，表明红耳龟在进行微生境选择时对地形有一定的要求，动物在不同地形间的移动，除了要付出能量代价外，还有可能增加被捕食风险，好的地形条件有利于节省其能量消耗、躲避敌害（Gibbons and Greene, 1990; 龚世平等, 2005）。郁闭度、隐蔽度、水藻密度、干扰距离可归为隐蔽因子，说明隐蔽场所对红耳龟的微生境利用有很大的影响。许多动物通常会选择一些较好的微生境背景和位置来提高隐蔽性以降低被捕食风险（Eterovick et al., 2010），优良的隐蔽场所有利于其逃避敌害，增加其成活率；水生动物种类、水生动物密度、水生动物生物量可归为食物因子，表明食物可获得性对红耳龟的微生境利用也有重要影响，食物是动物生存繁殖的基础，红耳龟是机会主义杂食者，丰富的食物资源能一定程度上缩小其活动空间，减少其移动次数，从而降低其被捕食率和能量消耗。

动物在不同季节、不同性别、不同生活史阶段的生存需求存在很大的差别，因此在不同条件下动物对生境的偏好和选择也有差异（杨维康和钟文勤, 2000）。本研究显示，在雨季成年红耳龟个体不同性别间的郁闭度存在显著差异，雌性红耳龟相比于雄性红耳龟，选择郁闭度较低的生境。可能原因是阳光能促进雌龟在繁殖期间的卵泡发育（Carrière et al., 2008; Krawchuk and Brooks, 1998; Vogt and Bull, 1984）。

综合本研究结果，表明红耳龟喜爱植物种类丰富、流速缓慢、隐蔽度较高、距岸距离较近的浅水环境，这与前人的研究结果相同。水体盐度作为一个生态因子对红耳龟的微生境利用没有显著影响，侧面说明了红耳龟能成功适应半咸水环境。

第四节 红耳龟在半咸水环境中的食性

动物为了维持生命，必须从周围环境中不断摄取营养物质，这些营养物质被称作动物的食物，它是联系动物与环境的纽带。作为外来入侵物种，食物是其解决生存及繁殖问题的首要条件。食性指动物以何种食物、何种方式及因场所不同进行多少量的摄食。食性研究是基础生态学研究的重要内容，可为研究动物营养生态学、评价物种生存状况、查清物种间的关系及探讨其在生物群落中的地位提供基础资料。

Web（1961）和 Hart（1983）等研究了原产地红耳龟的食性，Lee 和 Park（2010）在对韩国的淡水龟类的研究中涉及了入侵地红耳龟的食性，但目前尚无红耳龟入侵成功和食性之间的关系的研究报道。此外，Cadi 和 Joly（2004）在法国的研究认为红耳龟为植食性，而 Chen 和 Lue（1998）在台湾的研究显示其为肉食性，Parmenter 和 Avery（1990）总结红耳龟为杂食性。由此可见，在不同环境和条件下红耳龟有广泛的适应性。因此，在不同环境开展有针对性的研究是必不可少的。本节重点阐述红耳龟在半咸水环境中对食物的选择情况。

一、红耳龟取食的动物种类

用解剖、冲胃、粪便分析三种方法相结合，对 68 只红耳龟个体食性进行分析，发现红耳龟在半咸水环境中取食的动物种类按出现频次多少排列依次为：鱼类、虾类、蟹类、贝类、蛇类、蜥蜴类、鸟类（图 2-1）。随着水体盐度的增加，动物性食物的取食频次和占比随之下降（图 2-2）（杨江波，2014）。

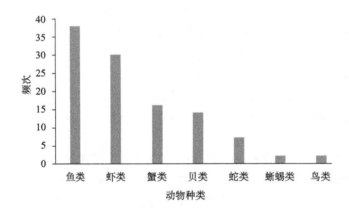

图 2-1　半咸水环境中动物性食物类型出现的频次

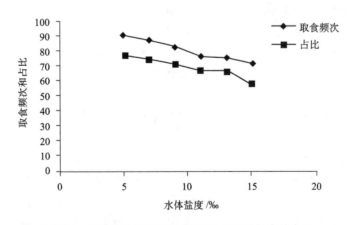

图 2-2　动物性食物的取食频次和占比随盐度的变化

二、红耳龟取食的植物种类

红耳龟在半咸水环境中取食的植物种类按出现频次多少排列依次为:藻类、番杏科、禾本科、马鞭草科、菊科、豆科、雨久花科、茜草科、木麻黄科(图2-3)。随着水体盐度的增加,植物性食物的取食频次和占比随之上升(图2-4)(杨江波,2014)。

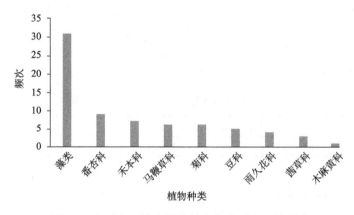

图 2-3 半咸水环境中植物性食物类型出现的频次

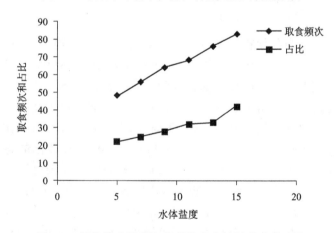

图 2-4 植物性食物的取食频次和占比随盐度的变化

红耳龟的取食频次和占比随水体盐度的波动变化很大,随着水体盐度的增加,植物性食物的取食频次和占比有增加的趋势。原因可能是水体盐度决定了研究点内的藻类密度,而藻类密度的大小影响红耳龟对植物性食物的取食频次和占比。此外,红耳龟为了在半咸水环境获得淡水资源,增大了对植物性食物的取食。

三、红耳龟年龄、性别与取食的关系

卡方检验发现红耳龟雌雄、成幼对动物性食物和植物性食物的取食占比差异均显著,但取食频次差异不显著(表2-6)。红耳龟不管雌雄、成幼都比较偏好动物性食物,雌雄、成幼间差异均不显著(表2-7)。

表 2-6 红耳龟食性对比及卡方检验

	个体数	植物性食物		动物性食物		P 值（动物性、植物性食物间）	
		频次	占比	频次	占比	频次	占比
雌	18	63.25	36.87	83.14	63.13	0.235	0.023*
雄	50	60.63	29.72	84.32	70.28	0.192	0.026*
成	57	61.26	31.76	83.56	68.24	0.263	0.033*
幼	11	65.03	32.13	81.22	67.87	0.312	0.019*
总体	68	64.65	31.86	83.94	68.14	0.286*	0.027*

*指 $P<0.05$，表示差异显著。

表 2-7 红耳龟雌雄、成幼间取食卡方检验

类别	P 值（雌雄间）		P 值（成幼间）	
	频次	占比	频次	占比
动物性食物	0.527	0.179	0.421	0.722
植物性食物	0.428	0.138	0.613	0.641

四、半咸水环境中红耳龟食性分析

不同地域动植物种类和食物可获得性差别很大，这是造成红耳龟在原产地和入侵地食性不同的主要原因。Ernst（1990）及 Parmenter 和 Avery（1990）在美国原产地对红耳龟食性进行研究，发现其主要取食的动物性食物有鱼类、软体动物类、昆虫类，植物性食物主要为水生植物且藻类居多。在台湾，红耳龟主要取食昆虫类、鱼类、虾类、蟹类和蛙卵等动物种类，取食的植物种类有鸭跖草科的水竹叶属（*Murdannia*）、柳叶菜科的丁香蓼属（*Ludwigia*）及禾本科植物（Outerbridge, 2008）。在我国的海南岛，红耳龟取食的动物种类主要有鱼类、贝类、虾类等，取食的植物种类主要是雨久花科、苋科、禾本科、天南星科、桑科、鸭跖草科等（Wang et al., 2013；刘丹，2011）。本研究位于河口的经济水产品养殖区，所以藻类、鱼类、虾类非常丰富，这些都是红耳龟主要的取食对象。在半咸水环境中，红耳龟为杂食性，不管雌雄、成幼都对动物性食物有明显偏好，与 Chen（2006）在台湾、刘丹（2011）和 Wang 等（2013）在海南岛的研究结果一致；与国外研究者（Gibbons, 1969; Hart, 1983）的研究结果不相同。国外研究者认为幼体红耳龟主要取食对象为动物，成体的取食对象基本为植物，他们给出的解释是：①幼体红耳龟每天必须食用 10%以上的蛋白质才能够维持生长，而捕食动物性食物能得到更多的蛋白质；②红耳龟性成熟后，生长趋于缓慢，不需要摄食大量的食物去维持生长，而且为了节省能量消耗趋向于易获得的植物性食物。红耳龟是随机主义者，任何易获得的动植物都可能成为它的食物（Ernst, 1990; Prevot-Julliard et al., 2007）。而且本研究点的地理位置特殊，动物性食物非常容易获得，且动物性食物更有利于红耳龟的生长和繁殖，所以在本研究中红耳龟对动物性食物的取食频次和占比明显大于植物性食物。

同时，本研究结果与刘丹（2011）对红耳龟在我国淡水水域的食性研究结果（取食

频次和占比都有极显著差异）有很大的差别。原因可能是本研究点的藻类密度非常大，几乎覆盖了整个研究点水域，藻类成为红耳龟最容易获得的食物。此外，红耳龟的取食频次和占比随水体盐度的波动变化很大，随着水体盐度的增加，植物性食物的取食频次和占比有增加的趋势，而动物性食物的取食频次和占比有减少的趋势。原因可能是：①水体盐度决定了研究点内的藻类密度，而藻类密度的大小影响红耳龟对植物性食物的取食频次和占比；②红耳龟为了在半咸水环境获得淡水资源，增大了对植物性食物的取食。综合上述研究结果可以得出，红耳龟能很好地适应半咸水环境中的食物。

第五节　红耳龟在半咸水环境中的繁殖

成功繁殖是外来物种对其入侵环境产生影响的关键，繁殖力的大小对入侵是否成功意义很大，对于治理入侵物种首要并且有价值的方法是认识它们在领域内的存在并进行定位，以及确认它们在自然条件下是否能够成功繁殖。对于红耳龟成功入侵的一个主要标志就是成功繁殖，在西班牙、意大利、澳大利亚、非洲南部、日本、中国等地都报道了红耳龟已经在野外环境中成功繁殖，但研究都是集中在淡水环境（李闯，2013；Burgin，2006；Perez-Santigosa et al., 2010）。红耳龟性成熟的时间和大小在种群内及种群间都有很大的差异。由于环境不同，红耳龟的求偶高峰期、巢址选择、产卵及孵化等也可能会有明显差异。本节着重介绍红耳龟在半咸水环境中的繁殖情况。

一、半咸水环境中红耳龟对巢址的选择

对半咸水环境中红耳龟的 5 个利用样方与 5 个对照样方之间的 14 个生态因子进行检验分析（表 2-8 和表 2-9），结果发现植被密度、植被高度差异显著（$P<0.05$），植被盖度、植被种类、土壤硬度差异极显著（$P<0.01$），说明红耳龟对植被密度、植被高度、植被盖度、植被种类及土壤硬度的利用具有选择性。红耳龟偏爱将植被盖度较大、植被密度和植被高度适中、植被种数较多、土壤硬度较低的位置作为巢穴（杨江波，2014）。

表 2-8　利用样方和对照样方之间的 11 个生态因子的差异

生态因子	利用样方（$n=5$）	对照样方（$n=5$）	P 值
坡度/(°)	23.00±8.00	20.80±7.83	0.849
坡向/(°)	143.00±43.98	152.00±46.95	0.892
植被盖度/%	41.00±4.00	10.00±7.75	0.007**
距水距离/m	5.10±0.980	5.60±0.980	0.728
植被种类	3.80±0.37	1.60±0.40	0.004**
植被密度/m^2	32.00±6.63	8.00±6.82	0.036*
植被高度/m	1.17±0.165	0.37±0.22	0.021*
干扰距离/m	3.24±0.89	2.70±0.80	0.664
土壤酸碱度	5.30±0.05	5.33±0.05	0.707
土壤硬度/(kg/cm^2)	13.00±0.63	22.00±1.14	0.000**
土壤盐度/(S/m)	0.35±0.06	0.33±0.05	0.611

*指 $P<0.05$，表示差异显著；**指 $P<0.01$，表示差异极显著。

表 2-9　利用样方与对照样方之间的 3 个生态因子的差异

生态因子	χ^2	df	P 值
坡位	1.200	2	0.549
植被类型	1.263	2	0.527
土壤类型	1.194	2	0.465

对红耳龟 5 个巢穴的生态因子进行主成分分析发现，5 个主成分的贡献率分别为 24.628%、21.827%、19.282%、15.921%、10.574%，累计贡献率为 92.232%（表 2-10），基本涵盖了 14 个生态因子的信息量，可以体现出红耳龟巢址选择的特点。在第 1、3、4 主成分中距水距离、坡向、坡位的负荷系数绝对值较大，可归为地形因子，表明红耳龟进行巢址选择时对地形有一定的要求；在第 2、4 主成分中，负荷系数绝对值较大的分别是植被盖度和植被密度，可归为植被因子，说明植被因子对红耳龟的巢址选择有重要影响；在第 2、5 主成分中，负荷系数绝对值较大的分别为土壤硬度、土壤酸碱度，可归为理化因子，表明红耳龟进行巢址选择时对理化因子也有要求。

表 2-10　红耳龟巢址选择生态因子的主成分分析（负荷系数）

生态因子	主成分				
	1	2	3	4	5
坡度/(°)	0.005	0.040	0.741	−0.120	−0.136
坡位	0.287	0.102	−0.020	0.730	−0.182
坡向/(°)	0.453	−0.380	−0.778	−0.200	−0.186
植被盖度/%	−0.509	−0.895	−0.167	0.125	0.050
距水距离/m	0.876	0.520	−0.192	−0.303	0.081
植被种类	0.706	−0.218	0.155	0.024	0.073
植被密度/m²	0.028	−0.179	−0.077	0.832	0.026
植被高度/m	−0.363	0.163	−0.053	−0.716	−0.044
植被类型	0.237	0.601	−0.348	−0.011	−0.183
干扰距离/m	0.652	0.237	−0.050	−0.039	−0.378
土壤类型	−0.044	−0.042	0.125	−0.046	0.684
土壤酸碱度	0.054	0.087	0.301	−0.078	0.886
土壤硬度/(kg/cm²)	−0.440	0.836	0.327	−0.061	0.047
土壤盐度/(S/m)	0.081	−0.431	0.653	0.353	0.115
贡献率/%	24.628	21.827	19.282	15.921	10.574
累计贡献率/%	24.628	46.455	65.737	81.658	92.232

二、半咸水环境中红耳龟的筑巢行为

红耳龟在半咸水环境中一般在晴朗的白天筑巢，筑巢时间通常集中在 11:00～15:00，夜间未发现筑巢行为。由于本研究地位于经济鱼类和虾类的养殖区，人为干扰因素非常大，龟上岸一般会快速地寻找隐蔽场所，选择合适的位置筑巢。龟在筑巢时都非常警戒，遇到任何干扰都有可能放弃巢穴去寻找新的筑巢位置。在选择巢址过程中雌龟如果遇到土壤硬度过大、土层中根系过多、土壤过于潮湿等因素，往往也会放弃该位置去寻找新的巢址。研究期间发现，编号为102的雌龟在一片草丛内尝试挖掘了3个位置后才找到合适的巢址，并最终产卵。红耳龟在产完卵后用后肢和腹甲掩埋洞穴，并在掩埋处洒上尿液。然后直接返回水中。巢穴洞呈烧瓶状，深 195.86mm±16.72mm（n=8，173.68～217.56mm），线性回归分析表明，巢穴深度与腹甲长（R^2=0.875，$F_{1,3}$=21.174，P=0.019）线性相关（巢穴深度随腹甲长的增加而增加）（图2-5），与体重（R^2=0.478，$F_{1,3}$=10.508，P=0.165）、体高（R^2=0.085，$F_{1,3}$=0.280，P=0.634）、背甲长（R^2=0.696，$F_{1,3}$=6.867，P=0.079）、背甲宽（R^2=0.312，$F_{1,3}$=2.946，P=0.268）无线性相关性（杨江波，2014）。

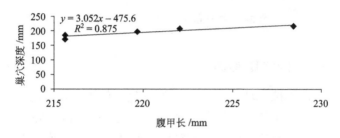

图2-5　红耳龟巢穴深度与腹甲长的关系

三、半咸水环境中红耳龟的窝卵数及孵化

在所研究区域的半咸水环境中成功发现5窝卵，来自4只不同个体（其中102号龟产卵两窝），共产卵55枚，其中4窝卵成功孵化出15只个体，孵化率约为27%，由于未进行受精与否的检验，因此实际孵化率很可能高于该值。孵化时间为 62.25d±5.06d（56～68d）（n=4），平均孵化温度为 27.65℃±0.57℃（26.7～28.5℃）（表2-11）。

表2-11　红耳龟孵化状况基本数据

编号	产卵日期	窝卵数/枚	孵化个体数/只	孵化率/%	孵化温度/℃	孵化周期/d
83	2013.05.02	11	5	45.5	27.64±0.61	64
102（1）	2013.05.05	10	1	10	27.69±0.58	56
102（2）	2013.05.26	8	5	62.5	27.75±0.54	61
104	2013.05.14	12	4	33.3	27.52±0.56	68
115	2013.05.27	14	0	0	0	0

对窝卵数与红耳龟基本数据做线性回归分析发现，窝卵数与腹甲长（R^2=0.887，$F_{1,3}$=23.761，P=0.016）线性相关，窝卵数随腹甲长的增加而增加（图2-6），与体重（R^2=0.649，$F_{1,3}$=5.567，P=0.099）、体高（R^2=0.033，$F_{1,3}$=0.012，P=0.796）、背甲长（R^2=0.576，$F_{1,3}$=4.080，P=0.136）、背甲宽（R^2=0.632，$F_{1,3}$=5.349，P=0.114）无线性相关性。研究

期间，102 号龟的第一窝卵的巢穴被羊在觅食时破坏从而被霉菌和印大头蚁（*Pheidole indica*）侵蚀，仅孵化出一只个体。

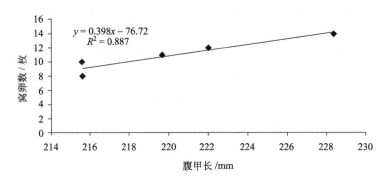

图 2-6 红耳龟窝卵数与腹甲长的关系

四、半咸水环境中孵出的红耳龟稚龟

在所研究的区域的半咸水环境中，15 只红耳龟稚龟被成功孵出，身体颜色鲜艳。稚龟刚从洞穴爬出时往往有土壤黏附于其身体上，个别个体眼睛未睁开；耳后的两条红色斑纹不明显；甲壳一般没有完全舒展开；活动力较弱，只能小范围内活动；出壳后卵黄尚未被完全吸收（3d 左右后吸收完）；3d 左右后活动能力逐渐加强并开始进食，食量随着时间的推移适量增加。刚孵出的稚龟形态参数为：体重 7.51g±0.91g（n=15，5.16～8.93g），体高 16.22mm±1.21mm（n=15，14.54～18.62mm），背甲长 31.04mm±2.84mm（n=15，26.67～34.62mm），背甲宽 29.61mm±2.83mm（n=15，25.11～33.08mm），腹甲长 28.29mm±2.90mm（n=15，24.73～32.58mm）。

五、半咸水环境中红耳龟繁殖状况分析

由于本研究区域内基本没有高大乔木，从而在很大程度上弱化了郁闭度对红耳龟巢址选择的影响，因此在进行统计分析中没有加入郁闭度因子。此外，植被盖度因子的影响作用得以凸显出来（肖繁荣，2014）。Kolbe 和 Janzen（2010）发现郁闭度能影响巢穴内温度，郁闭度小的比郁闭度大的巢穴内温度高一些。孵化温度可以不同程度地影响龟鳖卵的孵化周期、孵化率（Zhu et al., 2006；杨振才等，2002；朱新平等，2006）、卵内新陈代谢（Booth, 1998；杜卫国和计翔，2001）和稚龟性别（朱新平等，2006）、大小（Du and Ji, 2003）等。本研究植被盖度基本代表了郁闭度对红耳龟巢址选择的作用，为巢穴内比较稳定的孵化温度提供了一定的保障。

主成分分析发现，理化因子对红耳龟的巢址选择有重要作用，但通过差异性显著分析发现在理化因子中只有土壤硬度差异显著，而土壤酸碱度和土壤盐度差异不显著。室内研究硝酸盐对红耳龟和中华条颈龟孵化影响的比较（傅丽容等，2012）、孵化基质 pH 对红耳龟和中华条颈龟胚胎的毒性效应（傅丽容等，2013）、阿特拉津对红耳龟胚胎发育的影响（傅丽容等，2017）、硝酸铵及盐度胁迫对红耳龟血液生化指标的影响（傅丽容等，

2012；舒超华等，2012）的实验过程中发现，红耳龟的免疫力、防御能力、生理调节能力都非常强（吴琼，2018；耿军，2017）。说明红耳龟对硝酸盐、pH和盐度有很强的适应能力，这也是其能成功适应半咸水环境的又一有力证据。

红耳龟在白天筑巢，不同地域红耳龟的筑巢时间不尽相同：在西班牙红耳龟的筑巢时间集中在 7:30～14:00（Perez-Santigosa et al., 2010），在美国筑巢时间主要集中在上午甚至中午（Tucker, 1997）；在国内，周鹏（2013）发现红耳龟在广东古田省级保护区的筑巢时间为 6:00～8:40，李闯（2013）在海南万泉河发现其筑巢时间为 10:00～15:00。红耳龟在筑巢时非常机警，任何干扰都有可能导致其改变巢址选择的位置。由于本研究地位于人为活动比较频繁的经济水产品养殖区，为了躲避人为干扰，红耳龟筑巢行为一般发生在人为活动较弱的近中午时段（11:00～15:00）。这说明红耳龟的适应能力很强，能根据不同地区的干扰情况来调整筑巢产卵时间。此外，筑巢时间集中在 5 月，这与原产地（Cagle, 1950; Gibbons, 1982; Rose, 2011）和国内（李闯，2013）的研究结果一致。

红耳龟巢穴呈烧瓶状，洞穴深度为 195.86mm±16.72mm，而原产地最大深度才 105mm，差别很大，与李闯（2013）的研究结果（173.11mm±6.76mm）也有一定的差别。原因除了个体差别外，还有可能是地域方面的影响：本研究区域郁闭度基本为零，土壤类型多为沙土，为了提供良好的孵化环境，红耳龟不得不加深巢穴，以维持巢穴内相对稳定的孵化温度。研究发现洞穴深度与腹甲长呈正相关，这与 Tucker（1997）和李闯（2013）的研究结果相同。窝卵数与体型大小相关，个体较大的窝卵数较多（Gibbons, 1982）。本次研究发现窝卵数与腹甲长显著相关，与其他体型指标无明显相关性，支持李闯（2013）的研究结果。

在未检测巢内卵受精与否的情况下，本研究中三窝卵[83、102（2）、104]的平均孵化率达 47%，与李闯（2013）的研究结果（受精率 33.7%，孵化率 36.7%）相比差异明显。分析其原因可能是：①本次研究由于综合了我们龟类团队成员的找巢经验，不用打开巢穴来确定其真实性，就确保了巢穴内良好的自然孵化条件；②湿度是影响孵化率的一个重要因素，一般室内孵化湿度应控制在 80%～90%（李闯，2013；李珊，2002），而本研究巢穴的湿度均为 80%～95%，孵化湿度更理想。

综上所述，红耳龟能在半咸水区域成功繁殖。

结　语

水域可划分为多个不同的区域，包括淡水、半咸水和咸水。半咸水区域是指盐度在 0.5‰～15‰的天然水域（System, 1958）。全世界约有 14.5 亿 km^3 的水，其中海水约占 94%，淡水（盐度小于 0.5‰）约占 2%（张建江和范翠红，2002）。由此可以看出，半咸水的相对总量非常少，但半咸水分布非常广泛，主要集中分布于沿海滩涂、河口及一些盐度较低的海域，可以辐射的面积非常大，多是位于生态红线保护范围内。由于半咸水水域的特殊性，这里的生物多样性非常丰富，既有淡水和海水种类，又有特有的半咸水种类，从而形成了一个复杂多变的生物群落。红耳龟作为淡水龟类，在本研究中发现其可以在半咸水的环境中长期生存，偏爱于郁闭度适中、隐蔽度较高、水藻密度较大、距岸距离较近的浅水环境。鱼类和藻类是红耳龟在此环境中取食频次最高的食物，并且随着水体盐度的增加，动物性食物的取食频次和占比有下降趋势，而植物性食物的有上升趋势。此外，红耳龟在半咸水环境中选择郁闭度和植被盖度适中、土壤硬度较小的地点作为巢穴并产卵，孵化出的幼体在出壳3d左右活动能力逐渐加强并开始进食。

以上研究结果表明，红耳龟能在半咸水环境中正常取食、活动并能成功繁殖，说明其能适应半咸水环境，具有入侵半咸水生态系统的能力，在增大其入侵范围的同时也势必给该生态系统造成危害。

参 考 文 献

杜卫国, 计翔. 2001. 孵化温度对中华鳖胚胎物质和能量利用的影响. 动物学报, 47(5): 512-517.
傅丽容, 陈美玲, 史海涛. 2013. 孵化基质pH对红耳龟和中华条颈龟胚胎的毒性效应. 四川动物, 32(2): 237-241.
傅丽容, 贺斌, 王雪, 等. 2012. 硝酸铵影响红耳龟和中华条颈龟孵化及血液生理指标的研究. 四川动物, 31(2): 252-255.
傅丽容, 倪俊, 阮亦麒, 等. 2017. 阿特拉津对红耳龟胚胎发育及肝脏、肾脏组织结构的影响. 水产科学, 36(1): 104-108.
耿军. 2017. 不同温度效应下红耳龟与乌龟幼体表型、生理与功能的比较. 杭州: 杭州师范大学硕士学位论文.
龚世平, 史海涛, 谢才坚, 等. 2005. 海南岛黎母山四眼斑水龟对春季生境的选择性. 动物学研究, 26(2): 142-146.
胡庆如. 2016. 眼斑水龟(*Sacalia bealei*)野外生态学研究. 海口: 海南师范大学硕士学位论文.
李闯. 2013. 海南万泉河红耳龟(*Trachemys scripta elegans*)野外繁殖研究. 海口: 海南师范大学硕士学位论文.
李珊. 2002. 孵化温度对乌龟性别分化影响的研究. 长沙: 湖南师范大学硕士学位论文.
刘丹. 2011. 海南岛外来物种红耳龟生境选择和食性研究. 海口: 海南师范大学硕士学位论文.
陆健健. 1996. 中国滨海湿地的分类. 环境导报, 1(1): 2.
马凯. 2013. 海南万泉河外来物种红耳龟的活动节律和活动区. 海口: 海南师范大学硕士学位论文.
舒超华, 张珂, 洪美玲, 等. 2012. 盐度胁迫对红耳龟生长与血液生化指标的影响. 四川动物, 31(6): 912-916.
唐小平, 黄桂林. 2003. 中国湿地分类系统的研究. 林业科学研究, 16(5): 531-539.
汪继超. 2007. 黄额闭壳龟(*Cuora galbinifrons*)的活动家域和微生境利用. 海口: 海南师范大学硕士学位论文.
王雷. 2008. 黄额闭壳龟(*Cuora galbinifrons*)的活动节律和微生境利用. 海口: 海南师范大学硕士学位论文.
吴琼. 2018. 红耳龟与土著龟热耐受、抗氧化能力和HSP70表达的比较. 杭州: 杭州师范大学硕士学位论文.
肖繁荣. 2014. 四眼斑水龟体色和体形的生态适应研究. 海口: 海南师范大学硕士学位论文.
颜忠诚, 陈永林. 1998. 动物的生境选择. 生态学杂志, (2): 43-49.
杨江波. 2014. 红耳龟(*Trachemys scripta elegans*)在海南南渡江半咸水区域的生态适应性研究. 海口: 海南师范大学硕士学位论文.
杨江波, 史海涛. 2014. 红耳龟在海南南渡江半咸水区域的家域研究. 四川动物, 33(5): 685-688.
杨维康, 钟文勤. 2000. 鸟类栖息地选择研究进展. 干旱区研究, 17(3): 71-78.
杨振才, 牛翠娟, 孙儒泳. 2002. 温度对中华鳖卵孵化和胚胎发育的影响. 动物学报, 48(6): 716-724.

曾旭. 2018. 马鞍列岛岩礁性鱼类栖息地利用与保护型人工鱼礁选址研究. 上海: 上海海洋大学博士学位论文.
张建江, 范翠红. 2002. 咸水、淡水、半咸水的区分. 渔业致富指南, (19): 28.
周鹏. 2013. 广东古田外来物种红耳龟的家域及野外繁殖研究. 海口: 海南师范大学硕士学位论文.
周鹏, 史海涛, 胡诗佳, 等. 2013. 红耳龟在广东古田保护区的家域研究. 四川动物, 32(5): 664-669.
朱新平, 陈永乐, 魏成清, 等. 2006. 温度对黄喉拟水龟性别决定的影响. 生态学报, 26(2): 620-625.
Baughman J. 1946. An interesting association of fishes. Copeia, (4): 263.
Booth D T. 1998. Effects of incubation temperature on the energetics of embryonic development and hatchling morphology in the Brisbane river turtle *Emydura signata*. Journal of Comparative Physiology B-biochemical Systemic & Environmental Physiology, 168(5): 399-404.
Bowers M A, Gregario K, Brame C J, et al. 1996. Use of space and habitats by meadow voles at the home range, patch and landscape scales. Oecologia, 105(1): 107-115.
Brown G P, Bishop C A, Brooks R J. 1994. Growth rate, reproductive output, and temperature selection of snapping turtles in habitats of different productivities. Journal of Herpetology, 28(4): 405-410.
Burgin S. 2006. Confirmation of an established population of exotic turtles in urban Sydney. Australian Zoologist, 33(3): 379-384.
Cadi A, Joly P. 2004. Impact of the introduction of the red-eared slider (*Trachemys scripta elegans*) on survival rates of the European pond turtle (*Emys orbicularis*). Biodiversity and Conservation, 13: 2511-2518.
Cagle F R. 1944. Home range, homing behavior, and migration in turtles. Ann Arbor: University of Michigan Press: 1-34.
Cagle F R. 1950. The Life History of the Slider Turtle, *Pseudemys scripta troostii* (Holbrook). Ecological Monographs, 20(1): 31-54.
Cagle F R, Chaney A. 1950. Turtle populations in Louisiana. The American Midland Naturalist, 43(2): 383-388.
Carrière M A, Rollinson N, Suley A N, et al. 2008. Thermoregulation when the growing season is short: sex-biased basking patterns in a northern population of painted turtles (*Chrysemys picta*). Journal of Herpetology, 42(1): 206-210.
Chen T H, Lue K Y. 1998. Ecological notes on feral populations of *Trachemys scripta elegans* in northern Taiwan. Chelonian Conservation Biology, 3: 87-90.
Chen T. 2006. Distribution and status of the introduced red-eared slider (*Trachemys scripta elegans*) in Taiwan. *In*: Koike F, Clout M N, Kawamichi M, et al. Assessment and Control of Biological Invasion Risks: SHOUKADOH Book Sellers, Switzerland: Japan and the World Conservation Union (IUCN): 187-196.
Conant R, Conant I H. 1958. A field guide to reptiles and amphibians of the United States and Canada east of the 100th meridian. Boston, MA: Houghton Mifflin.
Del Vecchio S, Rugiero L, Luiselli L, et al. 2011. The turtle is in the details: microhabitat choice by *Testudo hermanni* is based on microscale plant distribution. Animal Biology, 61(3): 249-261.
Du W G, Ji X. 2003. The effects of incubation thermal environments on size, locomotor performance and early growth of hatchling soft-shelled turtles, *Pelodiscus sinensis*. Journal of Thermal Biology, 28(4): 279-286.
Ernst C. 1990. Systematics, taxonomy, variation, and geographic distribution of the slider turtle. *In*: Gibbons J W. Life History and Ecology of the Slider Turtle. Washington, DC: Smithsonian Institution Press: 156-167.

Eterovick P C, Oliveira F F, Tattersall G J. 2010. Threatened tadpoles of *Bokermannohyla alvarengai* (Anura: Hylidae) choose backgrounds that enhance crypsis potential. Biological Journal of the Linnean Society, 101(2): 437-446.

Gibbons J W. 1969. Dietary Shift in the turtle *Pseudemys scripta* (Schoepff) from youth to maturity. Copeia, (4): 704-706.

Gibbons J W. 1982. Reproductive patterns in freshwater turtles. Herpetologica, 38(1): 222-227.

Gibbons J W, Greene J. 1990. Reproduction in the slider and other species of turtles. *In*: Gibbons J W. Life History and Ecology of the Slider Turtle. Washington, DC: Smithsonian Institution Press: 124-134.

Gibbons W J. 1990. Life history and ecology of the slider turtle. Washington, DC: Smithsonian Institution Press.

Grinnell J. 1917. The niche-relationships of the California Thrasher. Auk, 34(4): 427-433.

Harris S, Cresswell W, Forde P, et al. 1990. Home-range analysis using radio-tracking data-a review of problems and techniques particularly as applied to the study of mammals. Mammal Review, 20(2-3): 97-123.

Hart D R. 1983. Dietary and habitat shift with size of red-eared turtles (*Pseudemys scripta*) in a southern Louisiana population. Herpetologica, 39(3): 285-290.

Haxton T J. 1999. Home range and habitat selectivity of spotted turtles, *Clemmys guttata*, in central Ontario: implications for a management strategy. Peterborough: Trent University, M. Sc. thesis.

Hutto R L. 1985. Habitat selection by nonbreeding, migratory land. *In*: Cody M L. Habitat selection in birds. London: Academic Press: 455-476.

Jones R. 1996. Home range and seasonal movements of the turtle *Graptemys flavimaculata*. Journal of Herpetology, 30(3): 376-385.

Kolbe J J, Janzen F J. 2010. Spatial and temporal dynamics of turtle nest predation: edge effects. Oikos, 99(3): 538-544.

Krawchuk M A, Brooks R J. 1998. Basking behavior as a measure of reproductive cost and energy allocation in the painted turtle, *Chrysemys picta*. Herpetologica, 54(1): 112-121.

Lack D. 1933. Habitat selection in birds. With special reference to the effects of afforestation on the Breckland avifauna. The Journal of Animal Ecology, 2(2): 239-262.

Lee H J, Park D S. 2010. Distribution, habitat characteristics, and diet of freshwater turtles in the surrounding area of the Seomjin River and Nam River in southern Korea. Journal of Ecology and Environment, 33(3): 237-244.

Litzgus J D, Mousseau T A. 2004. Home range and seasonal activity of southern spotted turtles (*Clemmys guttata*): implications for management. Copeia, 2004(4): 804-817.

Lovich J E, Gibbons J W. 1990. Age at maturity influences adult sex ratio in the turtle *Malaclemys terrapin*. Oikos, 59(1): 126-134.

McGrath P E. 2005. Site fidelity, home range, and daily movements of white perch, *Morone americana*, and striped bass, *Morone saxatilis*, in two small tributaries of the York River, Virginia. Virginia: Virginia Institute of Marine Science, M. Sc. thesis.

Morreale S J, Gibbons J W, Congdon J D. 1984. Significance of activity and movement in the yellow-bellied slider turtle (*Pseudemys scripta*). Canadian Journal of Zoology, 62(6): 1038-1042.

Outerbridge M E. 2008. Ecological Notes on Feral Populations of *Trachemys scripta elegans* in Bermuda. Chelonian Conservation & Biology, 7(2): 265-269.

Parmenter R, Avery H. 1990. The feeding ecology of the slider turtle. *In*: Gibbons J W. Life History and Ecology of the Slider Turtle. Washington, DC: Smithsonian Institution Press: 257-265.

Perez-Santigosa N, Díaz-Paniagua C, Hidalgo-Vila J. 2010. The reproductive ecology of exotic *Trachemys scripta elegans* in an invaded area of southern Europe. Aquatic Conservation Marine & Freshwater Ecosystems, 18(7): 1302-1310.

Plummer M, Mills N, Allen S. 1997. Activity, habitat, and movement patterns of softshell turtles (*Trionyx spiniferus*) in a small stream. Chelonian Conservation and Biology, 2: 514-520.

Powell R A, Zimmerman J W, Seaman D E. 1997. Ecology and behavior of North American black bears: home ranges, habitat, and social organization. Vol 4. Berlin: Springer Science & Business Media.

Prevot-Julliard A, Gousset E, Archinard C A, et al. 2007. Pets and invasion risks: is the Slider turtle strictly carnivorous? Amphibia-Reptilia, 28(1): 139-143.

Rödder D, Schmidtlein S, Veith M, et al. 2009. Alien invasive slider turtle in unpredicted habitat: a matter of niche shift or of predictors studied? PLoS ONE, 4(11): e7843.

Rose F L. 2011. Annual Frequency of Clutches of *Pseudemys texana* and *Trachemys scripta* at the Headwaters of the San Marcos River in Texas. Southwestern Naturalist, 56(1): 61-65.

Ryan T J, Conner C A, Douthitt B A, et al. 2008. Movement and habitat use of two aquatic turtles (*Graptemys geographica* and *Trachemys scripta*) in an urban landscape. Urban Ecosystems, 11(2): 213-225.

Schubauer J, Gibbons J, Spotila J. 1990. Home range and movement patterns of slider turtles inhabiting Par Pond. *In*: Gibbons J W. Life History and Ecology of the Slider Turtle. Washington, DC: Smithsonian Institution Press: 223-232.

Smith L L, Reid D, Robert B, et al. 1999. Status and distribution of the angonoka tortoise (*Geochelone yniphora*) of western Madagascar. Biological Conservation, 91(1): 23-33.

System V. 1958. Symposium on the Classification of Brackish Waters. Oikos, 9(2): 311-312.

Thompson J, Franck L, Valverde R. 2011. Effects of Salinity on the Endocrine Stress Response of *Trachemys scripta* in the Lake Pontchartrain Basin. *In*: Evans R D, Cary N C. Integrative and comparative biology. Oxford: Oxford University Press: E257.

Tucker J K. 1997. Natural history notes on nesting, nests, and hatching emergence in the Red-eared Slider Turtle, *Trachemys scripta elegans*, in West-central Illinois. Illinois Natural History Survey Biological Notes, 140: 1-13.

Vogt R, Bull J. 1984. Ecology of hatchling sex ratio in map turtles. Ecology, 65(2): 582-587.

Wang J, Shi H T, Hu S J, et al. 2013. Interspecific Differences in Diet between Introduced Red-eared Sliders and Native Turtles in China. Asian Herpetological Research, 4(3): 190-196.

Web R G. 1961. Observations on the life histories of turtles (genus *Pseudemys* and *Graptemys*) in Lake Texoma. Oklahoma. American Midland Naturalist, 65(1): 193-214.

Zhu X P, Wei C Q, Zhao W H, et al. 2006. Effects of incubation temperatures on embryonic development in the Asian yellow pond turtle. Aquaculture, 259(1-4): 243-248.

第三章 红耳龟对盐度的耐受性及消化生理调节

红耳龟属于淡水龟类，但在美国南卡罗来纳州基洼岛和刺山柑群岛的盐池（盐度小于10‰）里发现了它的分布（Baughman, 1946）。我们野外调查发现，在我国海南的南渡江含盐量较高的河口和入海口等水域中发现有红耳龟分布（刘丹等，2011；杨江波，2014）。这些研究说明红耳龟对盐度有一定的耐受性，能生活在淡水和半咸水水域中。但对于没有盐腺的红耳龟来说，它的盐度耐受性是怎样的？究竟能否在半咸水环境中正常存活？若红耳龟可在半咸水环境中生存，那么其入侵范围将由淡水环境扩展到淡水和半咸水环境。

当水环境的盐度改变时，为了维持渗透平衡，水生动物机体会发生一系列的适应性改变，以应对外界环境的变化。其中消化生理活动的改变是非常重要的一个调节因素（李希国等，2006；张龙岗等，2011）。红耳龟通过吞饮水使得盐分进入机体，过多的盐分是否会对红耳龟的消化系统造成损伤，进而导致其摄食量改变，最终影响其生长存活呢？本章将从红耳龟对盐度的耐受性及其消化生理的调节方面来探讨红耳龟对半咸水环境的适应机制。

第一节 红耳龟对环境盐度的耐受性

盐度对水生动物的影响是多方面的，大多数两栖动物在盐度超过10‰时就无法生存，但一些无尾两栖类如海陆蛙（*Fejervarya cancrivora*）和海蟾蜍（*Rhinella marina*）却分布在较高盐度的河口入海口或其他咸水环境中（Neill, 1958; Schmidt, 1957）；生活在海洋中的爬行动物具有盐腺，所以在面对海水高盐环境时，可以通过盐腺来进行排盐；但生活于淡水的爬行动物，由于缺乏盐腺等泌盐器官，所以对环境盐度的耐受性很低，即使是适应能力较强的中华鳖（*Pelodiscus sinensis*）在盐度17‰左右也仅能存活7d（Lee et al., 2010），那么红耳龟对盐度的耐受性如何呢？

一、环境盐度的设置范围

由于海水的盐度为16‰～47‰（平均为35‰），而淡水的含盐浓度为0.01‰～0.5‰，为判定红耳龟究竟可以在盐度为多大范围内的环境中生存，我们设置了5个组，每组23只个体，饲养于水泥池中（190cm×65cm×32cm）。实验以速溶海水晶（海龙牌）分别配制5‰、15‰、25‰、35‰四个盐度，即盐度5组、盐度15组、盐度25组、盐度35组（按照半咸水的最低浓度和海水的平均浓度分别设置浓度梯度的下限和上限），淡水组（对照组）加等体积经太阳暴晒的自来水，水深5cm；每个水池中放数个倒置的瓦盆以提供红耳龟的隐蔽、晒壳及摄食场所。每周二、五定时投喂一定量食物（饲料以相应浓度的盐水1∶1配制，饲料品牌：典丰牌甲鱼饲料），于投喂24h后取出剩余食物并称量，同时将池水进行全部更换。光照为实验室自然光。每日采用数显高精度电子盐度计测量水中盐度，并及时补充速溶海水晶或加水以控制所需的盐度；每次换水后立即测量盐度并及时做出调整。实验持续时间为 3 个月。记录实验过程中死亡个体的重量、背甲长、背甲宽、体高和腹甲长等外部形态指标。

二、红耳龟的存活情况

盐度对红耳龟的存活有一定的影响。在盐度 35 组中，红耳龟在 30d 内死亡 14 只，60d 除了在第 31d 时取样的 6 只，其余的全部死亡。盐度 25 组红耳龟在 0～30d 死亡 2 只，30～60d 死亡 2 只，60～90d 死亡 1 只。盐度 5 组和盐度 15 组中均没有出现死亡。根据死亡情况来判断，红耳龟在盐度 25‰以上的水域中不能长时间存活，但在小于 15‰的水域中能够存活较长一段时间（张珂，2014）。

三、红耳龟的临床特征及病理剖检

红耳龟在盐度 35 组第 9d 时出现了死亡，60d 内全部死亡。生活在盐度为 35‰和 25‰环境中的红耳龟早期多表现为急躁异常，游动不止，有的试图爬出水泥池，但随着生活时间的延长，精神沉郁，常处于静止状态，几乎不进食，而后死亡。生活在 15‰盐度环境中的红耳龟较少进食，但生活在 5‰盐度环境和淡水中的红耳龟精神和进食均正常（张珂，2014）。

死亡的红耳龟头部和四肢有明显的皮肤溃烂，出现疥疮状硬物，且部分个体脖颈部和四肢肿胀。剖检发现，在 25‰盐度环境中死亡的红耳龟大肠、小肠内均积水肿胀，小肠呈结节状，有部分个体胃和肠充血，肝脏发黑。

第二节 半咸水环境中对红耳龟的消化生理调节

环境盐度的变化对水生生物消化道内消化酶活力有显著的影响，通过改变消化酶活力来影响动物对食物的消化吸收，最终影响动物的生长发育（庄平等，2008）。例如，盐度的增大可增加高体革䱗（*Scortum barcoo*）（张龙岗等，2011）、真鲷（*Pagrosomus major*）（陈品健和王重刚，1998）、黄鳍鲷（*Acanthopagrus latus*）幼鱼（李希国等，2006）、点篮子鱼（*Siganus guttatus*）（罗集光等，2011）、凡纳滨对虾（*Litopenaeus vannamei*）幼虾（黄凯等，2007）的胃蛋白酶和脂肪酶等消化酶活力，说明盐度对胃消化酶有一定的激活作用。此外，盐度也可能影响碱性磷酸酶等金属酶活力，而碱性磷酸酶在水生动物营养的吸收与利用中发挥着重要的作用（冯广朋等，2013；张明明等，2017；支兵杰等，2009）。盐度胁迫对水生生物生理机能影响的最重要表现在于其组织学特征的变化（支兵杰等，2009）。红耳龟生活在半咸水环境中，盐度是一个重要的胁迫因子，那么盐度胁迫对红耳龟的消化生理影响如何，将在本节作详细阐述。

一、半咸水环境中红耳龟消化酶活力

红耳龟生活在半咸水环境中 30d 时，胃蛋白酶和肝脂肪酶活力随环境盐度的升高呈现先升高后下降的趋势，肠脂肪酶和肠淀粉酶活力随着环境盐度的升高而下降；60d 时，红耳龟胃蛋白酶、肝脂肪酶、肠脂肪酶和肠淀粉酶活力均随着环境盐度的升高而下降；90d 时，除肝脂肪酶活力随盐度的升高呈下降-升高的趋势，且盐度 5 组的活力显著低于其他环境盐度（$P<0.05$）外，其余三种酶的活力均随着环境盐度的升高而下降。在盐度 15 组和盐度 25 组中，红耳龟胃蛋白酶活力显著低于淡水组（$P<0.05$），盐度 25‰的环境中胃蛋白酶活力不到淡水组的 1/2；在盐度 5 组、盐度 15 组和盐度 25 组中肠脂肪酶、肝脂肪酶、肠淀粉酶活力显著低于淡水组（$P<0.05$），盐度 25 组的肠脂肪酶活力不到淡水组的 1/2，肠淀粉酶活力也仅为淡水组的 1/3~1/2。生活于 5‰的盐度环境中 30d，胃蛋白酶活力显著高于淡水组（$P<0.05$），但随着环境盐度的增加胃蛋白酶活力下降，说明环境盐度抑制了胃蛋白酶活力；5‰的盐度环境中红耳龟肝脂肪酶活力高于淡水组，但差异不显著（$P>0.05$），随着环境盐度的增加肝脂肪酶活力显著下降（$P<0.05$）。由双因素方差分析可知，胃蛋白酶和肝脂肪酶活力在环境盐度与生活时间之间存在显著的交互作用（$P<0.05$），而肠脂肪酶活力和肠淀粉酶活力交互作用不显著（$P>0.05$）（表 3-1）。

表 3-1 红耳龟消化酶活力（U/mg prot.）变化

时间	盐度	胃蛋白酶	肠脂肪酶	肝脂肪酶	肠淀粉酶
30d	淡水组	6.56^a	76.42^a	27.81^a	0.396^a
	5‰	9.14^b	55.19^b	29.75^a	0.304^b
	15‰	5.81^a	41.39^c	19.19^b	0.246^c
	25‰	4.48^c	36.74^c	17.45^b	0.165^d
60d	淡水组	6.62^a	81.55^a	26.32^a	0.327^a
	5‰	5.99^a	50.75^b	23.22^{ab}	0.236^b
	15‰	3.87^b	38.35^c	19.89^b	0.160^c
	25‰	1.87^c	32.24^c	15.80^c	0.151^c
90d	淡水组	6.50^a	74.94^a	25.81^a	0.337^a
	5‰	5.96^a	43.55^b	17.57^b	0.209^b
	15‰	4.25^b	31.55^c	29.37^a	0.197^b
	25‰	3.60^b	29.76^c	29.04^a	0.124^c
时间[①]					
	30d	6.65^a	51.22^a	23.28^{ab}	0.279^a
	60d	4.59^b	50.72^a	21.31^b	0.216^b
	90d	5.07^c	44.95^b	25.45^a	0.221^b
	P 值	0.000	0.000	0.000	0.000
盐度[①]					
	淡水组	6.56^a	77.93^a	26.41^a	0.348^a
	5‰	6.96^a	48.54^b	22.01^b	0.237^b
	15‰	4.51^b	36.24^c	23.54^b	0.196^c
	25‰	3.14^c	32.15^d	21.42^b	0.142^d
	P 值	0.000	0.000	0.000	0.000
P 值[②]（时间×盐度）		0.000	0.260	0.000	0.169

注：同一列中不同上标字母表示差异显著（$P<0.05$），$n=6$
上标[①]表示双因素方差分析中的主效应结果；上标[②]表示双因素方差分析中的交互效应

二、半咸水环境中红耳龟肝脏组织结构变化

淡水组中红耳龟的肝脏实质是由群集和索状多角形肝脏细胞组成的,且存在大量的色素细胞,大小不等;中央静脉管腔较大,有少量结缔组织;在肝脏组织中可以看到明显的胆管;门管区内有小叶间静脉、小叶间动脉和小叶间胆管(图版Ⅰ-a,图版Ⅰ-b)。环境盐度对红耳龟肝脏的影响较大,在5‰的低盐度环境中生活90d时,红耳龟肝脏细胞的细胞质疏松化,质膜出现溶解,中央静脉扩大,管壁边缘不完整(图版Ⅰ-c,图版Ⅰ-d);在15‰盐度组,红耳龟肝脏中红细胞核偏移或无核,在胆管和中央静脉内均可看到质膜溶解,细胞质空泡化明显(图版Ⅰ-e,图版Ⅰ-f);在25‰盐度组,红耳龟肝脏细胞质空泡化加重,细胞核发生严重萎缩、溶解(图版Ⅰ-g,图版Ⅰ-h)。(图版请扫封底二维码)

三、半咸水环境中红耳龟肠道组织结构变化

环境盐度对红耳龟小肠组织结构的影响见图版Ⅱ。淡水中的红耳龟小肠由黏膜层、黏膜下层肌层和浆膜组成;黏膜上皮为单层柱状上皮,由杯状细胞、吸收细胞和固有层向管腔内突出形成绒毛;固有层中结缔组织丰富,有大量的毛细血管;肌层厚度和小肠绒毛长度分别为119.48μm±18.16μm和402.81μm±51.82μm(图版Ⅱ-a,图版Ⅱ-b)。盐度对红耳龟小肠组织结构的影响较大,在5‰盐度组中90d时,红耳龟肠道的环肌层增厚到152.50μm±39.73μm($P<0.05$)(表3-2),小肠绒毛长度增加到444.96μm±39.74μm($P<0.05$)(图版Ⅱ-c,图版Ⅱ-d);在15‰盐度组,红耳龟小肠绒毛开始变形,且显著缩短到348.56μm±43.37μm($P<0.05$)(图版Ⅱ-e,图版Ⅱ-f)。(图版请扫封底二维码)

表3-2 红耳龟小肠环肌层厚度和绒毛长度 (μm)

盐度	环肌层厚度	小肠绒毛长度
淡水组	119.48±18.16[a]	402.81±51.82[a]
5‰	152.50±39.73[b]	444.96±39.74[b]
15‰	151.91±43.37[b]	348.56±43.37[c]
25‰	150.75±19.63[b]	331.02±39.47[c]

注:同一列中不同上标字母代表差异显著($P<0.05$)。

四、半咸水环境中红耳龟消化生理分析

高盐环境会对机体脏器组织产生不同程度的损伤,例如,盐度可引起大马哈鱼幼鱼组织学的改变(支兵杰,2009),以及使海卡拉白鱼(*Chalcalburnus chalcoides aralensis*)肝脏细胞出现肿大、形状不规则的现象,同时肝细胞核萎缩偏离中心,细胞质的空泡化加重,部分肝细胞核溶解,最终导致肝脏组织局部坏死(姜秋俚等,2007;王信海等,2007;杨建,2014)。在盐度环境中红耳龟肝脏也有一定程度的损伤,尤其是在高盐度环境中死亡的红耳龟肝脏病变严重。主要表现为肝脏组织不完整,肝细胞变性、出现空泡及质膜溶解。肝脏出现空泡的原因可能是细胞内物质合成速度与释放速度不平衡所致

（Gingerieh，1982）；也可能是肝糖原在肝脏细胞中的积累而造成的（Wester and Canton, 1986）。在较高的盐度环境中红耳龟小肠出现异常，主要表现为肠内积水，并且严重充血、肿胀，有部分个体呈结节状。表明当环境盐度超出红耳龟所能承受的生理调节能力时，将会造成其肝脏和小肠组织结构及功能的实质性病理改变，并产生慢性生存胁迫（支兵杰等，2009）。本研究发现，高盐度组死亡的红耳龟肝脏病变严重，与组织学的观察结果一致，可能是由于环境盐度已超过红耳龟所能承受的渗透压调节能力而导致肝脏结构的病变；高盐度组死亡的红耳龟小肠的剖检病变，与组织学观察到的现象也高度一致。

消化酶活力是生物代谢机制的组成部分（Wang et al.，2013），除和物种本身有关外，还受到诸多因素的影响，如不同的生长发育阶段以及外界环境（盐度、温度、季节、光照、pH等）的变化同样会影响消化酶的活力（胡毅，2003）。当外界环境盐度改变时，机体通过改变酶活力的高低来调节新陈代谢以适应环境（Storey，1984）。例如，广盐性的颗粒新厚蟹（*Neohelice granulate*）在低盐环境中淀粉酶活力较高，其升高的消化酶活力可以提高机体的消化能力，为渗透压调节提供所需能量（Asaro et al.，2009）。红耳龟在盐度环境中生活30d时，5‰盐度组中红耳龟胃蛋白酶活力显著高于淡水组。由此说明，提高消化酶的活力是动物在低盐环境中的有利应答，其从食物中获得更多的能量来满足渗透压调节的能量需求，但当环境盐度增加到15‰和25‰时，红耳龟胃蛋白酶活力均显著低于5‰盐度组的活力，这说明在高盐度环境中机体消化酶活力受到抑制，这可能是由于外界环境盐度的增大，导致体内水分流失，红耳龟大量吞饮含盐的水以补充水分。生活环境中的盐度变化直接影响无机离子浓度的变化，大量吞饮盐水使得红耳龟消化道内无机离子增加，而许多无机离子是消化酶的激活剂或抑制剂，从而影响消化酶的活力。同时大量碱性盐水的吞饮也导致胃及肠道内的pH升高（Noda and Murakami，1981），超过了蛋白酶的适宜pH范围，引起消化酶活力下降（陈品健和王重刚，1998）。较高盐度环境下红耳龟消化酶活力的下降，使得红耳龟对食物的消化吸收和能量的摄取产生影响，进而影响其生长发育甚至存活。因而红耳龟在高盐环境中生活较长时间后，其活动量减少，几乎不进食，最终由于体力透支而导致死亡（张珂等，2014）。

结　语

红耳龟在环境盐度为15‰的水体中，可正常存活3个月以上，尤其是在低盐度环境中（5‰），其部分消化酶活力要显著高于淡水组，说明低浓度的盐刺激可激活红耳龟的消化机能。由此推测，在低盐度（5‰以下）的环境中红耳龟有较强的适应能力。

参　考　文　献

陈品健, 王重刚. 1998. 盐度影响真鲷幼鱼消化酶活力的研究. 厦门大学学报(自然科学版), (5): 754-756.
冯广朋, 卢俊, 庄平, 等. 2013. 盐度对中华绒螯蟹雌性亲蟹渗透压调节和酶活性的影响. 海洋渔业, 35(4): 468.
胡毅. 2003. 三疣梭子蟹消化酶性质的研究. 青岛: 中国海洋大学硕士学位论文.

黄凯, 杨鸿昆, 战歌, 等. 2007. 盐度对凡纳滨对虾幼虾消化酶活性的影响. 海洋科学, 31(3): 37-40.
姜秋俚, 蔺玉华, 王信海, 等. 2007. NaHCO$_3$对卡拉白鱼生长、生化指标及组织结构的影响. 天津师范大学学报(自然科学版), 27(4): 16-20.
李希国, 李加儿, 区又君. 2006. 盐度对黄鳍鲷幼鱼消化酶活性的影响及消化酶活性的昼夜变化. 渔业科学进展, 27(1): 40-45.
刘丹, 史海涛, 刘宇翔, 等. 2011. 红耳龟在我国分布现状的调查. 生物学通报, 46(6): 18-21.
罗集光, 章龙珍, 庄平, 等. 2011. 盐度对点篮子鱼消化酶活性的影响. 海洋渔业, 33(1): 33-38.
王信海, 蔺玉华, 姜秋俚, 等. 2007. NaCl对咸海卡拉白鱼血清离子、皮质醇和组织Na$^+$-K$^+$-ATP酶活性的影响. 吉林农业大学学报, 29(5): 576-580.
杨建. 2014. 盐碱胁迫下5种鱼类的耐受性和免疫应激反应. 上海: 上海海洋大学硕士学位论文.
杨江波. 2014. 红耳龟(*Trachemys scripta elegans*)在海南南渡江半咸水区域的生态适应性研究. 海口: 海南师范大学硕士学位论文.
张珂. 2014. 红耳龟(*Trachemys scripta elegans*)对环境盐度的耐受性及生理适应机制. 海口: 海南师范大学硕士学位论文.
张珂, 洪美玲, 史海涛, 等. 2014. 盐度胁迫对红耳龟Na$^+$-K$^+$-ATP酶及消化酶活性的影响. 水产科学, 33(8): 520-524.
张龙岗, 安丽, 孙栋, 等. 2011. 盐度胁迫对高体革鯻幼鱼消化酶活力的影响. 水产学杂志, 24(3): 21-24.
张明明, 王雷, 王宝杰, 等. 2017. 凡纳滨对虾碱性磷酸酶和酸性磷酸酶基因的克隆、表达及盐度应答效应. 海洋科学, 41(1): 83-95.
支兵杰. 2009. 盐度对大麻哈鱼(*Oncorhynchus keta* Walbaum)幼鱼生理生化及组织学的影响. 哈尔滨: 东北农业大学硕士学位论文.
支兵杰, 刘伟, 赵春刚, 等. 2009. 盐度对大麻哈鱼幼鱼消化酶及碱性磷酸酶活力的影响. 上海海洋大学学报, 18(3): 289-294.
庄平, 章龙珍, 田宏杰, 等. 2008. 盐度对施氏鲟幼鱼消化酶活力的影响. 中国水产科学, 15(2): 198-203.
Asaro A, Valle J D, Mañanes A L. 2009. Sucrase and maltase activities in hepatopancreas of *Neohelice granulata*: post-ingesta response. Biocell, 33: 197.
Baughman J. 1946. An interesting association of fishes. Copeia, 1946(4):263.
Gingerieh W. 1982. Hepatic Toxieology of Fishes. *In*: Weber L J. Aquatic Toxicology. New York: Raven Press: 55-105.
Lee S M L, Wai P W, Kum C H, et al. 2010. Nitrogen metabolism and excretion in the aquatic Chinese soft-shelled turtle, *Pelodiscus sinensis*, exposed to a progressive increase in ambient salinity. Journal of Experimental Zoology Part A Ecological Genetics & Physiology, 305A(12): 995-1009.
Neill W T. 1958. The occurrence of amphibians and reptiles in saltwater areas, and a bibliography. Bulletin of Marine Science, 8(1): 1-97.
Noda M, Murakami K. 1981. Studies of proteinases from the digestive organs of sardine: Purification and characterization of two acid proteinase from the stomach. Biochimica et Biophysica Acta, 65: 827-832.
Schmidt K. 1957. Amphibians. Geological Society of America Memoirs, 671: 211-212.
Storey K B. 1984. Biochemical adaptation. *In*: Storey K B. Functional metabolism: regulation and adaptation. New York: Wiley New York: 383-413.
Wang R, Zhuang P, Feng G. 2013. The response of digestive enzyme activity in the mature Chinese mitten crab, *Eriocheir sinensis* (Decapoda: Brachyura), to gradual increase of salinity. Scientia Marina, 77(2): 323-329.
Wester P W, Canton J H. 1986. Histopathological study of *Oryzias latipes* (medaka) after long-term β-hexachlorocyclohexane exposure. Aquatic Toxicology, 9(1): 21-45.

第四章　红耳龟适应半咸水环境的渗透压调节

在淡水中，环境渗透压低于动物的体液渗透压，动物会被动吸收较多的水分并丢失离子，此时可以通过排出低渗尿，以及通过渗透压调节器官摄入离子来维持体液渗透压的平衡。但在高盐度的水环境中，环境渗透压高于体液渗透压，动物会通过被动失水以维持体内外渗透压的平衡（Frick, 1968）；并且通过主动吞盐来保存体内水分，同时通过渗透压调节器官排出被动摄入的过多 Cl^- 和 Na^+ 或 Mg^{2+}、SO_4^{2-}、Ca^{2+} 和少量水分，从而维持内环境的稳定（Borisova, 1964）。不同的动物对渗透压调节方式不同，如鱼类主要通过鳃等调节，软骨鱼通过保留尿素来调节渗透压（因鱼鳃不能透过尿素，故通过肾脏对尿素的重吸收来实现）（Cataldi et al., 1995；陈惠群和王国良，2002）；无尾两栖动物主要是通过皮肤内高浓度的尿素和肾脏对尿素的重吸收来实现的，主要是因为在尿量增加的同时，尿素也随之流失，体内的高渗性减弱，为了保持体内的高渗状态，肾脏对尿素进行重吸收（Smith, 2010）；当龟类暴露在高盐环境中时，血浆中渗透压、Na^+、Cl^- 和尿素的含量明显升高，尿素合成亦增加（Lee et al., 2010）。龟体内的尿素在细胞内液和细胞外液作为渗透的效应物，其功能类似于两栖动物和软骨鱼类。

目前，对渗透压调节的研究主要是通过比较环境与动物体液的离子变动、渗透压变化、渗透压调节器官的 Na^+-K^+-ATP 酶活力，以及渗透压调节器官在环境盐度变化后的细胞组织形态变化等。Na^+-K^+-ATP 酶活力变化是动物为了适应体内外 Na^+、Cl^- 等离子运输的需要（Lucu et al., 2008; Brackenbury et al., 2008）。这一变化是由于外界盐度变化引起体内激素水平对 Na^+-K^+-ATP 酶活力的调节，最终导致血浆渗透压及血清离子的变化（Masui et al., 2009）。

作为淡水龟类的红耳龟不具有鱼类的鳃，也没有海洋龟类的盐腺，但红耳龟却可以在半咸水的环境中生活较长的时间，那么红耳龟是通过何种方式进行渗透压的调节的？红耳龟适应盐环境的渗透压调节相关机制如何？本章将重点阐述红耳龟适应半咸水环境的渗透压调节机制。

第一节　半咸水环境中红耳龟渗透压的调节

盐度改变时，机体会通过相应的生理调节来维持体内外渗透压的动态平衡（Lucu et al., 2008）。生活在高盐环境中的爬行动物体内的渗透压大约是海水的 1/3，而爬行动物的肾脏属于后肾，不能完全利用肾脏作为渗透压调节器官，那么爬行动物龟类如何进行渗透压调节？海洋爬行动物主要通过盐腺来排出体内多余的盐分，进行渗透压调节。生活在半咸水中的钻纹龟（*Malaclemys terrapin*）当从淡水环境进入河口等半咸水环境时，通过尿素保留机制，血浆渗透压由 309mOsm/L 升高到 459mOsm/L，而体内的 NaCl 可以迅速达到平衡的原因是过多的 NaCl 可以通过盐腺排出（Gilles-Baillien, 1970）。而生活在开曼群岛低盐环境中的纳氏伪龟（*Pseudemys nelsoni*）可能是通过保留体内的水分——拒绝 NaCl 流入的机制而实现的（Dunson, 1985; Dunson and Seidel, 1986）。血液和尿液中离子浓度的变化被广泛应用到龟类渗透压的研究。盐度的改变不仅能影响水生生物的生理代谢，还会影响 Na^+-K^+-ATP 酶活力，进而通过影响渗透压来改变生物的生理状态。本节通过分析不同盐度环境和不同的生活时间下红耳龟血浆渗透压、血浆和尿液离子浓度、尿素和尿酸浓度、血糖及醛固酮的含量，探讨红耳龟的渗透压调节机制，为红耳龟的半咸水入侵提供理论依据。

一、半咸水环境中红耳龟血浆渗透压

淡水环境中，红耳龟血浆渗透压为 257.69～261.40mOsm/kg。红耳龟在不同的盐度环境中，随着生活时间的延长，其血浆渗透压显著增加（$P<0.05$）。当环境盐度增加到 25‰时，红耳龟血浆渗透压显著升高到 400～440mOsm/kg，达到正常渗透压的 160%。由此可见，当红耳龟进入盐环境后，通过提高血浆渗透压来适应环境的变化。由双因素方差分析可知，环境盐度和红耳龟在盐环境中生活的时间对红耳龟血浆渗透压存在显著交互作用（$P<0.05$）（表 4-1），说明在半咸水环境中，红耳龟血浆渗透压除了受环境盐度的影响，还与在盐环境中生活的时间长短有关（张珂，2014）。

表 4-1 环境盐度对红耳龟血浆渗透压（mOsm/kg）的影响

盐度	30d	60d	90d
淡水组	261.40[a]	257.69[a]	258.93[a]
5‰	304.22[b]	300.52[b]	295.04[b]
15‰	323.01[c]	356.70[c]	360.28[c]
25‰	433.68[d]	406.63[d]	415.46[d]
时间[①]			
30d	330.58		
60d	329.24		
90d	332.43		
P 值	0.885		
盐度[①]			
淡水组	258.93[a]		
5‰	299.07[b]		
15‰	351.02[c]		
25‰	415.57[d]		
P 值	0.000		
P 值[②]（时间×盐度）		0.007	

注：同一列或同一行中上标不同字母表示差异显著（$P<0.05$），$n=6$。
上标①表示双因素分析中的主效应结果；上标②表示双因素分析中的交互效应（下同）。

二、半咸水环境中红耳龟血浆离子浓度

随着生活环境中盐度的增加,红耳龟血浆中 Na^+、Cl^-、Ca^{2+} 和 Mg^{2+} 浓度显著增加($P<0.05$),而 K^+ 浓度虽然在 5‰和 15‰盐度环境中下降,在 25‰盐度环境中上升,但差异不显著($P>0.05$)。红耳龟在盐环境中生活 30d 时,血浆中 Na^+ 浓度显著高于淡水组($P<0.05$),而生活在 25‰盐度环境时,血浆中 Ca^{2+} 和 Mg^{2+} 浓度显著高于淡水组($P<0.05$),但 Cl^- 和 K^+ 浓度与淡水组没有显著差异($P>0.05$);红耳龟在盐环境中生活 60d 时,血浆中 Cl^- 浓度在不同盐度环境中差异显著($P<0.05$),且呈明显上升趋势,在 25‰盐度环境中 Ca^{2+} 和 Mg^{2+} 浓度显著高于淡水组($P<0.05$),在 15‰和 25‰盐度环境中 Na^+ 浓度显著高于淡水组($P<0.05$);红耳龟在盐环境中生活 90d 时,在 15‰和 25‰盐度环境中,血浆 Cl^-、Ca^{2+} 和 Mg^{2+} 浓度显著高于淡水组($P<0.05$),Na^+ 浓度随盐度的增加而升高,且各组差异显著($P<0.05$)。双因素方差分析可知,环境中的盐度及红耳龟生活的时间对 K^+、Na^+、Cl^-、Ca^{2+} 和 Mg^{2+} 的浓度不存在交互作用($P>0.05$)(表 4-2)(张珂,2014)。

表 4-2 环境盐度对红耳龟血浆离子浓度(mmol/L)的影响

时间	盐度	K^+	Na^+	Cl^-	Ca^{2+}	Mg^{2+}
30d	淡水组	4.16	125.60^a	96.13	2.23^a	1.31^a
	5‰	4.09	131.90^b	123.37	2.22^a	1.40^a
	15‰	3.70	135.80^b	105.60	2.37^a	1.44^a
	25‰	4.88	186.93^c	148.73	3.04^b	1.94^b
60d	淡水组	4.52	120.55^a	90.92^a	2.19^a	1.53^a
	5‰	4.11	133.03^{ab}	101.85^b	2.18^a	1.57^a
	15‰	4.11	148.10^b	118.46^c	2.65^{ab}	1.86^a
	25‰	4.87	185.48^c	140.87^d	3.30^b	2.34^b
90d	淡水组	4.47	121.23^a	87.50^a	2.46^a	1.68^a
	5‰	3.86	129.72^b	96.37^a	2.39^a	1.72^a
	15‰	3.89	145.55^c	117.28^b	2.84^b	1.97^b
	25‰	4.02	181.85^d	137.63^c	3.49^c	2.37^c
时间						
30d		4.21	145.06	118.46	2.47	1.52^a
60d		4.42	146.73	112.79	2.58	1.82^b
90d		4.06	144.59	109.70	2.79	1.93^b
P 值		0.421	0.823	0.114	0.107	0.000
盐度						
	淡水组	4.43	121.83^a	90.59^a	2.30^a	1.54^a
	5‰	4.01	131.48^b	103.96^b	2.27^a	1.59^a
	15‰	3.90	144.37^c	115.20^c	2.67^b	1.82^b
	25‰	4.53	184.32^d	141.15^d	3.33^c	2.27^c
P 值		0.176	0.000	0.000	0.000	0.000
P 值(时间×盐度)		0.848	0.856	0.081	0.985	0.904

三、半咸水环境中红耳龟尿液离子浓度

在盐度环境中生活 30d、60d 和 90d 时，红耳龟尿液中 Na^+、Cl^- 和 K^+ 浓度随着盐度的增加而显著增加（$P<0.05$）。当时间为主效应时，尿液中 Na^+、Cl^- 和 K^+ 浓度随着环境盐度增加显著升高。在淡水环境中，红耳龟尿液的 Na^+、Cl^- 和 K^+ 平均浓度分别是 19.46mmol/L、21.56mmol/L 和 2.63mmol/L，当环境盐度增加到 25‰时，红耳龟尿液中 Na^+、Cl^- 和 K^+ 平均浓度高达 132.14mmol/L、162.49mmol/L 和 34.52mmol/L（表 4-3）。

双因素方差分析可知，环境盐度和红耳龟在盐度环境中生活的时间对其尿液中的 Na^+ 和 Cl^- 浓度存在显著交互作用（$P<0.05$）（表 4-3）。

表 4-3 环境盐度对红耳龟尿液中离子浓度（mmol/L）的影响

时间	盐度	K^+	Na^+	Cl^-
30d	淡水组	2.52[a]	19.28[a]	19.46[a]
	5‰	12.57[b]	67.07[b]	63.57[b]
	15‰	23.60[c]	145.88[c]	145.42[c]
	25‰	33.32[d]	146.15[d]	183.53[d]
60d	淡水组	2.73[a]	19.44[a]	22.60[a]
	5‰	14.61[b]	66.59[b]	66.09[b]
	15‰	23.88[c]	94.45[c]	129.20[c]
	25‰	35.55[d]	142.52[d]	153.03[d]
90d	淡水组	2.61[a]	19.67[a]	21.93[a]
	5‰	14.59[b]	59.12[b]	53.75[b]
	15‰	26.50[c]	86.37[c]	102.98[c]
	25‰	34.25[d]	108.48[d]	157.00[d]
时间				
30d		17.74	94.80[a]	102.89[a]
60d		18.24	75.36[b]	85.82[b]
90d		18.85	66.66[c]	80.74[b]
P 值		0.082	0.000	0.001
盐度				
淡水组		2.63[a]	19.46[a]	21.56[a]
5‰		14.24[b]	64.04[b]	61.28[b]
15‰		24.72[c]	106.72[c]	124.72[c]
25‰		34.52[d]	132.14[d]	162.49[d]
P 值		0.000	0.000	0.000
P 值（时间×盐度）		0.328	0.000	0.011

四、半咸水环境中红耳龟血清醛固酮含量

在淡水环境中,红耳龟血清中醛固酮含量为332.76~338.9ng/L,当处于盐环境中时,醛固酮含量在5‰盐度组显著升高到363.21~375.29ng/L;随着盐度的增加,醛固酮含量逐渐减少,且在15‰和25‰盐度环境中的含量显著低于淡水环境($P<0.05$)。双因素方差分析可知,环境中的盐度及红耳龟生活时间的长短对红耳龟血清醛固酮含量不存在交互作用($P>0.05$)(表4-4)。

表4-4 环境盐度对红耳龟血清醛固酮含量(ng/L)的影响

盐度	30d	60d	90d
淡水组	338.90[a]	335.09[a]	332.76[a]
5‰	372.36[b]	375.29[b]	363.21[a]
15‰	297.84[c]	296.85[c]	282.85[b]
25‰	261.95[d]	258.30[d]	238.41[c]
时间			
30d	317.76		
60d	316.42		
90d	304.31		
P值	0.170		
盐度			
淡水组	334.91[a]		
5‰	369.87[b]		
15‰	291.06[c]		
25‰	251.07[d]		
P值	0.000		
P值(时间×盐度)		0.984	

五、半咸水环境中红耳龟 Na^+-K^+-ATP酶活力

红耳龟在盐环境中生活30d时,其肌肉、肠和肝脏组织中 Na^+-K^+-ATP 酶活力在5‰盐度组达到最大值,在25‰盐度组达到最小值,而在15‰盐度组与淡水组差异不显著;在盐环境中生活60d时,胃中 Na^+-K^+-ATP 酶活力随盐度的升高呈"下降–升高–下降"趋势;在盐环境中生活90d时,肠中 Na^+-K^+-ATP 酶活力在盐度5‰组时显著升高,其他组之间差异不显著,肝脏中 Na^+-K^+-ATP 酶活力在盐度组中均显著升高,而胃中 Na^+-K^+-ATP 酶活力在盐度组中显著下降。以盐度为主效应,胃组织中 Na^+-K^+-ATP 酶活力随盐度的升高呈下降趋势,说明在盐度环境中,红耳龟胃内 Na^+-K^+-ATP 酶活力随着盐度的增加而被抑制。5‰盐度组红耳龟肌肉和肠组织中 Na^+-K^+-ATP 酶活力显著高于淡

水环境（$P<0.05$），25‰盐度组的 Na^+-K^+-ATP 活力显著低于淡水组（$P<0.05$）；5‰和15‰盐度组红耳龟肝脏中 Na^+-K^+-ATP 酶活力显著高于淡水组（$P<0.05$）。以时间为主效应，红耳龟肠和肝脏中 Na^+-K^+-ATP 酶活力随时间的延长而升高（$P<0.05$）；胃内 Na^+-K^+-ATP 酶活力差异不显著（$P>0.05$）；肌肉组织 Na^+-K^+-ATP 酶活力在 60d 和 90d 显著低于 30d（$P<0.05$）（表 4-5）。

双因素方差分析可知，环境中的盐度及红耳龟在盐度环境中生活的时间对红耳龟肌肉、肠、肝和胃中 Na^+-K^+-ATP 酶活力存在显著的交互作用（$P<0.05$）（表 4-5）。

表 4-5　环境盐度对红耳龟 Na^+-K^+-ATP 酶活力（U/mg prot.）的影响

时间	盐度	肌肉	肠	肝脏	胃
30d	淡水组	5.44[a]	3.37[a]	2.08[ab]	3.25[a]
	5‰	7.20[b]	6.45[b]	3.69[c]	4.71[b]
	15‰	5.52[a]	3.40[a]	2.41[a]	4.62[c]
	25‰	2.56[c]	2.27[c]	1.82[b]	2.98[a]
60d	淡水组	3.61[a]	3.90[a]	2.96[a]	4.66[a]
	5‰	5.52[b]	5.05[b]	3.86[b]	3.09[b]
	15‰	3.34[a]	3.69[a]	2.88[a]	4.11[a]
	25‰	2.89[c]	3.64[a]	2.97[a]	3.18[b]
90d	淡水组	3.88[a]	4.65[a]	2.92[a]	4.62[a]
	5‰	5.77[b]	5.76[b]	4.88[b]	3.56[b]
	15‰	3.42[c]	4.53[a]	3.35[c]	2.64[c]
	25‰	3.14[c]	4.35[a]	3.23[c]	3.10[bc]
时间					
30d		4.81[a]	3.78[a]	2.45[a]	3.90
60d		3.85[b]	4.06[b]	3.17[b]	3.76
90d		3.99[b]	4.82[c]	3.59[c]	3.48
P 值		0.000	0.000	0.000	0.103
盐度					
淡水组		4.17[a]	4.12[a]	2.77[a]	4.21[a]
5‰		5.88[b]	5.61[b]	4.25[c]	3.74[b]
15‰		3.95[a]	3.97[a]	2.97[b]	3.76[b]
25‰		2.89[c]	3.65[c]	2.84[ab]	3.10[c]
P 值		0.000	0.000	0.000	0.000
P 值（时间×盐度）		0.000	0.000	0.000	0.000

六、半咸水环境中红耳龟血浆和尿液中含氮代谢物含量

红耳龟在半咸水环境中生活时，血浆中尿素和尿酸的含量随着环境盐度的增加而增加。生活 30d 时，15‰和 25‰盐度组红耳龟血浆中尿素和尿酸含量显著高于淡水组

（$P<0.05$）；生活 60d 时，红耳龟尿素含量在淡水组、5‰盐度组和 15‰盐度组中均存在显著差异（$P<0.05$），15‰和 25‰盐度组红耳龟血浆中尿酸含量显著高于淡水组（$P<0.05$）；生活 90d 时，红耳龟血浆中尿素含量在 15‰和 25‰盐度组间没有显著差异（$P>0.05$），同时，在淡水组和 5‰盐度组中尿酸含量亦无显著差异（$P>0.05$）。

红耳龟尿液中尿素含量随着环境盐度的增加而升高，在淡水环境中，红耳龟尿液中尿素平均含量为 22.94mmol/L，而 15‰盐度组高达 57.88mmol/L，为淡水组的 2.5 倍。红耳龟在 15‰和 25‰盐度组中 30d 和 60d 时，尿液中尿素含量差异不显著，但在 90d 时，25‰盐度组中尿液尿素含量显著低于 15‰盐度组。

双因素方差分析表明，环境盐度及红耳龟在盐度环境中生活的时间对红耳龟血浆中尿素含量和尿液中尿素含量存在显著的交互作用（$P<0.05$），但对血浆中尿酸含量的交互作用不显著（$P>0.05$）（表 4-6）。

表 4-6　环境盐度对红耳龟含氮代谢物含量的影响

时间	盐度	血浆尿素/(mmol/L)	血浆尿酸/(μmol/L)	尿液尿素/(mmol/L)
30d	淡水组	5.20^a	59.67^a	22.04^a
	5‰	10.70^a	63.67^a	48.43^b
	15‰	23.55^b	74.33^b	57.90^c
	25‰	41.19^c	114.00^c	56.35^c
60d	淡水组	7.36^a	59.83^a	23.09^a
	5‰	16.66^b	60.83^a	57.29^b
	15‰	36.99^c	75.33^b	57.96^b
	25‰	34.74^c	105.83^c	54.73^b
90d	淡水组	8.86^a	59.33^a	23.48^a
	5‰	18.06^b	60.00^a	59.95^b
	15‰	45.86^c	76.17^b	57.77^b
	25‰	42.75^c	101.67^c	48.52^c
时间				
30d		20.16^a	77.92	45.32
60d		24.66^b	75.46	47.11
90d		29.75^c	74.29	47.38
P 值		0.001	0.088	0.343
盐度				
	淡水组	7.44^a	59.60^a	22.94^a
	5‰	16.02^b	61.07^a	56.66^b
	15‰	37.85^c	75.46^b	57.88^b
	25‰	39.24^c	105.80^c	53.09^c
	P 值	0.000	0.000	0.000
P 值（时间×盐度）		0.028	0.1	0.006

七、半咸水环境中红耳龟对渗透压的调节分析

1. 半咸水环境中红耳龟渗透压的变化

红耳龟等变温动物不能产生渗透压高于血浆的尿液，此外，没有盐腺的龟鳖类除肾脏以外缺乏排盐机制，这就意味着其仅限于生活在环境渗透压低于体液的水环境里。当此类龟处于淡水环境（10～40mOsm/kg）时，其体内的血浆渗透压明显高于外界环境，例如，黑斑刺鳖（*Apalone spiniferus*）在淡水环境中血浆渗透压为 252～282mOsm/kg（Seidel, 1975），中华鳖（*Pelodiscus sinensis*）是 285mOsm/kg（Lee et al., 2010）。研究发现，红耳龟的血浆渗透压为 250～261mOsm/kg，也明显高于外界环境。因此，当淡水龟处于淡水的低渗环境时，水分会不断进入体内，同时也会流失一些离子；其通过排出大量的稀释尿液来排出多余水分，并从食物中获取盐分减少丢失。但是，当红耳龟进入盐度为 15‰（513mOsm/kg）的水环境时，渗透调节就出现了相反的状况，通过渗透失水和增加体内 Na^+ 和 Cl^- 浓度来应对。研究发现，具有盐腺的龟类可以通过盐腺排出体内过多盐分，使得体内渗透压低于盐环境而达到平衡，如蠵龟（*Caretta caretta*）进入盐环境后体内渗透压为 316～465mOsm/kg（Prange, 1985），绿海龟（*Chelonia mydas*）为 390mOsm/kg（Marshall and Cooper, 1988）。血浆渗透压能反映龟体内的自我平衡。黄腹彩龟（*Trachemys scripta scripta*）失水后，渗透压由 260mOsm/kg 升高到 340mOsm/kg（Dantzler, 1978; Gilles-Baillien, 1970）；刺鳖在进入盐环境后渗透压升高到 380mOsm/kg，16d 后升高到 400mOsm/kg 时，机体开始出现不适，转入淡水环境 12d 后死亡（Seidel, 1975）。红耳龟在进入盐环境后，其渗透压也随着盐度的增加及生活时间的延长而相应增加，当环境盐度增加到 25‰时，红耳龟的血浆渗透压升高，可达到正常渗透压的 1.6 倍。这说明红耳龟进入盐环境后，可通过提高血浆渗透压来适应外界环境的变化。

2. 盐度环境中红耳龟渗透压的离子调节

研究发现，在盐度胁迫下红耳龟血浆渗透压明显升高，与此同时，血浆中 Na^+ 和 Cl^- 的浓度也迅速升高，推测红耳龟进入盐环境后的第一步适应是通过增加 Na^+ 和 Cl^- 浓度以提高渗透压。在盐环境中生活 30d 时，红耳龟尿液中 K^+、Na^+ 和 Cl^- 浓度也随着盐度的增加而迅速升高，表明体内过多的 NaCl 可通过尿液排出。许多龟类（包括红耳龟）的泄殖腔旁的副膀胱除和浮力控制有关外，和离子运输也有关系，也可能是排除离子的又一通道（Peterson and Greenshields, 2011）。但爬行动物不能完全利用肾脏作为渗透压的调节器官，单纯的离子调节不能解除爬行动物的高渗危机（Prange, 1985），因此血液中过多的 Na^+ 和 Cl^- 浓度不可避免地造成了有害积累。随着在盐度环境中生活时间的延长，红耳龟在 15‰和 25‰盐度的水体中尿液 Na^+ 和 Cl^- 浓度逐渐减小，说明红耳龟可以适应盐度 15‰以下的水环境。红耳龟从淡水环境进入盐度 25‰的水环境后，渗透压由 250mOsm/kg 升高到 410mOsm/kg，血浆中 Na^+ 和 Cl^- 浓度也分别由 120mmol/L 和 90mmol/L 升高到 185mmol/L 和 141mmol/L。这个现象与钻纹龟的离子调节相类似，当钻纹龟从淡水进入盐度 17‰左右的海水中时，渗透压由 309mOsm/kg 升高到

355mOsm/kg，血液中 Na^+ 和 Cl^- 浓度也分别由 129mmol/L 和 88mmol/L 升高到 156mmol/L 和 113mmol/L（Gilles-Baillien, 1970）。

爬行动物肾上腺皮质分泌的醛固酮是盐皮质激素，直接参与爬行动物的水盐平衡（Sandor, 1972）。研究表明，增加钠的摄入量将会导致醛固酮的分泌量减少，相反，由于利尿而导致钠的丢失会刺激醛固酮的分泌（Uva et al., 1982）。红耳龟在进入半咸水环境后，随着环境盐度的升高，醛固酮含量先增加后减少，在 5‰盐度环境中达到最高，说明红耳龟为了适应环境盐度的变化，可通过调节体内的水盐代谢相关激素来维持平衡，尤其是在低盐环境中，红耳龟可以进行自我调节，较好地适应盐度改变的环境。

环境盐度的变化影响体内的离子平衡，为了对抗这种不平衡，动物体内 Na^+-K^+-ATP 酶活力会发生相应变化，以维持体内的渗透压平衡及离子稳态（袁锦芳和陈叙龙，1999；张琴星，2013）。例如，当环境盐度变化时，鱼鳃氯细胞的分泌活动会发生变化以维持机体内环境稳定，而 Na^+-K^+-ATP 酶活力变化适应了鳃对体内外 Na^+、Cl^-等离子运输的需要。这一变化是由外界盐度变化引起体内激素水平的调节，从而引起 Na^+-K^+-ATP 酶活力的改变，最终导致血浆渗透压及离子浓度的变化（于娜，2011）。红耳龟在进入盐环境中 30d 时，其肌肉、肠和肝脏中 Na^+-K^+-ATP 酶活力随时间的延长均呈先上升后下降的趋势，且均在 5‰盐度环境中达到最大值，这可能是由于红耳龟对于环境盐度的响应不仅是通过改变 Na^+-K^+-ATP 酶活力实现的，还可能存在其他的调节机制。

3. 盐度环境下红耳龟渗透压的尿素调节

当血浆渗透压升高时，细胞内的水分会流失，导致细胞收缩，细胞内大分子拥挤（Burg et al., 1997）。理论上来说，血液电解质浓度增加会导致血液体积增加，而尿素参与这一渗透胁迫的过程是适应半咸水环境所必不可少的。血浆渗透压效应物不仅仅是离子，尿素在渗透压调节中也起着非常重要的作用（Gilles-Baillien, 1970; Janech et al., 2006）。钻纹龟由淡水进入海水后血浆尿素含量会增加；沙漠地鼠龟（*Gopherus agassizii*）失水时，血浆渗透压主要是随着尿素含量增加而升高（Gilles-Baillien, 1970）；中华鳖在盐度胁迫第 6 天时血液中尿素合成速率增加了 1.4 倍（Lee et al., 2010）。比较淡水组和盐度组红耳龟尿液中尿素含量可以发现：盐度组尿液尿素含量显著高于淡水组，说明尿素是红耳龟进行渗透压调节的一个非常重要的因子，为红耳龟在低盐的水环境中生存提供了帮助。

第二节 半咸水环境中游离氨基酸对渗透压的调节

机体渗透压的调节方式中，除了离子成分的调节之外还有一些非离子成分形成的血淋巴渗透压，如游离氨基酸等（Lima et al., 1997; 吕敏，2005）。当环境盐度升高时，体内部分游离氨基酸浓度将随之升高（王悦如等，2012）。游离氨基酸在机体内发挥着重要的生理作用，除作机体蛋白质合成的重要前体物质，参与机体内的氧化代谢供能外，还可以作为渗透压效应物、调节细胞形态和维持细胞高分子物质稳定性（黄凯等，2010）。研究盐度环境内游离氨基酸的变化对于了解红耳龟的渗透压调节也有重要意义。

一、半咸水环境中红耳龟肌肉游离天冬酰胺含量

红耳龟肌肉中游离天冬酰胺含量约占总游离氨基酸的25%，是肌肉中含量最高的一种游离氨基酸。红耳龟进入半咸水环境24h时，其肌肉中游离天冬酰胺含量呈升高趋势，但各盐度组之间差异不显著（$P>0.05$）；在半咸水环境96h时，肌肉中游离天冬酰胺含量显著高于淡水组（$P<0.05$）（表4-7）。双因素方差分析表明，红耳龟在盐环境中生活的时间和不同盐度对其肌肉中游离天冬酰胺含量存在交互作用（$P<0.05$）。

表4-7 红耳龟肌肉游离天冬氨酸和天冬酰胺含量（μg/ml）

游离氨基酸	时间/h	盐度			
		淡水组	5‰	10‰	15‰
天冬氨酸	0	1.51±0.02	1.51±0.02	1.51±0.02	1.51±0.02
	24	1.55±0.06^a	1.92±0.14^{ab}	1.96±0.23^b	2.49±0.34^c
	96	1.56±0.06^a	2.65±0.32^b	2.68±0.21^b	2.91±0.53^b
天冬酰胺	0	53.47±5.43	53.47±5.43	53.47±5.43	53.47±5.43
	24	52.44±4.16	57.79±6.89	56.12±6.91	56.47±2.31
	96	49.70±7.14^a	64.40±1.55^b	60.00±2.36^a	74.43±7.98^b

注：同一行中不同上标字母表示差异显著（$P<0.05$），$n=6$。下同

二、半咸水环境中红耳龟肌肉游离组氨酸含量

红耳龟肌肉中游离组氨酸含量约占总游离氨基酸的15%，仅次于天冬酰胺。红耳龟进入盐环境中24h和96h时，其肌肉中游离组氨酸含量随着盐度的升高显著增加（$P<0.05$），且盐度组显著高于淡水组（$P<0.05$），但在10‰和15‰盐度组之间，红耳龟肌肉中游离组氨酸含量差异不显著（$P>0.05$）（表4-8）。双因素方差分析表明，环境中的盐度及红耳龟在其中生活时间的长短对其肌肉中游离组氨酸含量存在交互作用（$P<0.05$）。

表4-8 红耳龟肌肉游离组氨酸含量（μg/ml）

游离氨基酸	时间/h	盐度			
		淡水组	5‰	10‰	15‰
组氨酸	0	30.93±3.55	30.93±3.55	30.93±3.55	30.93±3.55
	24	33.17±1.76^a	69.67±3.13^b	79.21±6.42^c	85.23±2.10^c
	96	30.37±4.31^a	67.57±4.00^b	80.97±9.49^c	87.33±4.05^c

三、半咸水环境中红耳龟肌肉游离丙氨酸含量

红耳龟肌肉中游离丙氨酸含量约占总游离氨基酸的12%。当红耳龟进入盐环境后，肌肉中游离丙氨酸含量随着盐度的增加呈升高趋势。在盐环境中24h时，10‰和15‰盐度组红耳龟肌肉中游离丙氨酸含量显著高于淡水组（$P<0.05$）；在盐环境中96h时，所有

盐度组中游离丙氨酸含量显著高于淡水组，且15‰盐度组与5‰盐度组、15‰盐度组与10‰盐度组之间差异显著（$P<0.05$）（表4-9）。双因素方差分析表明，环境中的盐度及红耳龟生活在其中时间的长短对其肌肉中游离丙氨酸含量存在交互作用（$P<0.05$）。

表4-9 红耳龟肌肉游离丙氨酸含量（μg/ml）

游离氨基酸	时间/h	盐度			
		淡水组	5‰	10‰	15‰
丙氨酸	0	22.43±2.42	22.43±2.42	22.43±2.42	22.43±2.42
	24	25.68±1.19^a	26.69±1.28^a	28.88±0.55^b	29.59±1.15^b
	96	21.90±1.85^a	27.13±0.91^b	28.97±0.32^b	33.97±1.52^c

四、半咸水环境中红耳龟肌肉游离谷氨酸和谷氨酰胺含量

红耳龟肌肉中，除天冬酰胺、组氨酸、丙氨酸以外，其肌肉中谷氨酸和谷氨酰胺含量所占比例也较高。红耳龟进入盐环境后，随着盐度的增加，红耳龟肌肉谷氨酸和谷氨酰胺含量略升高，但差异不显著（$P>0.05$）（表4-10）。

表4-10 红耳龟肌肉游离谷氨酰胺和谷氨酸含量（μg/ml）

游离氨基酸	时间/h	盐度			
		淡水组	5‰	10‰	15‰
谷氨酰胺	0	23.33±0.55	23.33±0.55	23.33±0.55	23.33±0.55
	24	22.41±1.74	22.67±2.00	24.52±3.63	23.91±4.95
	96	22.87±2.06	22.67±2.90	26.77±3.44	24.60±4.71
谷氨酸	0	22.43±2.15	22.43±2.15	22.43±2.15	22.43±2.15
	24	20.40±3.92	22.52±2.89	21.29±1.04	20.86±3.88
	96	21.90±1.85	25.133±4.36	22.30±5.98	22.97±2.91

五、半咸水环境中红耳龟肌肉总游离氨基酸含量

当红耳龟进入盐环境24h时，肌肉中总游离氨基酸含量显著升高（$P<0.05$），5‰盐度组显著低于15‰盐度组（$P<0.05$）。在进入盐环境96h时，盐度组红耳龟肌肉总游离氨基酸含量显著高于淡水组（$P<0.05$），且各盐度组之间差异显著（$P<0.05$）（图4-1）。说明在红耳龟渗透压的调节过程中，肌肉游离氨基酸可能起着重要的作用。

表4-11显示了红耳龟在进入盐环境后，肌肉中其他游离氨基酸的组成及含量。从表中可以看出，丝氨酸、精氨酸、脯氨酸、酪氨酸、异亮氨酸、苯丙氨酸和赖氨酸含量在盐环境下发生了显著变化，其他游离氨基酸含量变化不显著，但大部分游离氨基酸的含量都有增加的趋势。

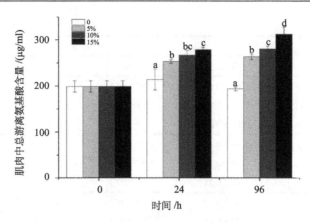

图 4-1 红耳龟肌肉中总游离氨基酸含量

不同字母表示同一时间不同处理间差异显著（$P<0.05$）

表 4-11 不同盐度组红耳龟肌肉游离氨基酸含量（μg/ml）

游离氨基酸	时间/h	盐度			
		淡水组	5‰	10‰	15‰
丝氨酸	0	7.08±0.75	7.08±0.75	7.08±0.75	7.08±0.75
	24	6.87±0.46^a	8.26±0.86^b	8.13±0.61^b	9.88±0.29^c
	96	6.66±0.63^a	7.83±0.81^b	10.60±0.17^c	11.65±0.48^c
精氨酸	0	4.14±0.61	4.14±0.61	4.14±0.61	4.14±0.61
	24	4.17±0.67^a	4.94±0.65^a	4.87±0.36^a	5.26±0.43^b
	96	3.95±0.37^a	5.74±0.80^b	5.65±0.25^b	7.05±1.11^c
脯氨酸	0	2.63±0.22	2.63±0.22	2.63±0.22	2.63±0.22
	24	3.08±0.53^a	2.66±0.45^a	3.30±0.34^a	3.63±0.34^{ab}
	96	2.68±0.24^a	3.74±0.24^b	4.13±0.15^b	4.75±0.69^c
酪氨酸	0	1.95±0.03	1.95±0.03	1.95±0.03	1.95±0.03
	24	2.11±0.25^a	2.45±0.27^a	3.29±0.36^b	3.02±0.24^b
	96	1.82±0.12^a	2.44±0.25^b	3.01±0.22^c	3.13±0.17^c
异亮氨酸	0	1.75±0.13	1.75±0.13	1.75±0.13	1.75±0.13
	24	1.67±0.10^a	1.84±0.02^a	1.81±0.21^a	2.44±0.24^b
	96	1.74±0.12a	1.92±0.08^{ab}	2.12±0.21^b	2.22±0.26^b
苯丙氨酸	0	1.34±0.01	1.34±0.01	1.34±0.01	1.34±0.01
	24	1.31±0.05^a	1.55±0.11^b	1.77±0.08^c	1.83±0.09^c
	96	1.39±0.02^a	1.58±0.06^{ab}	1.72±0.15^{ab}	1.80±0.35^b
赖氨酸	0	6.00±0.22	6.00±0.22	6.00±0.22	6.00±0.22
	24	6.20±0.49^a	9.00±0.72^b	10.65±0.73^c	12.76±0.78d
	96	6.77±0.78^a	9.49±0.43^b	10.53±0.11^b	13.64±0.70^c
甘氨酸	0	8.71±0.70	8.71±0.70	8.71±0.70	8.71±0.70
	24	8.65±0.46	9.22±0.70	9.09±0.37	9.23±0.29
	96	9.15±0.31	9.19±0.76	9.52±0.52	9.42±0.83

续表

游离氨基酸	时间/h	盐度			
		淡水组	5‰	10‰	15‰
甲硫氨酸	0	0.53±0.01	0.53±0.01	0.53±0.01	0.53±0.01
	24	0.54±0.04	0.57±0.04	0.59±0.08	0.61±0.05
	96	0.54±0.03	0.59±0.03	0.59±0.04	0.61±0.06
亮氨酸	0	1.86±0.12	1.86±0.12	1.86±0.12	1.86±0.12
	24	1.79±0.15	1.95±0.08	2.15±0.37	1.99±0.48
	96	1.97±0.21	1.99±0.17	1.92±0.31	2.29±0.33
色氨酸	0	1.87±0.02	1.87±0.02	1.87±0.02	1.87±0.02
	24	1.75±0.11	1.72±0.14	1.73±0.16	1.70±0.16
	96	1.77±0.09	1.77±0.01	1.87±0.15	1.78±0.07
缬氨酸	0	1.31±0.03	1.31±0.03	1.31±0.03	1.31±0.03
	24	1.31±0.04	1.25±0.11	1.42±0.12	1.38±0.15
	96	1.29±0.10	1.28±0.04	1.44±0.12	1.51±0.27
苏氨酸	0	5.63±0.41	5.63±0.41	5.63±0.41	5.63±0.41
	24	5.28±0.68^a	6.13±0.46^{ab}	6.03±0.58^{ab}	6.32±0.34^b
	96	5.73±0.64	6.15±0.95	5.84±0.44	6.31±1.16

双因素方差分析表明，环境中的盐度及红耳龟在盐环境中生活的时间对其肌肉中游离精氨酸、脯氨酸、酪氨酸、异亮氨酸、苯丙氨酸和赖氨酸的含量存在交互作用（$P<0.05$）（表4-12）。

表4-12 红耳龟肌肉游离氨基酸双因素方差分析

	丝氨酸	丙氨酸	精氨酸	脯氨酸	酪氨酸	异亮氨酸
时间①						
0h	7.08^a	22.43^a	4.14^a	2.63^a	1.95^a	1.75^a
24h	8.28^b	27.71^b	4.81^b	3.17^b	2.72^b	1.94^b
96h	9.19^c	27.99^b	5.60^b	3.83^c	2.60^b	2.00^b
P值	0.000	0.000	0.000	0.000	0.000	0.003
盐度①						
淡水组	6.87^a	23.34^a	4.08^a	2.80^a	1.96^a	1.72^a
5‰	7.72^b	25.42^b	4.94^b	3.01^a	2.29^b	1.84^{ab}
10‰	8.60^c	26.76^b	4.89^b	3.35^b	2.75^c	1.90^b
15‰	9.54^d	28.66^c	5.48^{bc}	3.67^b	2.70^c	2.14^c
P值	0.000	0.000	0.000	0.000	0.000	0.000
P值②	0.000	0.000	0.014	0.001	0.000	0.003

续表

	苯丙氨酸	赖氨酸	天冬氨酸	组氨酸	总游离氨基酸
时间①					
0h	1.34^a	6.00^a	1.51^a	30.93^a	198.90^a
24h	1.61^b	9.65^b	1.98^b	66.82^b	252.97^b
96h	1.62^b	10.11^b	2.45^c	66.56^b	262.51^b
P 值	0.000	0.000	0.000	0.000	0.000
盐度①					
淡水组	1.34^a	6.32^a	1.54^a	31.49^a	202.12^a
5‰	1.49^b	8.16^b	2.03^b	56.06^b	238.36^b
10‰	1.61^c	9.06^c	2.05^b	63.70^c	248.77^c
15‰	1.66^c	10.80^d	2.30^c	67.83^d	263.29^d
P 值	0.000	0.000	0.000	0.000	0.000
P 值②	0.014	0.000	0.000	0.000	0.000

注：上标①表示双因素分析中的主效应结果；上标②表示双因素分析中的交互效应。

六、半咸水环境中游离氨基酸对渗透压的调节作用分析

游离氨基酸是机体内蛋白质合成的重要前体物质，参与机体内的氧化代谢而供能，同时其在渗透压的调节中还起着重要的作用（黄凯等，2010）。当细胞处于失水状态时，游离氨基酸将会协助离子共同作为渗透压效应物对机体进行渗透压调节，因为游离氨基酸在维持细胞高分子物质稳定性方面起着更重要的作用（Tok et al., 2009）。游离氨基酸在许多生物种群的渗透压调节中都起着重要的作用。例如，淡水沼虾（*Macrobrachium olfersii*）经受长期盐度胁迫后，肌肉中游离甘氨酸、精氨酸、丙氨酸和脯氨酸含量升高（Mcnamara et al., 2003）；中华绒螯蟹（*Eriocheir sinensis*）肌肉中游离甲硫氨酸、异亮氨酸、亮氨酸、苯丙氨酸、精氨酸、牛磺酸、丝氨酸、丙氨酸、酪氨酸和脯氨酸的含量在急性盐度胁迫下发生了显著的变化（王悦如等，2012）。

游离氨基酸对渗透压的调节除在甲壳动物和鱼类中发挥着重要作用外，在爬行动物的渗透压调节中也发挥着非常重要的作用。红耳龟进入盐环境后，其肌肉中总游离氨基酸含量随盐度的升高而显著增加，游离丙氨酸、组氨酸、天冬酰胺、谷氨酰胺和谷氨酸的含量在总游离氨基酸中所占比例较高；而丙氨酸、精氨酸、脯氨酸、酪氨酸、异亮氨酸、苯丙氨酸、赖氨酸、天冬氨酸和组氨酸对盐度环境响应显著，说明红耳龟进入高盐环境后，除依靠离子调节、尿素调节和激素调节外，还依靠游离氨基酸的渗透调节。

在渗透压调节过程中，不同物种中起主要调节作用的游离氨基酸不同（Duchâteau-Bosson and Florkin, 1961; Edwards, 1982; Liu et al., 2008）。在红耳龟肌肉中，天冬酰胺所占比例最大丙氨酸和谷氨酸含量约占总游离氨基酸的24%，并且三种氨基酸的含量随着环境盐度的增加显著升高，推断在红耳龟的渗透压调节过程中，天冬酰胺、丙氨酸和谷

氨酸是红耳龟游离氨基酸渗透压调节的主要效应物。在红耳龟应对高盐环境时，其肌肉中游离脯氨酸也发生了积累。脯氨酸在许多甲壳动物的渗透压调节过程中也起着重要的作用，可能是通过蛋白质分解、从外界环境中获取或从头合成等途径来积累脯氨酸以响应高渗应激（Burton, 1992）。谷氨酸是丙氨酸和脯氨酸合成的前体物质，在非必需氨基酸的合成代谢过程中有着非常重要的作用（黄凯等, 2010）。由此可见，天冬酰胺、谷氨酸、丙氨酸和脯氨酸等是红耳龟游离氨基酸渗透压调节的主要效应物。

综上所述，在半咸水的环境中，为维持体内渗透压的稳定和平衡，红耳龟通过提高体内游离氨基酸含量来进行渗透压调节，其中丙氨酸、精氨酸、脯氨酸、酪氨酸、异亮氨酸、苯丙氨酸、赖氨酸、天冬氨酸和组氨酸起着重要的调节作用。

第三节　半咸水环境中红耳龟肝脏转录组学分析

转录组是指生物体细胞或组织在特定状态下所转录出来的所有 RNA 的总和，其中包括能够编码蛋白质的 RNA（即 mRNA）和不能编码蛋白质的 RNA（rRNA、tRNA 和 microRNA 等）（Costa et al., 2010）。通过转录组的研究可以解决许多生物学问题，例如，可以通过转录组寻找研究对象的重要性状、表型生物标志物和关键调控基因；寻找不同处理条件下与差异性状或表型相关联的主要功能基因；寻找研究对象时序性变化的主控因素；寻找研究对象空间特异性变化的主控因素；进行性状定位、进化生物学的研究等。

转录组技术在盐度胁迫研究中应用广泛，例如，通过转录组研究大银鱼（*Protosalanx hyalocranius*）胚胎在广盐环境下适应的分子机制，发现与渗透压相关的 Na^+ 通道、H^+ 通道和 K^+ 通道等的转录本表达量发生显著的变化（宋慧, 2014）。低盐度胁迫下凡纳滨对虾（*Litopenaeus vannamei*）转录组的分析结果表明，855 个基因在应对低盐度胁迫时其表达量发生了显著变化（陈科等, 2014）。对中国花鲈（*Lateolabrax maculatus*）响应盐度胁迫的转录组研究表明，表达量发生显著变化的基因主要富集在细胞过程、信号转导、细胞定位和离子转运等生物过程的 GO 数据库中（张晓燕等, 2015）。为进一步了解红耳龟响应盐度环境的分子调控网路，本课题组采用 Illumina 高通量测序技术分别分析淡水环境和两个不同的盐度环境中红耳龟肝脏 mRNA 序列，并通过差异表达基因及几个不同数据库（COG、GO、KEGG、NR、Pfam 和 Swissprot）的功能注释，挖掘出红耳龟在响应盐度胁迫时与渗透调节相关的基因。本节将重点对红耳龟在盐度环境中的转录组进行分析，从分子水平上揭示红耳龟响应盐度的代谢通路和分子调控网络。

一、红耳龟序列数据质量分析

通过高通量测序技术，构建了红耳龟在盐度环境下的 Illumina PE 文库。在淡水组、5‰盐度组和 15‰盐度组中分别获得所测读段的碱基数及其质量分数（表 4-13）。淡水组、5‰盐度组和 15‰盐度组分别获得 50 681 398 个、57 912 616 个和 48 616 356 个原始序列。Q20 表示读段中质量值大于 20 的碱基的百分比，是权衡转录组数据可靠性的重要指标之一。Q20 值均在 90%以上，满足 Q20 值的基本要求，所以获得的红耳龟转录组数据是可靠的（江爱萍, 2017）。

表 4-13　红耳龟转录组原始数据产出数据统计结果

盐度	序列数	碱基数/bp	错误/%	Q20/%	Q30/%	GC/%
淡水组	50 681 398	7 602 209 700	0.012 6	96.31	92.31	49.34
5‰	57 912 616	8 686 892 400	0.012 1	96.72	92.87	49.18
15‰	48 616 356	7 292 453 400	0.012 9	96.21	91.98	49.93

由于原始测序数据中会包含测序接头序列、低质量读段、含氮率较高及长度过短序列，这将严重影响后续组装的质量。为保证后续的生物信息分析的准确性，对原始测序数据进行过滤，得到高质量的测序数据（clean data）以保证后续分析的顺利进行。对质量剪切后的序列进行数据量统计，结果如表 4-14 所示，淡水组、5‰盐度组、15‰盐度组分别获得 48 918 412 个、56 498 176 个和 47 101 028 个高质量的序列。Q20 值均在 90%以上，满足 Q20 值的基本要求，所以该数据可靠。

表 4-14　红耳龟转录组数据质量剪切数据统计结果

盐度/‰	序列数/条	碱基/bp	错误/%	Q20/%	Q30/%	GC/%
0	48 918 412	7 157 032 240	0.010 4	98.29	95.12	49.19
5	56 498 176	8 281 257 833	0.010 3	98.34	95.18	49.09
15	47 101 028	6 881 004 183	0.010 7	98.17	94.77	49.83

将高质量的测序数据进行从头组装共获得 205 138 个独立基因（unigene），平均长度为 620.1bp。在这些组装的序列中，1～400bp 长度的序列数量最多，大约占总数的 62.77%，这些序列中最长的独立基因有 22 866bp，最短的含有 201bp（表 4-15，图 4-2）。

表 4-15　红耳龟转录组数据组装结果统计表

类型	独立基因	转录本
全部序列数	205 138	244 815
全部序列碱基	127 206 404	185 942 194
GC/%	46.09	46.65
最大长度/bp	22 866	22 866
最小长度/bp	201	201
平均长度/bp	620.1	759.52
N50	964	1 535
N90	249	268

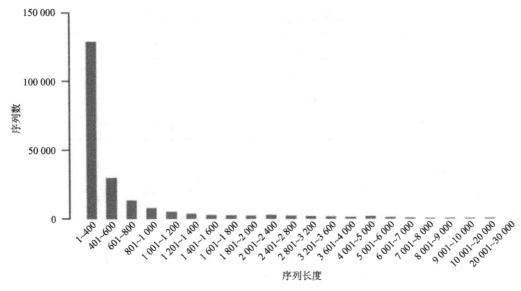

图 4-2　红耳龟转录组数据组装唯一基因长度分布图

二、红耳龟基因功能注释

通过 NR、Pfam、COG、Swissprot、GO 和 KEGG 数据库预测了 205 138 个基因编码的蛋白质的功能。结果表明，在 Pfam、KEGG、GO、COG、Swissprot 和 NR 数据库中，分别有 20 458 个（9.97%）、20 421 个（9.95%）、13 362 个（6.51%）、10 673 个（5.20%）、25 438 个（12.36%）和 38 651 个（18.84%）被注释（表 4-16）。

表 4-16　红耳龟转录组功能注释

注释数据库	唯一基因数量	百分比/%
Pfam	20 458	9.97
KEGG	20 421	9.95
GO	13 362	6.51
COG	10 673	5.20
Swissprot	25 438	12.36
NR	38 651	18.84
总注释	39 788	19.40
总和	205 138	100

通过 GO 注释，基因上调或下调分为三大类，包括生物进程、细胞组成和分子功能。在生物进程的分类中，差异表达基因在细胞进程、代谢进程、单体过程和生物调控等类别中的数量较大。在细胞组成的分类中，差异表达基因在细胞组分、大分子复合体和膜等类别中的数量较大。在分子功能方面，差异表达基因在结合、催化活性和转运体活性等类别中的数量较大。此外，在淡水组与 5‰ 盐度组、淡水组与 15‰ 盐度组及 5‰ 盐度

组与 15‰ 盐度组的比较中几乎有相同的趋势。

根据两倍或两倍以上的变化和 $P<0.05$ 的 Q 标准，3393 个基因被鉴定为显著差异表达基因（DEG），包括淡水组对 5‰ 盐度组的 1019 个 DEG（445 个上调和 574 个下调），淡水组对 15‰ 盐度组的 1194 个 DEG（526 个上调和 668 个下调），5‰ 盐度组对 15‰ 盐度组的 1180 个 DEG（548 个上调和 632 个下调）。通过 GO 富集分析，DEG 被分为几个主要类别，包括大分子代谢过程（52 个 DEG）、离子转运（35 个 DEG）、生物过程中的离子跨膜转运（24 个 DEG）、核酸结合（37 个 DEG）、氧化还原酶活力（35 个 DEG）、转运酶活力（33 个 DEG）和转运体活性（33 个 DEG）和跨膜转运体活性（27 个 DEG）（表 4-17）。

表 4-17 红耳龟肝脏中关于离子调节和大分子物质代谢的 DEG 的富集结果

GO ID	描述	比例	在唯一基因中的比例	P 值(FDR)
GO:0006091	先导代谢物的产生和能量	17/357	119/13 362	4.33×10^{-5}
GO:0009060	有氧呼吸	7/357	17/13 362	0.000 3
GO:0045333	细胞呼吸	7/357	19/13 362	0.000 4
GO:0015980	经有机化合物氧化的能量来源	8/357	40/13 362	0.006 5
GO:0034220	离子跨膜转运	24/357	336/13 362	0.008 1
GO:0098660	无机离子跨膜转运	18/357	209/13 362	0.008 1
GO:0098655	阳离子跨膜转运	18/357	210/13 362	0.008 1
GO:0006119	氧化磷酸化	4/357	7/13 362	0.008 1
GO:1902991	淀粉样先导蛋白分解代谢过程的调控	3/357	3/13 362	0.008 1
GO:1902992	淀粉样先导蛋白分解代谢过程的负调控	3/357	3/13 362	0.008 1
GO:1902430	β-淀粉样蛋白生成的负调控	3/357	3/13 362	0.008 1
GO:1902003	β-淀粉样蛋白生成的调控	3/357	3/13 362	0.008 1
GO:0006811	离子转运	35/357	623/13 362	0.010 9
GO:0006812	阳离子转运	23/357	335/13 362	0.011 4
GO:1902600	氢离子跨膜转运	10/357	77/13 362	0.011 7
GO:1900221	β-样蛋白清除的调控	3/357	4/13 362	0.017 7
GO:0098662	无机阳离子跨膜转运	15/357	176/13 362	0.017 8
GO:0050773	树突发育调节	6/357	28/13 362	0.018 4
GO:0015672	单价无机阳离子转运	14/357	171/13 362	0.041 0
GO:0005576	胞外区域	18/357	220/13 362	0.009 7
GO:0044463	细胞投影部分	16/357	206/13 362	0.028 1
GO:0015078	氢离子跨膜转运体活性	11/357	76/13 362	0.004 7
GO:0015077	单价无机阳离子跨膜转运体活性	16/357	176/13 362	0.008 3
GO:0022890	无机阳离子跨膜转运体活性	18/357	236/13 362	0.016 7
GO:0008324	阳离子跨膜转运体活性	20/357	293/13 362	0.026 8
GO:1902991	淀粉样先导蛋白分解代谢过程的调控	3/357	3/13 362	0.008 1
GO:1902992	淀粉样先导蛋白分解代谢过程的负调控	3/357	3/13 362	0.008 1

续表

GO ID	描述	比例	在唯一基因中的比例	P 值(FDR)
GO:0034364	高密度脂蛋白颗粒	5/357	13/13 362	0.008 1
GO:0032994	蛋白-脂质复合物	5/357	16/13 362	0.012 9
GO:1990777	脂蛋白颗粒	5/357	16/13 362	0.012 9
GO:0034358	血浆脂蛋白颗粒	5/357	16/13 362	0.012 9

注：GO 名称只保留在>2 的 GO 级别条款中。

淡水组与 5‰盐度组（表 4-18）比较有 15 个与渗透压调节功能相关的主要 GO；淡水组与 15‰盐度组（表 4-19）比较有 14 个主要 GO 项。基于 GO 富集分析，确定了与红耳龟盐度适应相关的候选基因列表。被鉴定的编码蛋白，参与了离子转运、能量产生和转化，以及包括脂质、蛋白质和碳水化合物在内的大分子代谢过程。

在 DEG 注释的基础上，我们选择了 10 个与离子调节相关的基因、5 个与能量产生和转化相关的基因、5 个与脂质代谢相关的基因、8 个与氨基酸代谢相关的基因和 6 个与碳水化合物代谢相关的基因（表 4-20）。与离子调节相关的 DEG 中，5 个基因 [脂肪细胞因子（ACDC）、胰岛素受体相关蛋白（INSRR）、丝氨酸/苏氨酸蛋白激酶 32（STK32）、盐诱导激酶 1（SIK1）、钾电压门控通道亚家族 H 成员 5（KCNH5）] 在淡水组与 5‰盐度组的比较中上调；4 个基因 [盐诱导激酶 2（SIK2）、SIK1、ACDC、STK32] 在淡水组与 15‰盐度组的比较中上调；在 5‰盐度组与 15‰盐度组的比较中，5 个基因 [SIK1、SIK2、STK33、ACDC、溶质载体家族 26 成员 9（SLC26A9）] 上调。5 个 DEG [细胞色素 c 氧化酶亚基 I（COX1）、细胞色素 c 氧化酶亚基Ⅲ（COX3）、细胞色素 b（CYTb）、F-ATP 酶蛋白 6（ATP6）和细胞色素 P450 17A1（CYP17A1）] 均与能量产生和转化有关。在 5 个与脂质代谢相关的 DEG 中，淡水组和 5‰盐度组比较有 3 个 DEG [载脂蛋白 E 前体（ApoE）、辅酶 Q 结合蛋白（CoQ10）、高密度脂蛋白颗粒（SAA）] 随着环境盐度的增加而升高，2 个 DEG [乙醇脱氢酶 4（ADH4）和脂肪酸去饱和酶 6（FADS6）] 下调；1 个 DEG [脂肪酸去饱和酶 6（FADS6）] 在淡水组和 15‰盐度组的比较中下调。在 6 个与碳水化合物代谢相关的 DEG 中，有 2 个 DEG [己糖激酶（HK）、晶状体纤维主要内在蛋白（MIP）] 随着环境盐度的增加而升高，4 个 DEG [葡糖激酶（GCK）、塔格糖 1,6-二磷酸醛缩酶（LacD）、L-古洛糖-γ-内酯氧化酶（GLO）、核糖二磷酸羧化酶小链（RBC）] 下调。此外，淡水组与 5‰盐度组比较，与氨基酸代谢相关的 6 个 DEG [鸟氨酸脱羧酶抗酶 3（OAZ3）、谷氨酰胺合成酶（GLUL）、天冬酰胺酶样蛋白 1b（ASRGL）、L-氨基酸氧化酶样（LAAO）、钠依赖性中性氨基酸转运体（SLC6A15s）、氨基酸通透酶（SLC7A9）] 上调，2 个 DEG [酪氨酸转氨酶（TAT）、精氨酸琥珀酸合成酶（ASS1）] 下调，而淡水组与 15‰盐度组比较，4 个 DEG（OAZ3、GLUL、ASRGL、SLC7A9）上调，3 个 DEG（LAAO、TAT、ASS1）下调。由此可以看出，在盐度胁迫下红耳龟表现出较高的能量需求。但总的来说，脂肪和碳水化合物是主要的能量来源。

表 4-18 淡水组与 5‰盐度组比较后与渗透调节相关的显著富集 GO 单元

描述	P 值(Bonferroni 校正)	类型	差异基因
离子结合	3.88×10^{-5}	分子功能	COX1; c101564_g1; ADH4; TRIM39; CYP2P; c105226_g1; c106588_g1; SNAI2; SLUG; c107478_g1; DSC1; TAT; ADCK; ABC1; TNK1; c111614_g1; ALB; K06911; c112636_g1; ACTB_G1; DDR2; TKT; KRAB; RASD2; CDHE; CDH1; CDH3; c115683_g7; TRIM29; ATDC; c117980_g4; c119888_g1; c120156_g1; STK32; YANK; CYP2C; ADH1_7; SIK; ALPK; E1.2.1.5; CRYAA; GPX4; c156641_g1; c168787_g1; APOE; CYTb; petB; glnA; GLUL; c19896_g1; SOCS1; JAB; CRYL1; EPHA8; EEK; TEX14; SGK307; MTL7; ACADVL; c72315_g1; TUBA; COX2; E2.7.3.2; c86748_g1; KRAB; c88272_g1; c88272_g2; c90496_g1; PKD1L2; STK33; HOMER; ASPN; c99149_g1; c99623_g2
离子跨膜转运	0.000 195	生物学过程	COX1; TRPA1; ANKTM1; COX3; ATPeF0A; MTATP6; CHRNA4; KCNH5; SLC26A9; COX2
H⁺跨膜转运体活性	0.000 29	分子功能	COX1; COX3; ATPeF0A; MTATP6; ATP6; COX2
H⁺跨膜转运	0.000 332	生物学过程	COX1; COX3; ATPeF0A; MTATP6; ATP6; COX2
激素活性	0.001 06	分子功能	ADM; c893_g1; NPPA; ACDC
无机离子跨膜转运	0.002 01	生物学过程	COX1; COX3; ATPeF0A; MTATP6; ATP6; KCNH5; SLC26A9; COX2
单价无机阳离子跨膜转运	0.005 96	生物学过程	COX1; COX3; ATPeF0A; MTATP6; ATP6; KCNH5; SCN1B; COX2;
阴离子结合	0.006 43	分子功能	ADH4; c105433_g1; TAT; ADCK; ABC1; TNK1; c111614_g1; ALB; c112636_g1; ACTB_GI; DDR2; TKT; RASD2; c120156_g1; STK32; YANK; SIK; ALPK; E1.2.1.5; GPX4; c156641_g1; APOE; glnA; GLUL; c19896_g1; CRYL1; EPHA8; EEK; TEX14; SGK307; ACADVL; c72315_g1; TUBA; E2.7.3.2; c88272_g1; c88272_g2; c90496_g1; STK33; HOMER; c99623_g2
细胞氨基酸代谢过程	0.006 59	生物学过程	GST; gst; TAT; MTHFD2; CRYL1; E2.3.1.7; CRYL1; E2.7.3.2; STK33; HOMER; K14165; GLUL; OAZ3; E2.3.1.7; CRYL1; E2.7.3.2; STK33; HOMER; K14165
离子转运	0.007 35	生物学过程	COX1; TRPA1; ANKTM1; SLC6A5S; COX3; c1641_g1; ATPeF0A; MTATP6; ATP6; CHRNA4; KCNH5; SLC26A9; APOE; SCN1B; COX2
离子跨膜转运体活性	0.008 16	分子功能	COX1; TRPA1; ANKTM1; SLC6A5S; COX3; ATPeF0A; ATP6; CHRNA4; KCNH5; SLC26A9; COX2

续表

描述	P值(Bonferroni校正)	类型	差异基因
含氮化合物代谢过程	0.0168	生物学过程	c106312_g1; c106644_g2; GST; c107959_g1; TAT; MTHFD2; FBP; c112105_g3; c112323_g1; c13444_g1; RASD2; RASD2; c115683_g7; E3.1.27.1; c120156_g1; STK32; YANK; SIK; K16330; ALPK; E1.2.1.5; c124849_g1; GPX4; c132576_g1; c1641_g1; PTS-HPR; ATPeF0A; MTATP6; ATP6; glnA; GLUL; OAZ3; c207168_g1; E2.3.1.7; CRYL1; TUBA; E2.7.3.2; STK33; HOMER; K14165; c99023_g1; c99149_g1
无机阳离子跨膜转运	0.0338	生物学过程	COX1; COX3; ATPeF0A; MTATP6; ATP6; KCNH5; COX2
无机阳离子跨膜转运体活性	0.0354	分子功能	COX1; SLC6A5S; COX3; ATPeF0A; MTATP6; ATP6; KCNH5; COX2
阳离子跨膜转运	0.0378	生物学过程	COX1; COX3; ATPeF0A; MTATP6; ATP6; KCNH5; COX2

注：在差异基因一列中以KEGG名称表示，其余以c开头的是基因的ID号。下同

表4-19 淡水组与15‰盐度组比较后与渗透调节相关的显著富集GO单元

描述	P值(Bonferroni校正)	类型	差异基因
离子结合	2.96×10^{-7}	分子功能	c100305_g1; COX1; c101564_g1; MFI2; TRIM39; CYP2K; EPHA7; EHK3; HEK1I; CYP2P; KLF15; c105226_g1; c105433_g1; MDK; KRAB; c106494_g1; SNAI2; SLUG; c107478_g1; DSC1; TAT; c109536_g1; htpG; HSP90A; MYO7; TNK1; PLOD2; c111564_g1; ALB; EPHB2; ERK; DRT; K06911; MYL3; RNF170; ACTB_G1; c114593_g4; RASD2; c115288_g1; TRIB; EPHA1; EPH; LHCB1; THBS1; TRIM29; ATDC; AGXT2L1; ETNPPL; AGXT2L1; ETNPPL; c116330_g1; c116515_g1; c116999_g1; adk; AK; NR2A1; HNF4A; c117849; c118484_g1; c118989_g1; c119497_g1; INSRR; ZC3H12; MCPIP; GCK; STK32; YANK; SLC25A23S; PLA2G; SPLA2; SIK; CYP17A; ARL4; c123809_g3; NPNT; c124238_g1; CRYA4; COX1; c155439_g1; c156641_g1; c168787_g1; CYTb; petB; glnA; GLUL; c19896_g1; SOCS1; JAB; CRYL1; TNNC1; TEX14; SGK307; MYL7; ACADVL; E2.7.3.2; CETN2; c86748_g1; FN1; c88272_g1; c88272_g2; c88310_g1; c90496_g1; c93858_g1; argG; ASS1; c99623_g2
阴离子结合	3.90×10^{-5}	分子功能	c100305_g1; EPHA7; EHK3; HEK1I; c105433_g1; MDK; c106494_g1; TAT; htpG; HSP90A; MYO7; TNK1; PLOD2; ALB; EPHB2; ERK; DRT; ACTB_G1; c114593_g4; c123809_g3; TRIB; EPHA1; EPH; THBS1; AGXT2L1; ETNPPL; c116999_g1; adk; AK; c117849_g1; INSRR; GCK; STK32; YANK; SIK; ARL4; c123809_g3; c156641_g1; GLUL; c19896_g1; CRYL1; TEX14; SGK307; ACADVL; E2.7.3.2; FN1; c88272_g1; c88272_g2; c88310_g1; c90496_g1; argG; ASS1; c99623_g2

续表

描述	P值(Bonferroni 校正)	类型	差异基因
铁离子结合	0.000 159	分子功能	COX1; MF12; CYP2K; CYP2P; c107478_g1; PLOD2; CYP17A; c124238_g1
钙离子结合	0.000 395	分子功能	c101564_g1; c105226_g1; DSC1; c109536_g1; MYL3; THBS1; c116330_g1; c118484_g1; c119497_g1; SLC25A23S; PLA2G; NPNT; c155439_g1; TNNC1; MYL7; CETN2; c86748_g1; c93858_g1
H⁺离子转运	0.001 35	生物学过程	COX1; COX3; c131564_g1; ATPeF0A; MTATP6; ATP6; ND2
跨膜转运	0.002 02	生物学过程	COX1; SLC7A9; BAT1; SLC6A5S; IGB; SLC38A2; SNAT2; MIA40; CHCHD4; TRPA1ANKTM1; c118570_g1; SLC5A9; SGLT4; SLC25A23S; COX3; ATPeF0A; MTATP6; ATP6; c75960_g1
激素活性	0.002 24	分子功能	CD79B; IGB; NPPA; RLN; ACDC
单价无机阴离子转运	0.003 35	生物学过程	COX1; CD79B; IGB; COX3; c131564_g1; ATPeF0A; MTATP6; ATP6; ND2; SCN1B
离子转运	0.004 6	生物学过程	COX1; MF12; SLC7A9; BAT1; SLC6A5S; CD79B; IGB; SLC38A2; SNAT2; TRPA1; ANKTM1; c118570_g1; COX3; c131564_g1; c1641_g1; ATPeF0A; MTATP6; ATP6; ND2; SCN1B; c75960_g1
金属离子结合	0.011 2	分子功能	COX1; c101564_g1; MF12; TRIM39; CYP2K; CYP2P; KLF15; c105226_g1; KRAB; SNAI2; SLUG; c107478_g1; DSC1; c109536_g1; PLOD2; c111564_g1; NR2A1; K06911; MYL3; RNF170; c115288_g1; LHCB1; THBS1; TRIM29; ATDC; c116330_g1; c116515_g1; NR2A1; HNF4A; c118484_g1; CRYAA; c119497_g1; ZC3H12; MCPIP; SLC25A23S; PLA2G; SPLA2; CYP17A; NPNT; c124238_g1; CRYAA; c155439_g1; c168787_g1; CYTb; petB; SOCS1; JAB; TNNC1; MYL7; CETN2; c86748_g1; c93858_g1
H⁺跨膜转运体活性	0.012	分子功能	COX1; COX3; ATPeF0A; MTATP6; ATP6
阴离子结合	0.012 2	分子功能	COX1; c101564_g1; MF12; TRIM39; CYP2K; CYP2P; KLF15; c105226_g1; KRAB; SNAI2; SLUG; c107478_g1; DSC1; c109536_g1; PLOD2; c111564_g1; K06911; MYL3; RNF170; c115288_g1; LHCB1; THBS1; TRIM29; ATDC; c116330_g1; c116515_g1; NR2A1; HNF4A; c118484_g1; c118989_g1; c119497_g1; ZC3H12; MCPIP; SLC25A23S; PLA2G; SPLA2; CYP17A; NPNT; c124238_g1; CRYAA; c155439_g1; c168787_g1; CYTb; petB; SOCS1; JAB; TNNC1; MYL7; CETN2; c86748_g1; c93858_g1
离子跨膜转运	0.036 9	生物学过程	COX1; SLC7A9; BAT1; CD79B; IGB; SLC38A2; SNAT2; TRPA1; ANKTM1; COX3; COX1; ATPeF0A; MTATP6; ATP6
转氨酶活力	0.040 6	分子功能	TAT; AGXT2L1; ETNPPL; GPT; ALT

表4-20 与能量产生和转化、大分子物质代谢过程及离子转运有关的DEG

Unigene ID	描述	log$_2$(5/0psu)	log$_2$(15/0psu)	log$_2$(15/5psu)
与能量产生和转化有关的差异表达基因				
c198757_g1	细胞色素 c 氧化酶亚基Ⅰ (COX1)	7.03	7.14	—
c205807_g1	细胞色素 c 氧化酶亚基Ⅲ (COX3)	5.79	5.57	—
c184332_g1	细胞色素 b (CYTb)	6.37	6.51	—
c168776_g1	F-ATP 酶蛋白 6 (ATP6)	7.93	8.41	0.67
c122818_g1	细胞色素 P450 17A1 (CYP17A1)	0.81	1.63	0.82
与脂质代谢有关的差异表达基因				
c183562_g1	载脂蛋白 E 前体 (APoE)	4.59	4.18	−0.40
c108401_g1	辅酶 Q 结合蛋白 (CoQ10)	2.51	3.44	0.93
c106996_g1	高密度脂蛋白颗粒 (SAA)	1.24	4.13	2.89
c101752_g1	乙醇脱氢酶 4 (ADH4)	−3.8	—	3.81
c5275_g1	脂肪酸去饱和酶 6 (FADS6)	−3.38	−1.54	1.85
与碳水化合物代谢有关的差异表达基因				
c184502_g1	己糖激酶 (HK)	4.49	5.22	0.73
c141564_g1	晶状体纤维主要内在蛋白 (MIP)	3.37	3.75	—
c121000_g1	葡糖激酶 (GCK)	−0.22	−1.94	−1.85
c198426_g1	塔格糖 1,6-二磷酸醛缩酶 (LacD)	−5.38	−5.12	—
c139209_g1	L-古洛糖-γ-内酯氧化酶 (GLO)	−5.38	−5.12	—
c44501_g1	核糖二磷酸羧化酶小链 (RBC)	−4.38	−4.12	—
与氨基酸代谢有关的差异表达基因				
c198734_g1	鸟氨酸脱羧酶抗酶 3 (OAZ3)	6.28	7.00	0.72
c184545_g1	谷氨酰胺合成酶 (GLUL)	4.03	4.3	0.26
c197142_g1	天冬酰胺酶样蛋白 1b (ASRGL)	4.49	4.96	0.47
c117856_g3	L-氨基酸氧化酶样 (LAAO)	1.62	−2.06	−3.68
c169209_g1	钠依赖性中性氨基酸转运蛋白 B (SLC6A15s)	3.59	—	−1.54
c103361_g1	氨基酸通透酶 (SLC7A9)	1.78	5.72	3.93
c108456_g1	酪氨酸转氨酶 (TAT)	−1.72	−1.41	0.31
c99414_g1	精氨酸琥珀酸合成酶 (ASS1)	−0.69	−1.1	−0.41
与离子调节有关的差异表达基因				
c182997_g1	钾电压门控通道亚家族 H 成员 5 (KCNH5)	3.5	—	−3.5
c121057_g1	丝氨酸/苏氨酸蛋白激酶 32 (STK32)	1.95	1.80	—
c121806_g3	盐诱导激酶 1 (SIK1)	1.23	2.20	0.97
c123793_g3	盐诱导激酶 2 (SIK2)	—	0.27	0.40
c114797_g4	脂肪细胞因子 (ACDC)	0.60	2.12	1.52
c119528_g1	胰岛素受体相关蛋白 (INSRR)	0.30	−1.70	−2.00
c95283_g1	丝氨酸/苏氨酸蛋白激酶 33 (STK33)	−1.5	−0.65	0.85
c58533_g1	钠通道亚基 β-1 (SCN1B)	−5.31	−5.31	—
c94169_g1	利钠肽 A (NPPA)	−5.72	−5.72	—
c95302_g1	溶质载体家族 26 成员 9 (SLC26A9)	−3.55	−0.44	3.11

注:0psu,淡水组;5psu,5‰盐度组;15psu,15‰盐度组;log$_2$(5/0psu),5‰盐度组与淡水组表达量的比值,并对其取以 2 为底的对数;log$_2$(15/0psu),15‰盐度组与淡水组表达量的比值,并对其取以 2 为底的对数;log$_2$(15/5psu),15‰盐度组与5‰盐度组表达量的比值,并对其取以 2 为底的对数。

零值以上为基因表达上调,零值以下为基因表达下调。"—"表示基因表达水平低,无法检测到。

为验证 RNA 序列识别的差异表达基因，获得不同表达模式的详细定量信息，我们选择了与上述离子转运、能量产生和转化及大分子代谢过程相关的一些基因进行 qRT-PCR 分析。如表 4-21 所示，5‰盐度组与能量产生和转化相关的 COX3、ATP6 和 CYP17A1 的 mRNA 表达水平分别为淡水组的 3.5 倍、2.2 倍和 1.5 倍，而 15‰盐度组分别为淡水组的 2.4 倍、3.4 倍和 2.1 倍；5‰盐度组中与离子转运相关的 STK32 和 SIK1 的表达水平分别为淡水组的 3.6 倍和 2.1 倍，15‰盐度组的表达水平分别为淡水组的 3.0 倍和 3.5 倍；5‰盐度组的 INSRR 的 mRNA 表达水平与淡水组相比增加了 2 倍，15‰盐度组其 mRNA 表达水平约为淡水组的 38.2%；5‰盐度组和 15‰盐度组的 STK33 的表达水平为淡水组 45.5%和 65.4%。在大分子代谢方面，随着环境盐度的增加，ApoE、CoQ10、SAA、HK、GLUL 和 ASRGL 的 mRNA 表达水平增加，特别是 CoQ10 和 SAA 基因，15‰盐度组的 mRNA 表达水平分别是淡水组的 8.4 倍和 15.3 倍；GCK 和 ASS1 的 mRNA 表达水平随着盐度的增加而降低，5‰盐度组的表达水平分别为淡水组的 66.4%和 50.1%，15‰盐度组的表达水平分别为淡水组的 26.8%和 10.3%；FADS6 和 TAT 的 mRNA 表达水平在 3 组中最低，分别为淡水组 43.5%和 27.6%。

表 4-21 与能量产生和转化、大分子代谢及离子转运有关的 DEG 的 qRT-PCR 验证结果

序列号	描述	淡水组	5‰盐度组	15‰盐度组
与能量产生和转化相关的基因				
c205807_g1	细胞色素 c 氧化酶亚基 III (COX3)	1.01 ± 0.06^c	3.57 ± 0.27^a	2.40 ± 0.29^b
c168776_g1	F-ATP 酶蛋白 6 (ATP6)	1.09 ± 0.10^c	2.42 ± 0.09^b	3.67 ± 0.21^a
c122818_g1	细胞色素 P450 17A1 (CYP17A1)	2.13 ± 0.11^c	3.15 ± 0.22^b	4.46 ± 0.38^a
与脂质代谢相关的基因				
c183562_g1	载脂蛋白 E 前体(ApoE)	0.86 ± 0.06^c	2.77 ± 0.12^a	1.80 ± 0.13^b
c108401_g1	辅酶 Q 结合蛋白(CoQ10)	0.64 ± 0.08^c	2.66 ± 0.17^b	5.39 ± 0.23^a
c106996_g1	高密度脂蛋白颗粒(SAA)	0.48 ± 0.06^c	1.18 ± 0.08^b	7.32 ± 0.27^a
c5275_g1	脂肪酸去饱和酶 6 (FADS6)	2.23 ± 0.27^a	0.97 ± 0.23^b	1.37 ± 0.13^b
与碳水化合物代谢相关的基因				
c184502_g1	己糖激酶 (HK)	1.37 ± 0.09^c	2.35 ± 0.21^b	3.27 ± 0.22^a
c121000_g1	葡糖激酶(GCK)	1.79 ± 0.07^a	1.19 ± 0.22^b	0.48 ± 0.05^c
与氨基酸代谢相关的基因				
c184545_g1	谷氨酰胺合成酶(GLUL)	1.82 ± 0.14^c	5.10 ± 0.23^b	6.00 ± 0.19^a
c197142_g1	天冬酰胺酶样蛋白(ASRGL)	1.01 ± 0.05^b	1.64 ± 0.17^a	1.94 ± 0.31^a
c108456_g1	酪氨酸转氨酶(TAT)	3.37 ± 0.17^a	0.93 ± 0.03^c	1.38 ± 0.06^b
c99414_g1	精氨酸琥珀酸合成酶(ASS1)	5.16 ± 0.29^a	2.59 ± 0.20^b	0.53 ± 0.07^c
与离子转运相关的基因				
c121806_g3	盐诱导激酶 1 (SIK1)	1.19 ± 0.13^c	2.46 ± 0.31^b	4.16 ± 0.15^a
c123793_g3	盐诱导激酶 2 (SIK2)	1.06 ± 0.15^a	0.85 ± 0.09^b	1.13 ± 0.10^a
c119528_g1	胰岛素受体相关蛋白(INSRR)	2.04 ± 0.18^b	4.13 ± 0.26^a	0.78 ± 0.13^c
c121057_g1	丝氨酸/苏氨酸蛋白激酶 32 (STK32)	1.48 ± 0.16^c	5.39 ± 0.24^a	4.49 ± 0.33^b
c95283_g1	丝氨酸/苏氨酸蛋白激酶 33 (STK33)	3.93 ± 0.37^a	1.79 ± 0.16^b	2.57 ± 0.23^b

注：不同的小写字母代表不同组之间具有统计学意义（$P<0.05$）。

由表 4-21 可知，qRT-PCR 结果与 RNA-seq 结果显著相关，淡水组与 5‰盐度组的相关系数为 0.744，淡水组与 15‰盐度组的相关系数为 0.862，5‰盐度组与 15‰盐度组的相关系数为 0.748（$P<0.05$）（图 4-3）。这证明 RNA 转录组数据可以作为当前研究中鉴别差异表达基因表达模式的可靠指标。

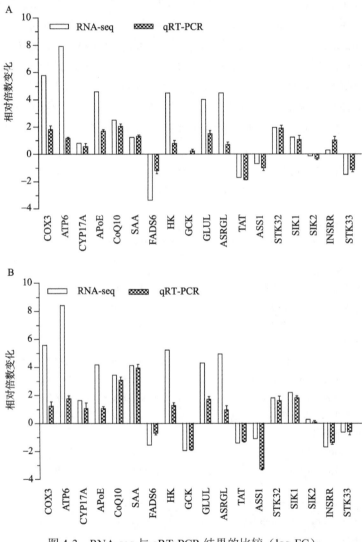

图 4-3　RNA-seq 与 qRT-PCR 结果的比较（$\log_2$FC）
A. 淡水组与 5‰盐度组比较；B. 淡水组与 15‰盐度组比较

三、根据转录组数据分析红耳龟适应半咸水环境的渗透压调节机制

水生动物的渗透压调节是一个复杂的过程，因为个体必须应对其自然栖息地中每天或季节性的盐度变化。作为一个淡水物种，红耳龟不具有盐腺，在进入盐度较高的环境（如咸水或河口水）时需要调节渗透压才能生存。生理学研究表明，红耳龟通过平衡 NaCl

的进入和减少醛固酮的分泌，以及在血液中积累尿素和游离氨基酸，进而提升其血浆渗透压（Hong et al., 2014）。在转录组学研究中，盐环境中红耳龟肝脏差异表达基因（DEG）主要归到了生物过程中的大分子物质代谢过程、离子转运和离子跨膜转运等类别中，此结果为红耳龟适应盐度环境的生理机制提供了有力的证据。

在盐度胁迫下，机体的细胞失水会导致细胞皱缩，甚至死亡，从这个意义上说，离子调节对平衡细胞渗透压变化很重要。*KCNH5* 和 *SCN1B*（Qin et al., 2010）参与钾/钠电压门控离子通道和液体平衡，通过改变血液电解质组成和/或体积来控制渗透压。钠尿肽A（*NPPA*）是众所周知的调节体液平衡和电解质稳态的物质，具有保钠、利尿和血管舒张作用（Espiner et al., 2014）。*NPPA* 高度表达与 H_2O/Na^+ 吸收和蛋白质丝氨酸/苏氨酸磷酸酶相关（Espiner et al., 2014）。*SIK1* 主要调节肾上腺皮质功能，特别是对血浆高钠离子、钾离子、促肾上腺皮质激素或应激反应有较强应答（Wang et al., 1999），同时，*SIK* 在类固醇生成中也发挥作用，而 *SIK2* 与肝脏的糖异生调节有关；两者都属于丝氨酸/苏氨酸激酶的 AMPK（AMP 活化激酶）亚家族（Berggreen et al., 2012）。AMPK 是细胞能量水平的关键调节器（Hardie, 2015），在各种应激条件下，机体会消耗过多的 ATP，而 AMPK 的作用是促进产生 ATP 的分解代谢途径，同时抑制消耗 ATP 的合成代谢途径（Rider et al., 2009）。在盐度环境下，红耳龟肝脏中脂联素基因（*ACDC*）的表达显著富集，这种激素通过调节 AMPK 参与脂肪酸氧化的途径（Chong et al., 2013）。因此，在我们的研究中，与淡水组相比，红耳龟肝脏中与离子调节相关基因中的 5 个基因（*ACDC*、*INSRR*、*STK32*、*SIK1*、*KCNH5*）在 5‰盐度组中的表达量上调，4 个基因（*ACDC*、*STK32*、*SIK2*、*SIK1*）在 15‰盐度组中的表达量上调，这表明红耳龟可以通过提高与离子调节相关的基因的表达水平来适应盐度环境（Hong et al., 2019）。

随着环境盐度的增加，红耳龟为适应高渗环境需要增加能量投入来维持其稳态平衡（Hong et al., 2014）。在我们的研究中，与能量生成和转换相关的 DEG，包括 *ATP6*、*COX1*、*COX3*、*CYTb* 和 *CYP17A1*，随着环境盐度的增加其表达量显著升高，这表明在高盐度的条件下，红耳龟对能量的需求更多。这可能与促进离子和渗透调节过程的转运相关蛋白的合成所需的 ATP 有关（Li et al., 2013）。也有报道称与糖酵解、脂肪酸代谢和 ATP 产生有关的因子或物质成分的变化通常与淡水鱼生活环境的盐度升高有关（Lavado et al., 2014）。我们前期研究已经表明，红耳龟在受到盐度胁迫时可提高血清葡萄糖和甘油三酯水平（舒超华等，2012）。转录组的数据也表明，盐度胁迫影响了糖酵解/糖异生和脂肪酸代谢相关基因的表达，例如，*HK* 和 *MIP* 的 mRNA 表达量增加，提示糖原的利用可能增加，更多的葡萄糖可能用于红耳龟在盐度胁迫下的能量消耗。此外，*ApoE*、*CoQ10* 和 *SAA* 的基因表达上调，*ADH4* 和 *FADS6* 的基因表达下调，表明随着盐度胁迫的发生，红耳龟的脂肪分解增加，而合成减少，产生更多的能量（Hong et al., 2019），关于红耳龟物质代谢的调节将在第五章详细介绍。

此外，机体在渗透压调节过程中通过合成尿素以增加血液中尿素含量也是适应半咸水环境的策略之一。例如，响尾蛇（*Crotalus adamanteus*）在半咸水环境下血浆中尿素含量升高，而沙漠地鼠龟通过增加血浆中尿素含量来适应干旱环境（Dantzler and Schmidt-Nielsen, 1996）。红耳龟也可以通过合成有机渗透物，如游离氨基酸和尿素来增加血浆和组织液中的尿素含量,以提供高渗环境中对机体脱水的综合防御(Hong et al., 2014)。在红耳龟转录组的研究中,我们也发现一些与氨基酸代谢相关的 DEG,包括 *GLUL*、*ASRGL*、*LAAO*、*SLC6A15S* 和 *SLC7A9*,在 5‰盐度组的表达量高于淡水组,表明盐度胁迫增强了氨基酸的代谢和转运。同时在盐度环境中,红耳龟肝脏中谷氨酰胺合成酶基因转录水平上调,谷氨酰胺合成酶表达增加。谷氨酰胺是体液和肌肉中最普遍的氨基酸,主要通过依赖于钠的中性氨基酸系统运输,其周转率超过了其他氨基酸(Zander et al., 2015)。谷氨酰胺是由氨与谷氨酸的 ATP 依赖性结合合成的,是一种氨防御剂(Cooper and Plum, 1987)。当盐度恢复正常时,谷氨酰胺池可被用作各种重要细胞分子(如嘌呤、嘧啶、黏多糖)的前体,或在谷氨酰胺酶存在下被脱氨基生成直接排出肾脏的氨,或在排泄前用于肝脏中尿素的合成。相关研究表明,高盐度下尿素的积累可能是由于尿素的保留,以及通过鸟氨酸-尿素循环、尿酸水解或精氨酸水解提高尿素合成速率(Dépêche and Schoffeniels, 1975)。在本研究中,参与鸟氨酸-尿素循环的 *OAZ3* 在盐度暴露下表达量上调,这表明红耳龟在高渗条件下,尿素的生成途径也可能被激活。该研究结果与对海陆蛙(*Fejervarya cancrivora*)的研究相似,说明血浆和组织中尿素的积累参与了机体高渗环境,而尿素的合成是由肝脏尿素合成相关基因表达量上调引起的(Gordon and Tucker, 1965)。此外,也有一些动物如条纹鲶鱼(*Pangasianodon hypophthalmus*)可通过增加体液来抵消渗透失衡,启动渗透物和/或水的净增加,以防止细胞进一步收缩(Nguyen et al., 2016)。

结　　语

红耳龟在进入半咸水环境后,其血浆渗透压随着盐度的增加及生活时间的延长而增加,当环境盐度增加到 25‰时,红耳龟血浆渗透压升高至正常渗透压的 160%。而渗透压的升高和血浆中 Na^+ 和 Cl^- 浓度迅速升高有必然的联系,表明红耳龟在进入半咸水环境后第一步的适应可能是通过增加血浆中 Na^+ 和 Cl^- 的浓度进而提高渗透压。红耳龟尿液中 K^+、Na^+ 和 Cl^- 的浓度也随着盐度的增加而迅速升高,表明体内过多的 NaCl 可通过尿液排出。此外,红耳龟血浆和尿液中的尿素含量升高,说明在半咸水的环境中,红耳龟可以通过离子和非离子的渗透物对其渗透压进行调节,以适应外界环境盐度的改变。

通过 Illumina 高通量测序对红耳龟在半咸水环境中的转录组进行分析发现,多个与渗透调节相关的基因,如 *KCNH5*、*SCN1B*、*NPPA*、*GLUL*、*SNAT2*、*ASS1*、*OAZ3*、*MTATP6*、*ATP6*、*GCK*、*SIK*、*ACDC* 和 *CYP17A* 等被显著富集,推测其差异表达基因潜在的相互作用见图 4-4。由此可进一步说明,红耳龟在进入半咸水环境后,可以很好地进行渗透压调节,以应对外界高渗的环境。

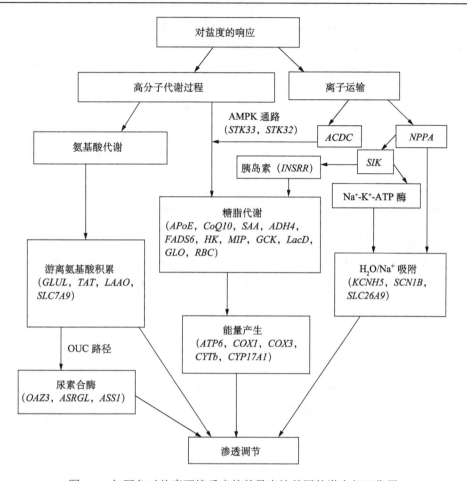

图 4-4 红耳龟对盐度环境反应的差异表达基因的潜在相互作用

参 考 文 献

班红琴, 吴垠, 李阳, 等. 2010. 盐度驯化过程中虹鳟血清渗透压、激素水平及离子组成的变化. 大连海洋大学学报, 25(6): 551-555.

陈惠群, 王国良. 2002. 硬骨鱼类的渗透压调节. 海洋科学, 26(1): 24-26.

陈科, 李二超, 徐畅, 等. 2014. 低盐度胁迫下凡纳滨对虾(*Litopenaeus vannamei*)的转录组学分析. 上海: 第十一届长三角科技论坛水产科技分论坛暨 2014 年上海市渔业科技论坛: 320-321.

黄凯, 蒋焕超, 吴宏玉, 等. 2010. 盐度对凡纳滨对虾肌肉中游离氨基酸含量的影响. 海洋渔业, 32(4): 422-426.

江爱萍. 2017. 红耳龟(*Trachemys scripta elegans*)在慢性盐度胁迫下的转录组分析. 海口: 海南师范大学硕士学位论文.

吕敏. 2005. 盐度骤变南美白对虾肌肉中游离氨基酸的组成分析. 淡水渔业, (z1): 30-32.

舒超华, 张珂, 洪美玲, 等. 2012. 盐度胁迫对红耳龟生长与血液生化指标的影响. 四川动物, 31(6): 912-916.

宋慧. 2014. 基于转录组测序技术的大银鱼胚胎盐胁迫适应分子机理研究. 晋中: 山西农业大学硕士学位论文.

王悦如, 李二超, 陈立侨, 等. 2012. 急性高渗胁迫对中华绒螯蟹雄蟹组织中可溶性蛋白质、血蓝蛋白、血糖与肝糖原含量的影响. 水生生物学报, 36(6): 1056-1062.

于娜. 2011. 盐度对鲻鱼消化生理和渗透调节生理的影响. 上海: 上海海洋大学硕士学位论文.

袁锦芳, 陈叙龙. 1999. 环境因素对海洋动物 Na^+-K^+-ATPase 的影响概述. 海洋环境科学, 18(3): 76-79.

张珂. 2014. 红耳龟(*Trachemys scripta elegans*)对环境盐度的耐受性及生理适应机制. 海口: 海南师范大学硕士学位论文.

张琴星. 2013. 多鳞四指马鲅幼鱼的盐度适应性研究. 上海: 上海海洋大学硕士学位论文.

张晓燕, 温海深, 何峰, 等. 2015. 不同盐度条件下花鲈肝脏转录组学特性的初步研究. 杭州: 中国水产学会学术年会: 231.

Berggreen C, Emma H, Helena A J, et al. 2012. cAMP-elevation mediated by β-adrenergic stimulation inhibits salt-inducible kinase (SIK) 3 activity in adipocytes. Cellular Signalling, 24(9): 1863-1871.

Borisova S A. 1964. Role of the kidneys in the regulation of osmotic pressure. Bulletin of Experimental Biology & Medicine, 58(4): 1148-1149.

Brackenbury W J, Djamgoz M B A, Isom L L. 2008. An emerging role for voltage-gated Na^+ channels in cellular migration: Regulation of central nervous system development and potentiation of invasive cancers. Neuroscientist, 14(6): 571-583.

Burg M B, Kwon E D, Kültz D. 1997. Regulation of gene expression by hypertonicity. Annual Review of Physiology, 59(59): 437-455.

Burton R S. 1992. Proline synthesis during osmotic stress in megalopa stage larvae of the blue crab, *Callinectes sapidus*. Biological Bulletin, 182(3): 409-415.

Cataldi E, Ciccotti E, Dimarco P, et al. 1995. Acclimation trials of juvenile Italian sturgeon to different salinities: morpho-physiological descriptors. Journal of Fish Biology, 47(4): 609-618.

Chong D, Li L, Su Y C, et al. 2013. Adiponectin increases secretion of rat submandibular gland via adiponectin receptors-mediated AMPK signaling. PLoS ONE, 8(5): e63878.

Cooper A J, Plum F. 1987. Biochemistry and physiology of brain ammonia. Physiological Reviews, 67(2): 440-519.

Costa V, Angelini C, De F I, et al. 2010. Uncovering the complexity of transcriptomes with RNA-Seq. Journal of Biomedicine & Biotechnology, doi: 10. 1155/2010/ 853916.

Dantzler W H. 1978. Urate Excretion in Nonmammalian Vertebrates. Vol 51. *In*: Kelley W N, Weiner I M. Uric Acid. Berlin, Heidelberg: Springer.

Dantzler W H, Schmidt-Nielsen B. 1996. Excretion in fresh-water turtle (*Pseudemys scripta*) and desert tortoise (*Gopherus agassizii*). American Journal of Physiology, 210(1): 198-210.

Dépêche J, Schoffeniels E. 1975. Changes in electrolytes, urea and free amino acids of *Poecilia reticulata* embryos following high salinity adaptation of the viviparous female. Biochemical Systematics & Ecology, 3(2): 111-119.

Duchâteau-Bosson G, Florkin M. 1961. Change in intracellular concentration of free amino acids as a factor of euryhalinity in the crayfish *Astacus astacus*. Comparative Biochemistry and Physiology, 3(4): 245-249.

Dunson W A. 1985. Effect of water salinity and food salt content on growth and sodium efflux of hatchling diamondback terrapins (*Malaclemys*). Physiological Zoology, 58(6): 736-747.

Dunson W A, Seidel M E. 1986. Salinity tolerance of estuarine and insular emydid turtles (*Pseudemys nelsoni* and *Trachemys decussata*). Journal of Herpetology, 20(2): 237-245.

Edwards H A. 1982. Free amino acids as regulators of osmotic pressure in aquatic insect larvae. Journal of Experimental Biology, 101(1): 153-160.

Espiner E A, Dalrymple-Alford J C, Prickett T C R, et al. 2014. C-type natriuretic peptide in Parkinson's

disease: reduced secretion and response to deprenyl. Journal of Neural Transmission, 121(4): 371-378.
Frick P G. 1968. Osmometry and clinical significance of osmolality. Schweizerische Medizinische Wochenschrift, 98(40): 1562.
Gilles-Baillien M. 1970. Urea and osmoregulation in the diamondback terrapin *Malaclemys centrata centrata* (Latreille). Journal of Experimental Biology, 52(3): 691-697.
Gordon M, Tucker V. 1965. Osmotic regulation in tadpoles of crab-eating frog (*Rana cancrivora*). Deep Sea Research Part B Oceanographic Literature Review, 42: 437-445.
Hardie D G. 2015. AMPK: positive and negative regulation, and its role in whole-body energy homeostasis. Current Opinion in Cell Biology, 33: 1-7.
Hong M L, Jiang A, Li N, et al. 2019. Comparative analysis of the liver transcriptome in the red-eared slider *Trachemys scripta elegans* under chronic salinity stress. PeerJ, 7e6538.
Hong M L, Zhang K, Shu C, et al. 2014. Effect of salinity on the survival, ions and urea modulation in red-eared slider (*Trachemys scripta elegans*). Asian Herpetological Research, 5(2): 128-136.
Janech M G, Fitzgibbon W R, Nowak M W, et al. 2006. Cloning and functional characterization of a second urea transporter from the kidney of the Atlantic stingray, *Dasyatis sabina*. American Journal of Physiology Regulatory Integrative & Comparative Physiology, 291(3): R844.
Lavado R, Aparicio-Fabre R, Schlenk D. 2014. Effects of salinity acclimation on the expression and activity of phase I enzymes (CYP450 and FMOs) in coho salmon (*Oncorhynchus kisutch*). Fish Physiology and Biochemistry, 40: 267-278.
Lee S M L, Wong W P, Hiong K C, et al. 2010. Nitrogen metabolism and excretion in the aquatic Chinese soft-shelled turtle, *Pelodiscus sinensis*, exposed to a progressive increase in ambient salinity. Journal of Experimental Zoology Part A Ecological Genetics & Physiology, 305A (12): 995-1009.
Li Z H, Xu H, Zheng W, et al. 2013. RNA-sequencing analysis of TCDD-induced responses in zebrafish liver reveals high relatedness to *in vivo* mammalian models and conserved biological pathways. PLoS ONE, 8(10): e77292.
Lima A G, Mcnamara J C, Terra W R. 1997. Regulation of hemolymph osmolytes and gill Na^+/K^+-ATPase activities during acclimation to saline media in the freshwater shrimp *Macrobrachium olfersii* (Wiegmann, 1836) (Decapoda, *Palaemonidae*). Journal of Experimental Marine Biology & Ecology, 215(1): 81-91.
Liu H, Pan L, Fu L. 2008. Effect of salinity on hemolymph osmotic pressure, sodium concentration and Na^+-K^+-ATPase activity of gill of Chinese crab, *Eriocheir sinensis*. Journal of Ocean University of China, 7(1): 77-82.
Lucu Č, Pavičić J, Ivanković D, et al. 2008. Changes in Na^+/K^+-ATPase activity, unsaturated fatty acids and metallothioneins in gills of the shore crab *Carcinus aestuarii* after dilute seawater acclimation. Comp Biochem Physiol-Part A: Molecular & Integrative Physiology, 149(4): 362-372.
Marshall A T, Cooper P D. 1988. Secretory capacity of the lachrymal salt gland of hatchling sea turtles, *Chelonia mydas*. Journal of Comparative Physiology B, 157(6): 821-827.
Masui D C, Mantelatto F L M, Mcnamara J C, et al. 2009. Na^+-K^+-ATPase activity in gill microsomes from the blue crab, *Callinectes danae*, acclimated to low salinity: Novel perspectives on ammonia excretion. Comparative Biochemistry and Physiology-PartA: Molecular & Integrative Physiology, 153(2): 141-148.
Mcnamara J C, Rosa J C, Greene L J, et al. 2003. Free amino acid pools as effectors of osmostic adjustment in different tissues of the freshwater shrimp *Macrobrachium olfersii* (Crustacea, Decapoda) during long-term salinity acclimation. Marine Behaviour and Physiology, 37(3): 193-208.
Nguyen T V, Jung H, Nguyen T M, et al. 2016. Evaluation of potential candidate genes involved in salinity

tolerance in striped catfish (*Pangasianodon hypophthalmus*) using an RNA-Seq approach. Mar Genomics, 25: 75-88.

Peterson C C M, Greenshields D. 2011. Negative test for cloacal drinking in a semi-aquatic turtle (*Trachemys scripta*), with comments on the functions of cloacal bursae. Journal of Experimental Zoology, 290(3): 247-254.

Prange H D. 1985. Renal and extra-renal mechanisms of salt and water regulation of sea turtles: A Speculative Review. Copeia, 1985(3): 771-776.

Qin N, D'Andrea M R, Lubin M L, et al. 2010. Molecular cloning and functional expression of the human sodium channel beta1B subunit, a novel splicing variant of the beta1 subunit. Febs Journal, 270: 4762-4770.

Rider M H, Hussain N, Dilworth S M, et al. 2009. Phosphorylation of translation factors in response to anoxia in turtles, *Trachemys scripta elegans*: role of the AMP-activated protein kinase and target of rapamycin signalling pathways. Molecular & Cellular Biochemistry, 332(1-2): 207-213.

Sandor T. 1972. Chapter 5–Corticosteroids in amphibia, reptilia, and aves. Steroids in Nonmammalian Vertebrates, 253-327.

Seidel M E. 1975. Osmoregulation in the turtle *Trionyx spiniferus* from brackish and freshwater. Copeia, 1975(1): 124-128.

Smith H W. 2010. The retention and physiological role of urea in the *elasmobranchii*. Biological Reviews, 11(1): 49-82.

Tok C Y, Chew S F, Peh W Y X, et al. 2009. Glutamine accumulation and up-regulation of glutamine synthetase activity in the swamp eel, *Monopterus albus* (Zuiew), exposed to brackish water. Journal of Experimental Biology, 212(9): 1248-1258.

Uva B, Vallarino M, Mandich A, et al. 1982. Plasma aldosterone levels in the female tortoise *Testudo hermanni Gmelin* in different experimental conditions. General & Comparative Endocrinology, 46(1): 116-123.

Wang Z N, Takemori H, Halder S K, et al. 1999. Cloning of a novel kinase (SIK) of the SNF1/AMPK family from high salt diet-treated rat adrenal 1. Febs Letters, 453(1-2): 135-139.

Zander C, Zhang Z, Albers T, et al. 2015. Amino Acid Transporters and Glutamine. New York: Springer: 21-36.

第五章　红耳龟适应半咸水环境的糖脂代谢调节

环境因子的变化将引起机体产生不同程度的应激反应，随之引发一系列生理变化进而影响机体内环境的稳定（Begg and Pankhurst, 2004; Jarvis and Ballantyne, 2003）。水生生物的能量代谢平衡很容易被外界环境打破（管越强等，2009；连姗姗，2013；强俊等，2011；魏伟，2016），能否维持体内能量供应的平衡是限制机体生理健康过程的重要因素（邢晓丹，2018）。水环境中盐度的变化会对水生生物产生胁迫，同时干扰正常的生理代谢的平衡和生物学过程。为了适应盐度胁迫，动物会重新调整和分配机体的渗透压调节能力、代谢和能量，例如，淡水红罗非鱼和虹鳟在咸水环境下需要更多的能量以维持渗透压的平衡（班红琴等，2010；雷思佳等，1999）；尼罗罗非鱼在盐度环境下，其血液成分、免疫因子和组织学都会发生显著的变化，这些生理生化的反应都需要消耗更多的能量（王辉等，2012；赵丽慧等，2014）。鱼体吸入过多的咸水时，通过鳃中细胞的主动转运过滤掉额外的无机盐离子，同时肠道上皮细胞通过主动转运保留更多的水分，这一过程加剧了机体各组织的能量消耗（庄青青，2013）。红耳龟由淡水进入半咸水环境时，启动了离子和非离子的转运以调节渗透压，并引起了消化酶和Na^+-K^+-ATP酶活力的增加，为渗透压调节提供所需营养物质和能量（张珂，2014）。本章重点阐述半咸水环境中红耳龟对营养物质的利用及对糖脂代谢通路的调控。

第一节　半咸水环境中红耳龟对营养物质的利用

糖类和脂肪作为重要的能源物质，是主要的能量提供者（Soengas et al., 1995; Welcomme and Devos, 1991; 卢蒲晗，2018；李翠翠，2018），蛋白质在生化代谢活动中也起着重要作用（孔祥会等，2005）。肝脏中储存了大量的营养物质，如肝糖原、蛋白质等，血液中也储存了大量蛋白质、葡萄糖等营养物质。机体在面对环境应激时，会加速对营养物质的消耗，以产生更多的能量，为适应环境做好准备。本节主要探讨红耳龟进入半咸水环境后对营养物质的利用情况。

一、半咸水环境中红耳龟血糖和肝糖原的含量

红耳龟由淡水进入半咸水环境后，其血糖含量显著高于淡水环境（$P<0.05$），但不同盐度环境中红耳龟血糖含量差异不显著。红耳龟在半咸水环境中生活较长时间（30d）后，血糖含量依然维持在高水平（图5-1）。肝糖原含量虽在红耳龟进入盐环境6h时与淡水组无显著差异，但在24h～30d时，其肝糖原含量明显降低，与淡水组差异显著（$P<0.05$）（图5-2）。

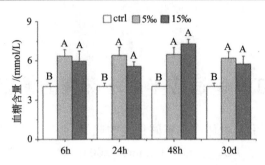

图 5-1 不同时间和盐度红耳龟的血糖含量

ctrl：淡水组；5‰：5‰盐度组；15‰：15‰盐度组（下同）

图中不同柱形上方的字母代表同一时间不同盐度组之间的差异显著性，不同字母代表差异显著（$P<0.05$）

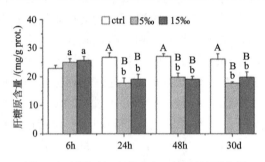

图 5-2 不同时间和盐度红耳龟肝糖原含量

图中 a、b、c 表示同一盐度不同时间段的差异显著性，A、B、C 表示同一时间段不同盐度之间的差异显著性，相同字母代表差异不显著，不同字母代表差异显著（$P<0.05$）（下同）

二、半咸水环境中红耳龟血清和肝脏可溶性蛋白的含量

红耳龟由淡水进入半咸水环境24h时，10‰盐度组和15‰盐度组中血清可溶性蛋白含量显著低于淡水组和5‰盐度组（$P<0.05$）；在48h时，各盐度组的血清可溶性蛋白含量均出现了下降，且5‰盐度组也显著低于淡水组；但在72h和96h，各组中血清可溶性蛋白含量相对于48h均出现了一定程度的上升。双因素方差分析表明，红耳龟在盐环境中生活时间和不同盐度对其血清可溶性蛋白含量存在交互作用（$P<0.05$）（表5-1）。由此说明，盐度环境中红耳龟血清可溶性蛋白含量除了受环境中盐度的影响，还与红耳龟在盐度环境中生活的时间有关。

肝脏可溶性蛋白含量在红耳龟由淡水进入半咸水环境24h时，5‰盐度组中显著高于淡水组（$P<0.05$）；在10‰和15‰盐度组中，可溶性蛋白含量略高于淡水组，但差异不显著（$P>0.05$）；红耳龟在半咸水环境72h时，5‰盐度组显著低于淡水组（$P<0.05$），10‰和15‰盐度组略低于淡水组，但差异不显著（$P>0.05$）（图5-4）。双因素方差分析表明，红耳龟在半咸水环境中生活的时间和环境盐度之间对血清蛋白含量影响的交互作用不显著（$P>0.05$）（表5-1）。

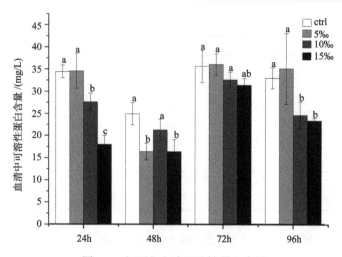

图 5-3 红耳龟血清可溶性蛋白含量

ctrl：淡水组；5‰：5‰盐度组；10‰：10‰盐度组；15‰：15‰盐度组
图中不同上标字母代表同一时间不同处理组之间差异显著（$P<0.05$）

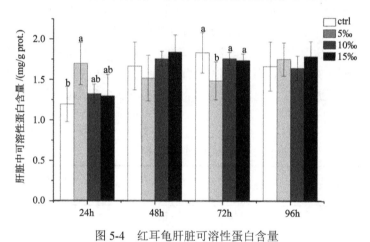

图 5-4 红耳龟肝脏可溶性蛋白含量

ctrl：淡水组；5‰：5‰盐度组；10‰：10‰盐度组；15‰：15‰盐度组
图中同一时间柱形图上不同字母代表差异显著（$P<0.05$）

表 5-1 红耳龟血清和肝脏中可溶性蛋白含量（mg/L）双因素方差分析表

项目	血清	肝脏
时间[①]		
24h	1.378^a	28.657^a
48h	1.695^b	19.760^b
72h	1.705^b	33.956^c
96h	1.713^b	29.063^a
P 值	0.001	0.000

续表

项目	血清	肝脏
盐度①		
淡水组	1.590	32.028[a]
5‰	1.614	30.552[a]
10‰	1.622	26.542[b]
15‰	1.665	22.318[c]
P 值	0.859	0.000
P 值② (时间×盐度)	0.079	0.001

注：同一列或同一行中上标不同字母表示差异显著（$P<0.05$），$n=6$
上标①表示双因素分析中主效应结果；上标②表示双因素分析中交互效应。

三、半咸水环境中红耳龟血清脂质成分的含量

红耳龟由淡水进入半咸水环境后，血清中甘油三酯含量随时间的延长和盐度的升高而下降。在盐度环境中 6h 时，15‰盐度组甘油三酯含量显著低于淡水组（$P<0.05$）；48h 时，5‰和 15‰两个盐度组甘油三酯含量显著低于淡水组（$P<0.05$）；红耳龟在半咸水环境中生活较长时间（30d）时，血清甘油三酯、高密度脂蛋白胆固醇在各组间差异不显著（$P>0.05$），但 15‰盐度组红耳龟血清总胆固醇和低密度脂蛋白胆固醇含量显著高于淡水组（$P<0.05$）（表 5-2）。

表 5-2 红耳龟血清脂质含量（mmol/L）

时间	盐度	甘油三酯	低密度脂蛋白胆固醇	高密度脂蛋白胆固醇	总胆固醇
6h	淡水组	1.01±0.18[a]	1.34±0.07	0.62±0.13	2.14±0.21
	5‰	0.94±0.20[ab]	1.38±0.10	0.62±0.07	2.17±0.09
	15‰	0.45±0.07[b]	1.42±0.09	0.60±0.06	2.08±0.07
24h	淡水组	1.01±0.18	1.34±0.07	0.62±0.13	2.14±0.21
	5‰	1.14±0.26	1.48±0.10	0.46±0.05	2.14±0.15
	15‰	0.82±0.16	1.84±0.19	0.63±0.13	2.75±0.30
48h	淡水组	1.01±0.18[a]	1.34±0.07	0.62±0.13	2.14±0.21
	5‰	0.50±0.07[b]	1.52±0.12	0.56±0.06	2.19±0.14
	15‰	0.52±0.10[b]	1.62±0.15	0.66±0.06	2.34±0.20
30d	淡水组	0.51±0.08	1.83±0.16[a]	0.51±0.13	2.38±0.27[a]
	5‰	0.40±0.04	1.77±0.32[a]	0.45±0.05	2.36±0.37[a]
	15‰	0.51±0.07	2.85±0.16[b]	0.67±0.06	3.61±0.31[b]

注：同一列中上标不同字母表示差异显著（$P<0.05$），$n=6$。

四、半咸水环境中红耳龟对营养物质利用的分析

当红耳龟进入半咸水环境时,为适应高渗压力,机体一些相应的生理生化指标会发生变化,如血浆渗透压、离子效应物等,其对营养物质的利用过程也将发生相应的变化(张珂,2014)。当生物体处于胁迫时糖类作为首要和迅速的能源物质被用于供能,动用的碳水化合物以单糖形式进入血液,导致血糖浓度升高(Sancho et al., 1997)。在本研究中,红耳龟在盐环境中血糖含量显著升高;肝糖原含量在盐胁迫 24h 显著降低;肝脏可溶性蛋白含量在应激 48h 后降低,肝糖原的变化时间早于肝脏可溶性蛋白,这与中华绒螯蟹的急性胁迫结果一致(王悦如等,2012),说明很多动物面临胁迫时会优先利用糖类。随着胁迫时间的延长,当血糖含量下降时,机体通过肾上腺素和去甲肾上腺素来促进儿茶酚胺的分泌,进而促进肝糖原不断分解为葡萄糖供能。

游离氨基酸在生物渗透压调节过程中也起着非常重要的作用,而其中一部分游离氨基酸来源于蛋白质的分解。水生动物在遭到多种不同类型的胁迫时也会表现出蛋白质含量下降的现象。红耳龟在应答盐度胁迫时,血清和肝脏中可溶性蛋白的含量显著降低,可能是由于盐环境下可溶性蛋白被分解为游离氨基酸用作渗透压效应物,这是对盐度胁迫的一种响应方式,其过程是可逆的(Gilles, 1977)。蛋白质含量的降低可能是由于 RNA 的表达量下降使蛋白质的合成受到抑制(Das and Mukherjee, 2000;肖静静,2012),或者是由蛋白酶水解作用增强造成的。此时肝脏和肌肉等组织中可溶性蛋白减少,而游离氨基酸含量升高,所形成的氨基酸被转氨酶(谷丙转氨酶和谷草转氨酶)催化生成酮酸,后者进入三羧酸循环被完全氧化分解用于提供能量。

脂类含量的改变也是动物包括水生动物应对胁迫时的一种常见效应(Schrif et al., 1987;黄娟,2018)。Giesy 等(1988)认为,胁迫可以导致水生动物脂类代谢紊乱。脂类是主要的能量物质,机体为克服胁迫而动用脂类提供能量,脂肪酶活力上升使体内脂类水解增强并使总脂含量下降,同时游离脂肪酸含量增加,血液中胆固醇含量下降(Gluth and Hanke, 1985; Hussein et al., 1996)。褐牙鲆(*Paralichthys olivaceus*)幼鱼从低盐度转入高盐度环境后体脂肪和能量含量降低(张国政等,2008)。红耳龟在进入高盐(盐度 15‰)环境中仅 6h 时,甘油三酯含量显著低于淡水组;低盐环境(盐度 5‰)生活 48h 时,血清中甘油三酯含量显著低于淡水组,由此说明红耳龟也可利用脂类作为应对盐度胁迫的能源物质。

综上可知,在盐环境中,红耳龟首先利用脂类和糖类为渗透调节提供能量,随后通过将可溶性蛋白分解为游离氨基酸来作为渗透压效应物。那么在盐环境中,红耳龟脂质和糖类的代谢是怎样的?相关信号通路如何?这些问题将在随后的第二、三、四节分别作详细阐述。

第二节 红耳龟 AMPK 亚基分布及在半咸水环境中的表达

单磷酸腺苷激活的蛋白激酶(adenosine 5′-monophosphate-activated protein kinase, AMPK)作为机体能量感受器,广泛参与到脂肪代谢、糖代谢和蛋白质代谢中,在调节

细胞能量代谢过程中起着十分重要的作用（Hardie, 2008, 2016; Mihaylova and Shaw, 2011; 谭清梅, 2017）。因其进化的保守性、存在的广泛性和对能量调节的重要性，越来越成为研究的热点。AMPK 在机体应激状态下的能量代谢中发挥特殊作用，它根据机体细胞的能荷状态（如 AMP/ATP 值等）开启细胞产能代谢（如脂肪的氧化分解和糖酵解途径等）和耗能代谢（包括脂肪、胆固醇和蛋白质的合成等）的相关通路，将能量有效地用于重要的细胞和组织，提高机体应对内外环境变化的能力，从而减轻应激危害（Alexander and Walker, 2011; Polekhina et al., 2003）。有关 AMPK 的研究主要集中于结构与分布、活性调节及对物质/能量代谢的调节等方面，且以哺乳动物、鱼类、虾蟹类为主要研究对象（Hardie, 2015; Mihaylova and Shaw, 2011; Xu et al., 2016; 杨丽萍等，2014），本节将重点阐述 *AMPK* 在龟类组织中的表达分布及在半咸水环境的表达变化，为研究红耳龟盐度适应过程中机体物质/能量代谢调控打开突破口。

一、*AMPK* 在红耳龟各组织中的表达分布

AMPK 是生物能量代谢调节的关键分子，不同物种的 AMPK 蛋白均以一种异源三聚体复合物的形式存在，包括一个 α-催化亚基、一个 β-调节亚基和一个 γ-调节亚基。大多数动物分别由不同基因表达的两种亚型的 α-亚基和 β-亚基（α1、α2、β1、β2），三种亚型的 γ-亚基（γ1、γ2、γ3）组成（Hardie, 2015）。对于红耳龟来说，*AMPKα1* 在肝脏和心脏中的表达最高，骨骼肌、肾脏、小肠次之，在肺脏中最低（图 5-5）; *AMPKα2* 的 mRNA 表达水平在肾脏中最高，骨骼肌和心脏次之，肺脏、肝脏和小肠较低（图 5-5）。*AMPKβ1* 的 mRNA 表达水平从高到低依次为骨骼肌、肾脏、肝脏、心脏、小肠和肺脏（图 5-6）; *AMPKβ2* 在骨骼肌中的表达水平最高，但在其他 5 个组织中的表达水平较低（图 5-6）。*AMPKγ1* 的 mRNA 表达水平在骨骼肌最高，肾脏、心脏、小肠和肝脏次之，肺脏最低（图 5-7）; *AMPKγ2* 的 mRNA 表达水平在心脏中最高，其次为肾脏、骨骼肌、肝脏和小肠，肺脏中最低（图 5-7）; *AMPKγ3* 的 mRNA 表达水平在骨骼肌最高，其次是心脏，肾脏、肺脏和小肠较低，而在肝脏中未检测到（图 5-7）。

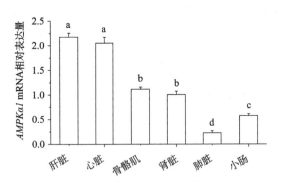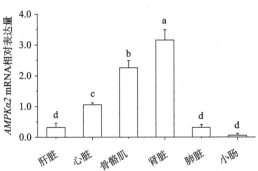

图 5-5 *AMPKα1* 和 *AMPKα2* 在红耳龟组织中的表达分布

图中柱形图上方不同字母代表差异显著（$P<0.05$）（下同）

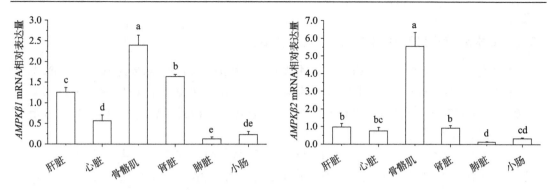

图 5-6　*AMPKβ1* 和 *AMPKβ2* 在红耳龟组织中的表达分布

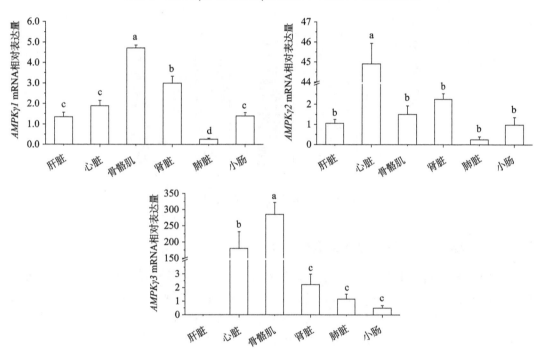

图 5-7　*AMPKγ1*、*AMPKγ2* 和 *AMPKγ3* 在红耳龟组织中的表达分布

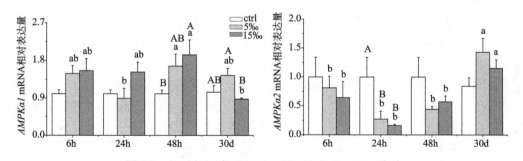

图 5-8　红耳龟肝脏 *AMPKα1* 和 *AMPKα2* mRNA 表达

ctrl：淡水组；5‰：5‰盐度组；15‰：15‰盐度组（下同）

柱形上方的不同大写字母代表不同盐度组在同一时间点的差异显著，柱形上方的不同小写字母代表相同盐度下不同取样时间的差异显著，$P<0.05$（下同）

二、半咸水环境中红耳龟 *AMPK* 的表达及活力

红耳龟进入半咸水环境 48h 时,其肝脏中 *AMPKα1* 的 mRNA 表达水平在 15‰盐度组显著增加($P<0.05$),而淡水组和 5‰盐度组 *AMPKα1* 表达随时间变化无显著差异($P>0.05$)。*AMPKα2* 的表达水平在 5‰和 15‰盐度组 24h 后显著下降($P<0.05$),48h 开始回升,30d 恢复至正常水平(图 5-8)。

红耳龟肝脏中 AMPK 活力在淡水组和不同的盐度组中均存在显著差异,且随着盐度的增加,AMPK 活力显著升高,尽管 30d 时的活力水平略低于 48h,但仍显著高于淡水组($P<0.05$)(图 5-9)。

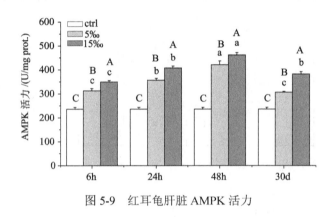

图 5-9 红耳龟肝脏 AMPK 活力

三、半咸水环境中红耳龟 AMPK 变化分析

AMPK 是由催化亚基 α、支架亚基 β 和核苷酸结合亚基 γ 组成的异源三聚体复合物,广泛分布于所有组织中(Hardie, 2015)。该酶在调节细胞内能量平衡和细胞应激反应中起着重要作用(Park et al., 2002; Steinberg and Kemp, 2009)。哺乳动物组织中每个亚基有 2 个或 3 个亚型(α1 和 α2;β1 和 β2;γ1、γ2 和 γ3),每个亚型由不同的基因编码(Carling, 2017; Mihaylova and Shaw, 2011)。对 *AMPK* 各亚型基因进行组织差异表达分析有助于更好地了解基因及其蛋白质产物的生理作用(Alexander and Walker, 2011)。对于红耳龟来说,可检测到所有 7 个 AMPK 亚型的 mRNA 转录水平表达。α1 和 β1 亚基普遍表达,α2 和 β2 在心脏和骨骼肌中的表达相对较高,这与哺乳动物中这些亚基的分布基本一致(Stapleton et al., 1996)。*AMPKα1* 在红耳龟的肝脏中表达最高,这与鱼类和哺乳动物类似(Stapleton et al., 1996)。研究发现 *AMPKα2* 在哺乳动物肌肉中的葡萄糖代谢中起着重要作用(Jørgensen et al., 2007),虽然 *AMPKα2* 在红耳龟骨骼肌组织表达最高,但其对红耳龟葡萄糖代谢的调节作用仍需进一步研究。与其他组织相比,红耳龟骨骼肌中 *AMPKβ1* 和 *AMPKβ2* 的转录水平也最高,它们提供了 α 和 γ 亚基组装的支架(Hardie, 2015)。在 AMPK 的 γ 亚基中,除肺脏中 γ1 水平低和心脏中 γ1 水平高外,γ1 和 γ2 在所有检测的组织中表达相对均匀。*AMPKγ3* 的 mRNA 表达水平主要在红耳龟骨骼肌和心脏组织。但有研究表明,α1 和 α2 亚基、β1 和 β2 亚基以及 γ1、 γ2 或 γ3 亚基之间没有选择性关联（Thornton et al., 1998）。因此，选择 AMPK 的催化亚单位 α1 和 α2 进行进一步分析，对于研究红耳龟在盐度环境中对物质/能量代谢的调节具有重要意义。

研究发现，盐度暴露会以盐度和时间依赖性的方式显著改变 *AMPKα1* 和 *AMPKα2* 的基因表达水平，这表明 *AMPKα1* 和 *AMPKα2* 参与了机体对盐度应激的代谢反应。在红耳龟进入盐度环境后，其肝脏 AMPK 的活力升高显著，与 *AMPKα1* 的 mRNA 表达水平最为相似。激活的 AMPK 在红耳龟应对环境盐度中发挥怎样的调控作用，将在下一节详细阐述。

第三节　半咸水环境中红耳龟脂肪代谢相关通路的调控

AMPK 介导的信号调节能量代谢的相关研究备受关注，研究涉及蛋白激酶的结构、细胞分布、活力及其在机体中发挥的作用，研究物种包括哺乳动物、海龟、青蛙、鱼类、虾蟹类等（Hardie, 2015; Mihaylova and Shaw, 2011; Xu et al., 2016）。有趣的是，对代谢率较低的动物模型的研究发现，AMPK 信号与红耳龟的低氧胁迫和木蛙（*Rana sylvatica*）的冬眠有关（Horman et al., 2002; Rider et al., 2009）。AMPK 磷酸化可以抑制与脂肪酸、糖原、蛋白质和胆固醇合成相关的酶，同时激活糖酵解和脂肪分解的酶（Hardie et al., 1998; Horman et al., 2002）。除了对各种限速酶的翻译后调节外，AMPK 还通过分别调节碳水化合物反应元件结合蛋白（ChREBP）和固醇调节元件结合蛋白 1c（SREBP-1c）转录因子来调节关键糖酵解和生脂酶的基因表达（Kawaguchi et al., 2002; Kohjima et al., 2007; 姜悦, 2018）。在半咸水环境中，红耳龟体内 AMPK 被显著激活，而活化的 AMPK 可能会引起机体关闭能量消耗的代谢通路，同时开启能量生成的通路。肝脏是糖脂代谢的主要场所，在整个机体的能量平衡中起着关键作用。本节重点了解 AMPK 调控的脂肪代谢因子在肝脏中的表达，阐述红耳龟在盐度环境下脂肪代谢的分子机制，为研究其耐盐性的分子机制提供依据。

一、半咸水环境中红耳龟脂肪代谢转录因子的表达

1. 碳水化合物反应元件结合蛋白的表达

碳水化合物反应元件结合蛋白（carbohydrate response element binding protein，ChREBP）是动物葡萄糖和脂肪代谢中一个关键调控因子（Iizuka et al., 2004）。该蛋白在肝脏脂肪变性、胰岛素抵抗、细胞氧化、肌纤维代谢类型转化、细胞生长和增殖等方面发挥着重要作用（Postic et al., 2007）。红耳龟在 5‰ 盐环境中 24h 时，肝脏 *ChREBP* 表达量显著低于对照组（淡水组）（$P<0.05$），在 48h 上升到最大值，而在 30d 其表达量又显著低于对照组（$P<0.05$）。在 15‰ 盐环境中，除 24h 外，红耳龟肝脏 *ChREBP* 表达均显著下降（$P<0.05$）（图 5-10）。

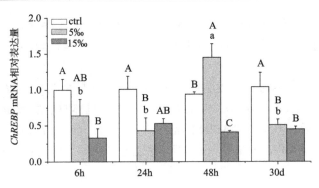

图 5-10　红耳龟肝脏中 *ChREBP* 的表达

2. 固醇调节元件结合蛋白-1c 的表达

固醇调节元件结合蛋白 1c（sterol regulatory element-binding protein 1c, SREBP-1c）对于调控脂肪酸和甘油三酯的合成具有重要意义（Ferre and Foufelle, 2010；潘联云等, 2018），过度表达将导致非脂肪组织脂质沉积聚合，引起组织病变，因而也称为脂肪细胞定向分化因子 1（Ferre and Foufelle, 2007; Foretz et al., 1999）。红耳龟肝脏中的 *SREBP-1c* mRNA 相对表达量在 5‰ 和 15‰ 盐度组 6h 时与淡水组相比显著降低（$P<0.05$），盐度组的其他时间段与淡水组相比差异不显著（图 5-11）。

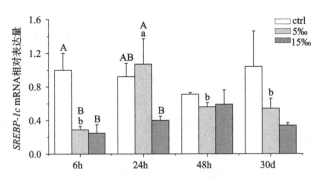

图 5-11　红耳龟肝脏中 *SREBP-1c* 的表达

3. 过氧化物酶体增殖剂激活受体 α 的表达

过氧化物酶体增殖剂激活受体 α（peroxisome proliferator-activated receptor alpha, PPARα）是一种配体活化的转录因子，属于核激素受体超家族成员，在肝脏、心脏、肾脏等脂肪酸代谢旺盛的组织中高表达，在调节糖脂代谢中起重要作用（杨亚维和袁杰, 2016）。除代谢调节作用外，PPARα 及其配体对环境应激具有重要的调控作用（Collino et al., 2006; Fu et al., 2003）。盐度环境下红耳龟肝脏中 *PPARα* 的 mRNA 表达水平显著高于淡水组（除 24h 的 5‰ 盐度组外），均在 48h 时达到最大值（$P<0.05$）（图 5-12）。

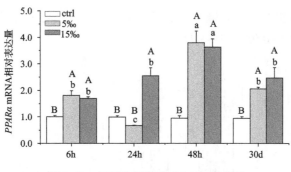

图 5-12 红耳龟肝脏中 $PPAR\alpha$ 的表达

二、半咸水环境中红耳龟脂肪合成代谢相关基因的表达

1. 乙酰辅酶 A 羧化酶的相对表达量

乙酰辅酶 A 羧化酶（acetyl CoA carboxylase，ACC）是催化脂肪酸合成的第一步反应的限速酶，在脂肪酸合成和分解代谢中发挥着重要作用（Brownsey et al., 2006; Saddik et al., 1993）。红耳龟在 15‰ 的盐度环境中，肝脏中 ACC 的 mRNA 表达水平在 48h 和 30d 时与淡水组相比降低了 2/3～3/4；在 5‰ 的盐度环境中仅 30d 时，ACC 的 mRNA 表达量显著降低（$P<0.05$）；其他时间 ACC 表达量虽然有所下降，但与淡水组相比差异不显著（图 5-13）。

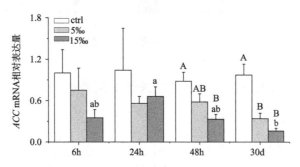

图 5-13 半咸水环境中红耳龟 ACC 的表达

2. 脂肪酸合成酶的相对表达量

脂肪酸合成酶（fatty acid synthase，FAS）广泛存在于动物的细胞质内，是内源性脂肪酸合成的关键酶（Menendez and Lupu, 2007）。红耳龟肝脏中 FAS 的 mRNA 表达水平在 15‰ 盐度环境中 24h 时显著低于淡水组（$P<0.05$）；在 5‰ 盐度环境中，FAS 的 mRNA 表达水平与淡水组无显著差异（图 5-14）。

3. 硬脂酰辅酶 A 去饱和酶 1 的相对表达量

硬脂酰辅酶 A 去饱和酶 1（stearoyl CoA desaturase 1，SCD1）是催化单不饱和脂肪酸合成的关键调控酶（Ntambi and Miyazaki, 2003）。红耳龟肝脏中 $SCD1$ 的 mRNA 相对

表达量仅在进入 5‰ 的半咸水环境中 30d 时显著下降（$P<0.05$），其他时间及不同盐度组之间没有显著差异（$P>0.05$）（图 5-15）。

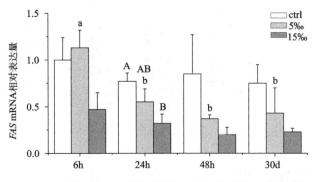

图 5-14　红耳龟肝脏中 *FAS* 的表达

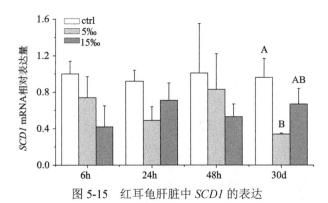

图 5-15　红耳龟肝脏中 *SCD1* 的表达

三、半咸水环境中红耳龟脂肪分解代谢相关基因的表达

1. 脂肪酸氧化酶的相对表达量

脂肪酸氧化酶（CPT-1、CPT-2）是肝脏细胞中长链脂肪酸 β-氧化的关键调节酶和限速酶（Yamagishi et al., 2001）。与淡水环境相比，红耳龟肝脏中 CPT-1、CPT-2 相对表达量在盐度环境下随时间的延长逐渐增加，*CPT-1* mRNA 水平在 5‰ 盐度组中 30d 时虽略有下降，但和淡水组相比差异不显著（$P>0.05$）（图 5-16）。

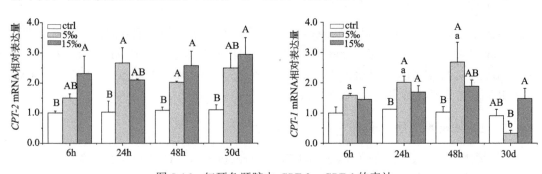

图 5-16　红耳龟肝脏中 *CPT-2*、*CPT-1* 的表达

2. 乙酰辅酶 A 氧化酶的相对表达量

乙酰辅酶 A 氧化酶（acyl-CoA oxidase，ACO）氧化乙酰辅酶 A 生成辅酶 A 和过氧化氢（H_2O_2），在脂肪酸的氧化和分解中发挥重要作用（Shimizu et al., 1979; Small et al., 1985; 黄竹, 2018）。红耳龟在进入半咸水环境 6h、24h 以及 48h 时，其肝脏中 *ACO* 的 mRNA 相对表达量显著增高，与淡水组相比差异显著（$P<0.05$）；但在盐环境中较长时间时（30d），*ACO* 的 mRNA 相对表达量与淡水环境相比无显著差异（$P>0.05$）（图 5-17）。

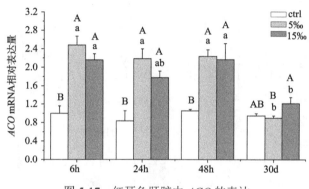

图 5-17　红耳龟肝脏中 *ACO* 的表达

3. 长链乙酰辅酶 A 合成酶 1 的相对表达量

长链乙酰辅酶 A 合成酶 1（acyl-CoA synthetase long-chain 1，*ACSL-1*）是动物利用外源和内源脂肪酸活化生成脂酰辅酶 A 过程中所必需的酶，*ACSL* 基因主要存在于脂肪组织和肝脏细胞内膜中，是重要的脂类代谢酶（Mashek et al., 2004; 郭佳铭, 2018）。*ACSL* 基因可以增加体内脂肪酸的沉积，并且是脂酰 CoA 合成甘油三酯最重要的合成酶（Coe et al., 1999; Suzuki et al., 1990）。红耳龟在进入盐度为 5‰的环境中 24h、48h 及 30d 时，肝脏中 *ACSL-1* 的 mRNA 相对表达量显著增高，与淡水组相比差异显著（$P<0.05$）；而在盐度为 15‰的环境中，只有 24h 时 *ACSL-1* 的表达量显著增高（$P<0.05$）（图 5-18）。

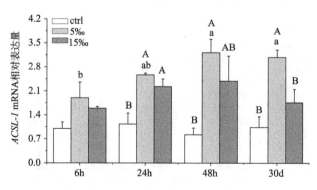

图 5-18　红耳龟肝脏中 *ACSL-1* 的表达

4. 肝型脂肪酸结合蛋白的相对表达量

肝型脂肪酸结合蛋白（liver-fatty acid binding protein，L-FABP）是一类在肝脏内含量丰富的细胞内蛋白质，它属于细胞内脂质结合家族的一类，参与脂肪酸和其他脂质配体的吸收、转运、代谢，与核信号、细胞内脂解作用密切相关（Martin et al., 2005）。红耳龟在进入15‰盐度环境48h时，肝脏中 *L-FABP* 的mRNA相对表达量显著低于淡水组（$P<0.05$）；而在5‰盐度环境中，只有30d时 *L-FABP* 表达量显著下降，约为淡水组的20%（$P<0.05$）（图5-19）。

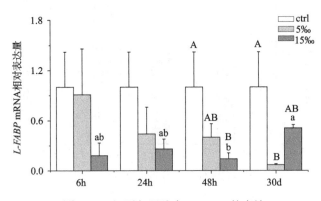

图 5-19 红耳龟肝脏中 *L-FABP* 的表达

四、半咸水环境中红耳龟脂肪代谢相关酶的活力

随着环境盐度的增加，红耳龟肝脏中与脂肪合成代谢相关的ACC和FAS活力显著降低（$P<0.05$）（图5-20，图5-21）。与脂质分解代谢相关的CPT活力在红耳龟进入5‰的盐度环境中48h和30d时显著增加（$P<0.05$）；在15‰的盐度环境中6h、24h和30d时，其活力水平显著高于淡水组（$P<0.05$）（图5-22）。红耳龟肝脏中ACO活力在5‰盐度组中显著高于15‰盐度组和淡水组；在15‰盐度组中除24h外，红耳龟肝脏中ACO活力与淡水组无显著差异（$P>0.05$）（图5-23）。

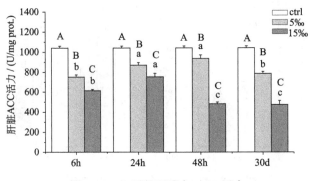

图 5-20 红耳龟肝脏中 ACC 活力

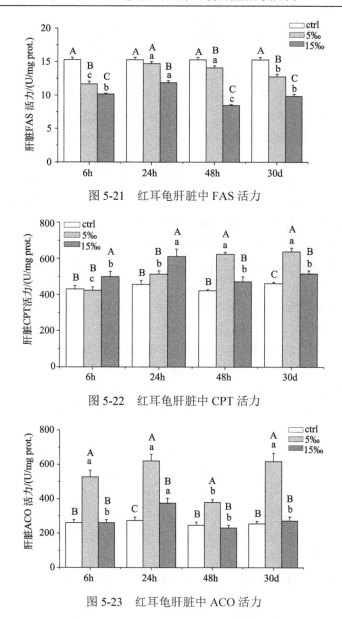

图 5-21　红耳龟肝脏中 FAS 活力

图 5-22　红耳龟肝脏中 CPT 活力

图 5-23　红耳龟肝脏中 ACO 活力

五、半咸水环境中红耳龟脂肪代谢通路分析

AMPK 激活后可直接磷酸化 SREBP-1c 和 CHREBP，两者都是进入细胞核并激活肝脏内脂肪生成相关基因的重要转录因子（Yamashita et al., 2001；明鹏飞等，2019）。近年来，研究发现 CHREBP 在特定基因的启动子区域结合葡萄糖反应 DNA 元件，为糖酵解和脂肪生成基因的一个重要调节因子（Rufo et al., 2001）。红耳龟肝脏内 *SREBP-1c* 和 *CHREBP* 基因表达随环境盐度的增加呈总体下降趋势，这表明其下游脂质生成的相关基因可能受到抑制，由此所控制的脂质生成的相关酶活力也会因盐度的增加而降低。有趣的是，红耳龟在盐度胁迫时 *CHREBP* 表达水平的变化不同于缺氧，当红耳龟暴露于急性

缺氧环境中 5h 时，肝脏和肾脏中 *CHREBP* 的转录和蛋白质水平都增加（Krivoruchko and Storey, 2014）。*SREBP-1c* 能通过与甾醇调节因子（SRES）基因启动子结合诱导脂肪生成的相关基因的表达（Koo et al., 2001）。肝脏中过度表达 *SREBP-1c* 的转基因小鼠表现出肝脏脂肪变性，大多数生脂基因的 mRNA 表达增加（Shimano et al., 1997）。本研究中红耳龟 *SREBP-1c* 的转录水平降低，推测 *SREBP-1c* 所控制的脂肪生成相关酶的活力也会因盐度的增加而降低，进而影响脂肪的生成。

SREBP-1c 与 *CHREBP* 一起，通过激活参与脂肪酸和甘油三酯合成的基因，如 *ACC*、*FAS* 和 *SCD*，优先调节脂肪生成过程（Dentin et al., 2005; Xu et al., 2013）。红耳龟进入盐环境后，*ACC*、*FAS* 和 *SCD* 的转录水平及其酶活力均显著降低，这表明环境中盐度的增加抑制了红耳龟肝脏中脂肪的生成。ACC 是 AMPK 的明确底物，将乙酰辅酶 A 转化为丙二酰辅酶 A，在肝脏和脂肪等生脂组织中高度表达，并调节脂肪酸合成（O'Neill et al., 2013）。在我们的研究中，红耳龟肝脏中 ACC 的活力（超过 1000U/mg prot.）高于 FAS（大约 10U/mg prot.），这表明 ACC 对肝脏脂肪生成的应激反应更强，在红耳龟对盐度胁迫的响应中也更容易受到抑制（或降解）。细胞质 ACC1 是脂肪酸合成中的限速酶，而 ACC2 及其产物丙二酰 CoA 共同定位在线粒体，可抑制 CPT-1（一种催化脂肪酸转运到线粒体的线粒体外膜蛋白）（Hardie and Pan, 2002）。因此，在环境盐度增加的过程中，红耳龟肝脏中 CPT 表达量的增加而 ACC 表达量的降低正是二者相关作用的结果。

PPARα 是肝脏线粒体和过氧化物酶体中参与脂肪酸氧化的基因主要调节器（Kohjima et al., 2007），调节肝脏中的脂质氧化酶，如 CPT-1、CPT-2、ACO、ACSL-1 和 L-FABP（Kersten et al., 2000）。活化的 AMPK 有助于观察 PPARα 的变化（Joly et al., 2009），红耳龟进入半咸水环境后，随着盐度的升高 PPARα 转录水平也相应增加（Joly et al., 2009）。此外，在 *PPARα*、*CPT-1*、*CPT-2*、*ACO* 和 *ACSL-1* 基因调控下，红耳龟肝脏下游脂质氧化基因显著上调，CPT 活力随着盐度的增加而增强，而 ACO 活力在 5‰ 盐度组达到峰值，这表明较低的盐度可刺激脂质氧化。

调控脂质分解和合成的基因及酶活力的这种改变，推测可能的原因是：红耳龟进入盐度环境后，一方面通过降低脂肪的合成代谢以减少机体脂肪的堆积，另一方面利用脂肪酸的氧化以提供盐应激时所需的高能量，进而可以更好地适应半咸水环境。

第四节　半咸水环境中红耳龟糖代谢相关通路的调控

机体代谢水平与能量供应相匹配是动物耐受极端环境的关键。能量代谢是通过物质代谢实现的，其中糖代谢是主要的能量供给途径，糖原是动物（包括人类）和其他真核生物的关键能量储备（Kirkman and Whelan, 1986）。大多数动物在受到胁迫时，首先利用糖原供能。糖代谢包括有氧代谢和无氧代谢两种，这两种代谢方式从葡萄糖（或果糖）到形成丙酮酸的过程是一致的，称为糖酵解（Lenzen, 2014）。在此过程中，葡萄糖通过转运体（GLUT）转运至细胞后，在己糖激酶（HK）、果糖磷酸激酶（PFK）和丙酮酸激酶（PK）参与下调节葡萄糖的酵解过程（Lenzen, 2014）。

一、半咸水环境中红耳龟糖代谢相关酶活力及 GLUT4 含量

1. 肝脏 PFK 活力

磷酸果糖激酶（phosphofructokinase，PFK），可作用于果糖-6-磷酸（fructose 6-phosphate），催化不可逆反应，在糖酵解途径中起重要的调节作用（Yamasaki and Nakajima, 1995）。如图 5-24 所示，在红耳龟进入盐度环境的早期阶段，肝脏 PFK 活力显著高于淡水组，并随时间的延长逐渐升高（$P<0.05$）；但在 30d 时，PFK 活力下降至正常水平。

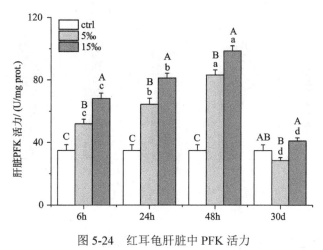

图 5-24　红耳龟肝脏中 PFK 活力

2. PGC-1α 活力

过氧化物酶体增殖活化受体 γ 共激活因子-1α（PGC-1α）是能量代谢途径中众多转录因子的共激活因子，在能量代谢平衡中起到至关重要的作用（Ahmetov and Rogozkin, 2013）。红耳龟由淡水进入盐环境后，肝脏 PGC-1α 活力在 5‰盐度组和 15‰盐度组均显著高于淡水组（$P<0.05$）（图 5-25）。

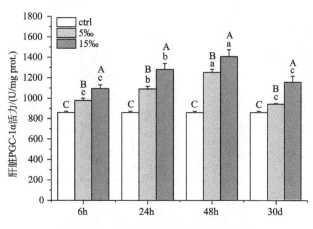

图 5-25　红耳龟肝脏中 PGC-1α 活力

3. 葡萄糖转运蛋白 4

葡萄糖转运蛋白 4（GLUT4）是脂肪细胞和骨骼肌细胞协助葡萄糖转运的主要蛋白质，基础状态时分布于细胞内，在多种刺激下转位至细胞膜上发挥作用（Lalioti et al., 2001）。红耳龟由淡水进入盐环境后，肝脏 GLUT4 含量在 5‰盐度组和 15‰盐度组均显著高于淡水组（$P<0.05$）（图 5-26）。

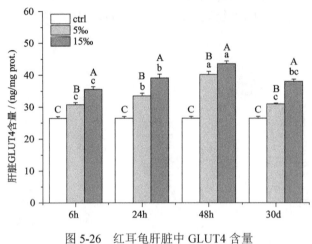

图 5-26　红耳龟肝脏中 GLUT4 含量

二、半咸水环境中红耳龟糖代谢主要调控基因的表达

红耳龟在盐环境中 6h 时，*GLUT4* mRNA 表达量无显著差异，但从 24h 开始，5‰盐度组和 15‰盐度组的表达量均显著高于淡水组，且自 48h 后，不同盐度组之间差异显著，15‰盐度组在胁迫 30d 时达到最大值（图 5-27）。*PGC-1α* 和 *MEF2C* mRNA 表达量的变化趋势与 *GLUT4* 相似（图 5-28，图 5-29）。

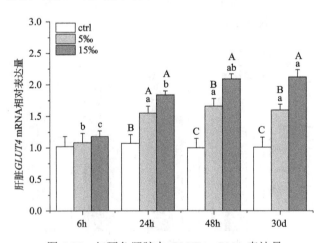

图 5-27　红耳龟肝脏中 *GLUT4* mRNA 表达量

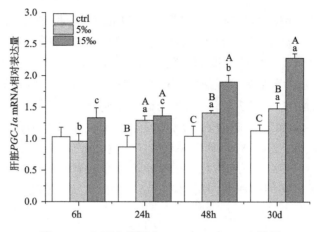

图 5-28　红耳龟肝脏中 *PGC-1α* mRNA 表达量

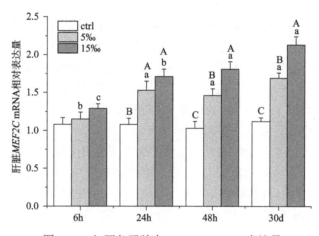

图 5-29　红耳龟肝脏中 *MEF2C* mRNA 表达量

三、半咸水环境中红耳龟糖代谢通路分析

AMPK 通过促进葡萄糖的吸收、加快糖酵解的速度及减少糖原的合成来影响糖代谢。葡萄糖是动物体内主要的功能物质，绝大多数动物体细胞摄取葡萄糖是通过葡萄糖转运体（GLUT）的易化形式实现的。GLUT4 是葡萄糖转运体家族中的一种，主要存在于骨骼肌、脂肪细胞的胞质溶胶中，在维持葡萄糖平衡中发挥着十分重要的作用（Lizunov et al., 2013）。研究表明，激活的 AMPK 激活可通过增加葡萄糖转运体在骨骼肌细胞膜的表达与定位来促进细胞葡萄糖的摄取（Russell et al., 2004）；公小娟等（2013）研究发现，AMPK 通过促进 GLUT4 蛋白的合成和 *GLUT4* 的 mRNA 的表达，促进骨骼肌对葡萄糖的摄取利用，改善糖代谢。本研究发现，红耳龟在盐环境中，*GLUT4* mRNA 表达量显著高于淡水组，这表明盐度胁迫可使 *GLUT4* 基因表达及含量上调，从而促进了葡萄糖由细胞质向细胞核转运。

PGC-1α 是转录共活化物家族成员，主要存在于肝脏、骨骼肌、心脏及脂肪组织。生理状态下，肝脏中 *PGC-1α* 主要通过促进肝糖异生和脂肪酸 β-氧化维持血糖的稳定（张

萌，2015）。PFK 是糖酵解的限速酶，催化 6-磷酸果糖第一位 C 上磷酸化生成 1,6-二磷酸果糖（杨杰，2015）。另外，体外纯化的 AMPK 可提高 PFK 的磷酸化，进一步证明 AMPK 可以直接参与糖酵解过程（杜林涛和张红学，2012）。红耳龟在盐环境中生活较长时间后，可能开始逐渐适应，此时葡萄糖消耗减少，使得 AMPK 活力降低，PFK 的活力也相应下降。

PGC-1α 可辅助激活 *MEF2C* 等一系列与糖脂代谢有关的基因转录，是机体能量代谢的重要调控者（Finck et al., 2006），*PGC-1α* 的转录因子、*GLUT4* 增强子又可以与 *MEF2C* 相互作用（张楠和赵颖，2016）。本研究发现，红耳龟肝脏中 *PGC-1α*、*GLUT4* 和 *MEF2C* 的 mRNA 的表达是正相关的，它们相对于淡水组均呈上升趋势，表明 *PGC-1α*、*GLUT4* 和 *MEF2C* 的转录因子可能是相互作用的，在红耳龟应答盐度胁迫时共同调控糖脂代谢。

结　语

当红耳龟进入盐环境时，为适应高渗压力，首先利用脂类和糖来为渗透调节提供足够的能量，随后通过将可溶性蛋白分解为游离氨基酸来作为渗透压效应物。随着环境盐度的增加，作为能量调节器的 *AMPK* 的 mRNA 水平表达及 AMPK 活力显著增加，进而可能抑制 *SREBP-1c* 和 *CHREBP* 转录因子的表达，从而导致其下游靶点 *ACC* 和 *FAS* 的 mRNA 转录和酶活力降低。再者，AMPK 的激活促进了 *PPARα* 的表达，后者调节其下游 *CPT* 和 *ACO* 等脂质氧化相关基因的表达及活力，从而为红耳龟适应半咸水环境提供能量支持。此外，GLUT4 含量的增加，使更多的葡萄糖由细胞质转运进入细胞核内，同时由于 PFK 活力增强，葡萄糖进一步用于糖酵解以产生更多能量，而参与糖合成的 PGC-1α 活力也随盐度的升高而增强，在一定程度上又促进了糖的合成。

红耳龟适应半咸水环境的糖脂代谢调节机制如图 5-30 所示。

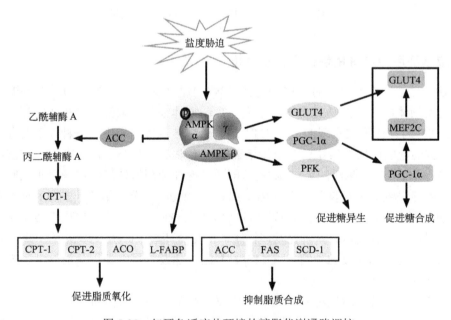

图 5-30　红耳龟适应盐环境的糖脂代谢通路调控

参 考 文 献

班红琴, 吴垠, 李阳, 等. 2010. 盐度驯化过程中虹鳟血清渗透压、激素水平及离子组成的变化. 大连海洋大学学报, 25(6): 551.
杜林涛, 张红学. 2012. AMPK 与糖代谢. 哈尔滨师范大学自然科学学报, 28(6): 91-94.
公小娟, 刘畅, 姜丁文, 等. 2013. 振动运动对大鼠骨骼肌 AMPK-GLUT4 糖代谢通路的影响. 中国临床解剖学杂志, 31(3): 293-298.
管越强, 王慧春, 李利. 2009. 硫化物胁迫对日本沼虾呼吸代谢和能量代谢酶的影响. 生态环境学报, 18(6): 2017-2022.
郭佳铭. 2018. MPLA 辐射防护作用及 ACSL6 敲除放射增敏研究. 上海: 中国人民解放军海军军医大学博士学位论文.
黄娟. 2018. 八周有氧加抗阻运动对高脂饮食诱导的小鼠脂肪肝的影响. 上海: 上海体育学院硕士学位论文.
黄竹. 2018. 山楂果胶寡糖改善高脂食小鼠肝脏脂肪酸氧化与炎症的作用机理研究. 沈阳: 沈阳农业大学硕士学位论文.
姜悦. 2018. 山奈酚衍生物体外调节糖脂代谢作用及机制研究. 天津: 天津医科大学硕士学位论文.
孔祥会, 边中春, 王桂忠, 等. 2005. 温度骤降对锯缘青蟹可溶性蛋白与可溶性糖含量的影响. 河南师范大学学报(自然科学版), 33(3): 98-101.
雷思佳, 叶世洲, 李德尚, 等. 1999. 盐度对台湾红罗非鱼能量收支的影响. 华中农业大学学报, 11(3): 618-620.
李翠翠. 2018. 鸡超长链脂肪酸延伸酶(ELOVL)家族的生物学特性和表达调控研究. 郑州: 河南农业大学硕士学位论文.
连姗姗. 2013. 栉孔扇贝(*Chlamys farreri*)能量代谢与抗氧化胁迫能力评价指标体系的构建. 青岛: 中国海洋大学硕士学位论文.
卢蒲晗. 2018. ANGPTL8 与糖脂代谢的关联、表达调节及功能研究. 武汉: 华中科技大学博士学位论文.
明鹏飞, 黄莹莹, 董妍丽, 等. 2019. LKB1-AMPKα-SIRT1 信号通路在奶牛脂肪组织脂代谢中的调控作用. 生物技术通报, 35(2): 176-181.
潘联云, 鹿颜, 龚雨顺. 2018. 茶叶调节 SREBPs 的降脂作用. 茶叶科学, (1): 102-111.
强俊, 王辉, 李瑞伟, 等. 2011. 酸碱胁迫对不同体质量尼罗罗非鱼幼鱼能量代谢的影响. 应用生态学报, 22(9): 2438-2446.
谭清梅. 2017. 二甲双胍通过 AMPK 信号通路对小鼠骨关节炎保护作用的研究. 广州: 广州医科大学硕士学位论文.
王辉, 强俊, 王海贞, 等. 2012. 温度与盐度对吉富品系尼罗罗非鱼幼鱼能量代谢的联合效应. 中国水产科学, 19(1): 51-61.
王悦如, 李二超, 陈立侨, 等. 2012. 急性高渗胁迫对中华绒螯蟹雄蟹组织中可溶性蛋白质、血蓝蛋白、血糖与肝糖原含量的影响. 水生生物学报, 36(6): 1056-1062.
魏伟. 2016. 环境胁迫对文蛤摄食和代谢的影响研究. 上海: 上海海洋大学硕士学位论文.
肖静静. 2012. 糖皮质激素影响肉仔鸡骨骼肌蛋白质合成的途径研究. 泰安: 山东农业大学硕士学位论文.
邢晓丹. 2018. 大弹涂鱼适应盐度胁迫的糖代谢模式及葡萄糖和二甲双胍的调控作用研究. 舟山: 浙江海洋大学硕士学位论文.
杨杰. 2015. 磷酸果糖激酶相关微小 RNA 影响肿瘤细胞糖代谢的机制研究. 宁波: 宁波大学硕士学位论文.
杨丽萍, 秦超彬, 郑文佳, 等. 2014. 鱼类的葡萄糖感知与糖代谢调节研究进展. 水产学报, 38(9): 1639-1649.

杨亚维, 袁杰. 2016. PPARα 抗氧化应激作用的研究进展. 东南大学学报(医学版), 35(1): 147-150.
张国政, 黄国强, 田思娟, 等. 2008. 盐度胁迫及恢复对褐牙鲆幼鱼生长、能量分配和身体成分的影响. 水产学报, 32(3): 402-410.
张珂. 2014. 红耳龟(Trachemys scripta elegans)对环境盐度的耐受性及生理适应机制. 海口: 海南师范大学硕士学位论文.
张萌. 2015. 降糖三黄片干预 2 型糖尿病大鼠糖脂代谢 AMPK 通路的实验研究. 广州: 广州中医药大学博士学位论文.
张楠, 赵颖. 2016. 葡萄糖转运蛋白 GLUT4 表达的调节机制. 中国生物化学与分子生物学报, 32(3): 237-244
赵丽慧, 赵金良, Jeerawat T, 等. 2014. 盐碱胁迫对尼罗罗非鱼血清渗透压、离子浓度及离子转运酶基因表达的影响. 水产学报, 38(10): 1696-1704.
庄青青. 2013. 盐度胁迫下尼罗罗非鱼鳃离子细胞和 Na^+-K^+-ATPase a1 的渗透调节. 上海: 上海海洋大学硕士学位论文.
Ahmetov I I, Rogozkin V A. 2013. The role of PGC-1a in the regulation of skeletal muscle metabolism. Human Physiology, 39(4):441-449.
Alexander A, Walker C L. 2011. The role of LKB1 and AMPK in cellular responses to stress and damage. FEBS Letters, 585(7): 952-957.
Begg K, Pankhurst N. 2004. Endocrine and metabolic responses to stress in a laboratory population of the tropical damselfish *Acanthochromis polyacanthus*. Journal of Fish Biology, 64(1): 133-145.
Brownsey R, Boone A, Elliott J, et al. 2006. Regulation of acetyl-CoA carboxylase. Biochemical Society Transactions, 34(2): 223-227.
Carling D. 2017. AMPK signalling in health and disease. Current Opinion in Cell Biology, 45: 31-37.
Coe N R, Smith A J, Frohnert B I, et al. 1999. The fatty acid transport protein (FATP1) is a very long chain acyl-CoA synthetase. Journal of Biological Chemistry, 274(51): 36300-36304.
Collino M, Aragno M, Mastrocola R, et al. 2006. Oxidative stress and inflammatory response evoked by transient cerebral ischemia/reperfusion: effects of the PPARα agonist WY14643. Free Radical Biology and Medicine, 41(4): 579-589.
Das B K, Mukherjee S C. 2000. Chronic effects of quinalphos on some biochemical parameters in *Labeo rohita* (Ham.). Toxicology Letters, 114: 11-18.
Dentin R, Girard J, Postic C. 2005. Carbohydrate responsive element binding protein (ChREBP) and sterol regulatory element binding protein-1c (SREBP-1c): two key regulators of glucose metabolism and lipid synthesis in liver. Biochimie, 87(1): 81-86.
Ferre P, Foufelle F. 2007. SREBP-1c transcription factor and lipid homeostasis: clinical perspective. Hormone Research in Paediatrics, 68(2): 72-82.
Ferre P, Foufelle F. 2010. Hepatic steatosis: a role for *de novo* lipogenesis and the transcription factor SREBP-1c. Diabetes, Obesity and Metabolism, 12: 83-92.
Finck B N, Kelly D P. 2006. PGC-1 coactivators: inducible regulators of energy metabolism in health and disease. Journal of Clinical Investigation, 116: 615-622.
Foretz M, Pacot C, Dugail I, et al. 1999. ADD1/SREBP-1c is required in the activation of hepatic lipogenic gene expression by glucose. Molecular and Cellular Biology, 19(5): 3760-3768.
Fu J, Gaetani S, Oveisi F, et al. 2003. Oleylethanolamide regulates feeding and body weight through activation of the nuclear receptor PPARα. Nature, 425(6953): 90.
Giesy J P, Versteeg J, Graney R L. 1998. A review of selected clinical indicators of stress-induced changes in aquatic organisms. New York: John Wiley & Sons.

Gilles R. 1977. Effects of osmotic stresses on the proteins concentration and pattern of *Eriocheir sinensis* blood. Comparative Biochemistry and Physiology Part A: Physiology, 56(2): 109-114.

Gluth G, Hanke W. 1985. A comparison of physiological changes in carp, *Cyprinus carpio*, induced by several pollutants at sublethal concentrations: I. The dependency on exposure time. Ecotoxicology and Environmental Safety, 9: 179-188.

Hardie D G. 2008. AMPK and Raptor: matching cell growth to energy supply. Molecular Cell, 30(3): 263-265.

Hardie D G. 2015. AMPK: positive and negative regulation, and its role in whole-body energy homeostasis. Current Opinion in Cell Biology, 33: 1-7.

Hardie D G. 2016. Regulation of AMP-activated protein kinase by natural and synthetic activators. Acta Pharm Sin B, 6(1): 1-19.

Hardie D G, Carling D, Carlson M. 1998. The AMP-activated/SNF1 protein kinase subfamily: metabolic sensors of the eukaryotic cell? Annual Reviews of Biochemistry, 67(1): 821-855.

Hardie D G, Pan D A. 2002. Regulation of fatty acid synthesis and oxidation by the AMP-activated protein kinase. Biochemical Society Transactions, 30(6): 1064-1070.

Horman S, Browne G J, Krause U, et al. 2002. Activation of AMP-activated protein kinase leads to the phosphorylation of elongation factor 2 and an inhibition of protein synthesis. Current Biology, 12(16): 1419-1423.

Hussein S Y, El-Nasser M A, Ahmed S M. 1996. Comparative studies on the effects of herbicide atrazine on freshwater fish *Orechromis niloticus* and *Chrysichthyes auratus* at Assiut, Egypt. Bull. Environ. Contamination and Toxicology, 57: 503-510.

Iizuka K, Bruick R K, Liang G, et al. 2004. Deficiency of carbohydrate response element-binding protein (ChREBP) reduces lipogenesis as well as glycolysis. Proceedings of the National Academy of Sciences, 101(19): 7281-7286.

Jarvis P L, Ballantyne J S. 2003. Metabolic responses to salinity acclimation in juvenile shortnose sturgeon *Acipenser brevirostrum*. Aquaculture, 219(1): 891-909.

Joly E, Roduit R, Peyot M L, et al. 2009. Glucose represses PPARα gene expression via AMP-activated protein kinase but not via p38 mitogen-activated protein kinase in the pancreatic β-cell. Journal of Diabetes, 1(4): 263-272.

Jørgensen S B, Treebak J T, Viollet B, et al. 2007. Role of AMPKα2 in basal, training-, and AICAR-induced GLUT4, hexokinase II, and mitochondrial protein expression in mouse muscle. American Journal of Physiology-Endocrinology and Metabolism, 292(1): E331-E339.

Kawaguchi T, Osatomi K, Yamashita H, et al. 2002. Mechanism for fatty acid "sparing" effect on glucose-induced transcription regulation of carbohydrate-responsive element-binding protein by AMP-activated protein kinase. Journal of Biological Chemistry, 277(6): 3829-3835.

Kersten S, Desvergne B, Wahli W. 2000. Roles of PPARs in health and disease. Nature, 405(6785): 421-424.

Kirkman B R, Whelan W J. 1986. Glucosamine is a normal component of liver glycogen. Febs Letters, 194(1): 6-11.

Kohjima M, Enjoji M, Higuchi N, et al. 2007. Re-evaluation of fatty acid metabolism-related gene expression in nonalcoholic fatty liver disease. International Journal of Molecular Medicine, 20(3): 351-358.

Koo S H, Dutcher A K, Towle H C. 2001. Glucose and insulin function through two distinct transcription factors to stimulate expression of lipogenic enzyme genes in liver. Journal of Biological Chemistry, 276(12): 9437-9445.

Krivoruchko A, Storey K B. 2014. Activation of the carbohydrate response element binding protein

(ChREBP) in response to anoxia in the turtle *Trachemys scripta elegans*. Biochimica et Biophysica Acta (BBA)-General Subjects, 1840(10): 3000-3005.

Lalioti V, Vergarajauregui S, Sandoval I V. 2001. Targeting motifs in GLUT4. Molecular Membrane Biology, 18(4): 257-264.

Lenzen S. 2014. A fresh view of glycolysis and glucokinase regulation: History and current status. The Journal of Biological Chemistry, 289: 12189-12194.

Lizunov V A, Karin S, Aaron T, et al. 2013. Insulin regulates Glut4 confinement in plasma membrane clusters in adipose cells. PLoS ONE, 8(3): e57559.

Martin G G, Atshaves B P, Mcintosh A L, et al. 2005. Liver fatty-acid-binding protein (L-FABP) gene ablation alters liver bile acid metabolism in male mice. Biochemical Journal, 391(3): 549-560.

Mashek D G, Bornfeldt K E, Coleman R A, et al. 2004. Revised nomenclature for the mammalian long-chain acyl-CoA synthetase gene family. Journal of Lipid Research, 45(10): 1958-1961.

Menendez J A, Lupu R. 2007. Fatty acid synthase and the lipogenic phenotype in cancer pathogenesis. Nature Reviews Cancer, 7(10): 763.

Mihaylova M M, Shaw R J. 2011. The AMPK signalling pathway coordinates cell growth, autophagy and metabolism. Nature Cell Biology, 13(9): 1016-1023.

Ntambi J M, Miyazaki M. 2003. Recent insights into stearoyl-CoA desaturase-1. Current Opinion in Lipidology, 14(3): 255-261.

O'Neill H M, Holloway G P, Steinberg G R. 2013. AMPK regulation of fatty acid metabolism and mitochondrial biogenesis: implications for obesity. Molecular and Cellular Endocrinology, 366(2): 135-151.

Park S, Gammon S, Knippers J, et al. 2002. Phosphorylation-activity relationships of AMPK and acetyl-CoA carboxylase in muscle. Journal of Applied Physiology, 92(6): 2475-2482.

Polekhina G, Gupta A, Michell B J, et al. 2003. AMPK β subunit targets metabolic stress sensing to glycogen. Current Biology, 13(10): 867-871.

Postic C, Dentin R, Denechaud P D, et al. 2007. ChREBP, a transcriptional regulator of glucose and lipid metabolism. Annual Review of Nutrition, 27: 179-192.

Rider M H, Hussain N, Dilworth S M, et al. 2009. Phosphorylation of translation factors in response to anoxia in turtles, *Trachemys scripta elegans*: role of the AMP-activated protein kinase and target of rapamycin signalling pathways. Molecular and Cellular Biochemistry, 332(1-2): 207.

Rufo C, Teran-Garcia M, Nakamura M T, et al. 2001. Involvement of a unique carbohydrate-responsive factor in the glucose regulation of rat liver fatty-acid synthase gene transcription. Journal of Biological Chemistry, 276(24): 21969-21975.

Russell R R, Li J, Coven D L, et al. 2004. AMP-activated protein kinase mediates ischemic glucose uptake and prevents postischemic cardiac dysfunction, apoptosis, and injury. Journal of Clinical Investigation, 114(4): 495-503.

Saddik M, Gamble J, Witters L, et al. 1993. Acetyl-CoA carboxylase regulation of fatty acid oxidation in the heart. Journal of Biological Chemistry, 268(34): 25836-25845.

Sancho E, Ferrando M, Andreu E. 1997. Sublethal effects of an organophosphate insecticide on the European eel, *Anguilla anguilla*. Ecotoxicology and Environmental Safety, 36(1): 57-65.

Schrif V R, Turner P, Selby L, et al. 1987. Nutritional status and energy metabolism of crayfish (*Procambarus clarkia* Girard) muscle and hepatopancreas. Comparative Biochemistry and Physiology, 88A: 383-386.

Shimano H, Horton J D, Shimomura I, et al. 1997. Isoform 1c of sterol regulatory element binding protein is less active than isoform 1a in livers of transgenic mice and in cultured cells. The Journal of Clinical

Investigation, 99(5): 846-854.

Shimizu S, Yasui K, Tani Y, et al. 1979. Acyl-CoA oxidase from Candida tropicalis. Biochemical and Biophysical Research Communications, 91(1): 108-113.

Small G, Burdett K, Connock M. 1985. A sensitive spectrophotometric assay for peroxisomal acyl-CoA oxidase. Biochemical Journal, 227(1): 205-210.

Soengas J, Barciela P, Aldegunde M, et al. 1995. Gill carbohydrate metabolism of rainbow trout is modified during gradual adaptation to sea water. Journal of Fish Biology, 46(5): 845-856.

Stapleton D, Mitchelhill K I, Gao G, et al. 1996. Mammalian AMP-activated protein kinase subfamily. Journal of Biological Chemistry, 271(2): 611-614.

Steinberg G R, Kemp B E. 2009. AMPK in health and disease. Physiological Reviews, 89(3): 1025-1078.

Suzuki H, Kawarabayasi Y, Kondo J, et al. 1990. Structure and regulation of rat long-chain acyl-CoA synthetase. Journal of Biological Chemistry, 265(15): 8681-8685.

Thornton C, Snowden M A, Carling D. 1998. Identification of a novel AMP-activated protein kinase β subunit isoform that is highly expressed in skeletal muscle. Journal of Biological Chemistry, 273(20): 12443-12450.

Welcomme L, Devos P. 1991. Energy consumption in the perfused gills of the euryhaline crab *Eriocheir sinensis* [H. Miln. Edw.] adapted to freshwater. Journal of Experimental Zoology, 257(2): 150-159.

Xu X, So J S, Park J G, et al. 2013. Transcriptional control of hepatic lipid metabolism by SREBP and ChREBP. *In*: Gregory J G, Jordi B. Seminars in Liver Disease. New York: Thieme Medical Publishers, 33(4): 301-311.

Xu Z, Li T, Li E, et al. 2016. Comparative transcriptome analysis reveals molecular strategies of oriental river prawn *Macrobrachium nipponense* in response to acute and chronic nitrite stress. Fish & Shellfish Immunology: 48254-48265.

Yamagishi S, Edelstein D, Du X, et al. 2001. Leptin induces mitochondrial superoxide production and monocyte chemoattractant protein-1 expression in aortic endothelial cells by increasing fatty acid oxidation via protein kinase A. Journal of Biological Chemistry, 276(27): 25096-25100.

Yamasaki T, Nakajima H. 1995. Phosphofructokinase (PFK). Nihon Rinsho Japanese Journal of Clinical Medicine, 53(5):1241-1246.

Yamashita H, Takenoshita M, Sakurai M, et al. 2001. A glucose-responsive transcription factor that regulates carbohydrate metabolism in the liver. Proceedings of the National Academy of Sciences, 98(16): 9116-9121.

第六章 红耳龟适应半咸水环境的抗氧化防御调节

氧化还原反应是生物代谢的最基本途径,生命活动所需的大部分能量来自于机体自身的代谢(王思婷,2018)。氧对生命体的物质代谢而言极其重要,其参与的代谢反应通常会产生大量的能量(Sun et al., 2007),可直接驱动各种需能的生命活动,但同时也会产生一些诸如活性氧(reactive oxygen species, ROS)之类的代谢副产物(Gerschman et al., 1954; Sun et al., 2007)。通常,少量的活性氧自由基能够参与到细胞转导的信号通路中,也是机体正常生理所必不可少的。过量的 ROS 会迅速攻击细胞成分,包括蛋白质、脂质和 DNA 等,产生蛋白质碳酸脂(CP)、脂质过氧化物(LPO)和丙二醛(MDA)等,使细胞功能丧失,甚至造成机体代谢失调而产生严重损伤(Stobrawa and Lorenc-Plucińska, 2007; Gerschman, 1954; 光吉博则等, 2007; 王思婷, 2018)。生物体为维持生命和繁衍生息,在长期的进化过程中逐渐形成了一套独特的免疫系统——抗氧化系统,当 ROS 过量时将会激发机体产生抗氧化效应(Lushchak, 2016; 吴颐, 2010; 柳晓明, 2018; 贾旭颖, 2014)。抗氧化系统主要包括酶促系统和非酶促系统,依靠清除自由基和活性氧、分解过氧化物、清除具有催化作用的金属离子这 3 条途径来防止氧化作用,有效地避免机体产生脂质过氧化物,并且阻断过氧化电子呼吸链。抗氧化防御系统成分的改变通常被视为机体遭受氧化胁迫时早期的生物预警标志物(Stobrawa and Lorenc-Plucińska, 2007)。

环境胁迫因子如温度、盐度、溶解氧、污染物等均可引起应激反应,使机体抗氧化能力增强,如果超过氧化应力将造成免疫器官受损,导致免疫细胞的组成成分发生改变(Lushchak and Bagnyukova, 2006; Rudneva, 1997; Yu and Gu, 2007; 王凡, 2007)。红耳龟在盐度环境中,需要消耗更多的能量以维持渗透压平衡,但是营养物质的过分利用,也可能会伴随活性氧自由基的大量增加。红耳龟对半咸水环境的适应亦可能是通过细胞内的抗氧化系统来清除活性氧自由基,以对抗外界盐度变化引发的应激反应,直至恢复到正常生存状态。

第一节 半咸水环境中红耳龟的抗氧化酶系统

生物体中的抗氧化酶系统主要包括谷胱甘肽过氧化物酶(glutathione peroxidase, GSH-PX)、谷胱甘肽转硫酶(glutathione S-transferase, GST)、超氧化物歧化酶(superoxide dismutase, SOD)和过氧化氢酶(catalase, CAT)等(Lushchak and Bagnyukova, 2006; Mittler, 2002)。环境胁迫可促使机体细胞内线粒体、微粒体和胞浆的酶系统及非酶系统反应,通过还原产生活性氧和氧自由基,打破生物体内活性氧代谢的平衡,如不及时清除,将造成生物体活性氧伤害。通常,抗氧化酶活力的下降,标志着机体清除自由基的能力下降(Sies, 1986)。

一、超氧化物歧化酶 mRNA 表达及酶活力

超氧化物歧化酶（SOD）是生物体内最主要的一类抗氧化酶，在机体遭受外界环境刺激时，SOD 会率先做出反应，构成了机体防御系统的首道防线（Michiels et al., 1994）。SOD 使超氧阴离子分解为 O_2 和 H_2O_2 来消除因外界刺激而产生的过多的活性氧自由基，使生物体免受损伤（Pan et al., 2006）。SOD 主要有 3 种亚型：细胞质中的铜锌超氧化物歧化酶（Cu/Zn-SOD；SOD1）、线粒体锰超氧化物歧化酶（Mn-SOD；SOD2）和细胞外基质超氧化物歧化酶（EC-SOD、SOD3）（Zelko et al., 2002）。

红耳龟由淡水进入半咸水环境后，在 5‰ 的盐度环境中 24h 和 48h 时其肝脏中 *SOD1* 的 mRNA 表达水平显著升高（$P<0.05$）；在 15‰ 的盐度环境中 6h、24h 和 48h 时，红耳龟肝脏中 *SOD1* 的 mRNA 表达水平显著升高（$P<0.05$），但在 30d 时，其水平显著低于淡水组（$P<0.05$）。心脏中 *SOD1* 的 mRNA 表达水平在 5‰ 和 15‰ 的盐环境中 6h 和 30d 时显著高于淡水组（$P<0.05$）（图 6-1）。

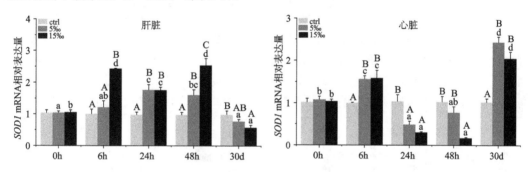

图 6-1　红耳龟肝脏和心脏中 *SOD1* 的 mRNA 表达量

注：ctrl，淡水组；5‰，5‰盐度组；15‰，15‰盐度组

柱形上方的不同大写字母代表同一暴露时间不同盐度组的显著差异；柱形上方的不同小写字母代表同一盐度组内不同暴露时间的差异显著（$P<0.05$）（下同）

肝脏中 *SOD2* 的 mRNA 表达量在 15‰ 盐度组中与 *SOD1* 的变化趋势一致，在 5‰ 盐度组中，*SOD2* 的 mRNA 表达水平无显著变化（$P>0.05$）。心脏中 *SOD2* 的 mRNA 表达量在 5‰ 的盐度环境中 48h 和 30d 时升高，与淡水组相比差异显著（$P<0.05$），在 15‰ 的盐环境中只有 48h 时显著升高（$P<0.05$）（图 6-2）。

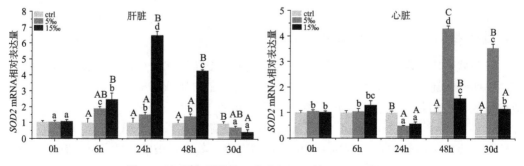

图 6-2　红耳龟肝脏和心脏中 *SOD2* 的 mRNA 表达量

红耳龟肝脏中 *SOD3* 的 mRNA 表达水平在 5‰和 15‰的盐度环境中 24h 和 48h 时显著高于淡水组,但 30d 时,其表达水平下降,并显著低于淡水组($P<0.05$)。心脏中 *SOD3* 的 mRNA 表达水平在 5‰盐度组中 6h、48h 和 30d 时显著高于淡水组;在 15‰盐度组中 6h 和 30d 时显著高于淡水组($P<0.05$)(图 6-3)。

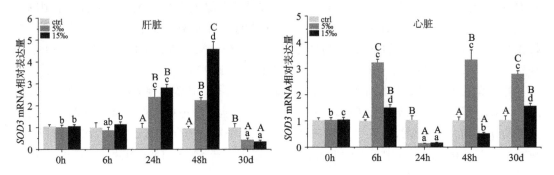

图 6-3　红耳龟肝脏和心脏中 *SOD3* 的 mRNA 表达量

在盐环境中 6h 时,红耳龟肝脏中 SOD 活性显著增加 48%～57%,并且这种高水平持续到 48h($P<0.05$),至 30d 时下降到正常水平。心脏中 SOD 活性在 5‰的盐度环境中 24h 和 30d 时显著高于淡水组($P<0.05$),在 15‰的盐度环境中随着时间的延长逐渐升高,在 24h 时达到峰值(为淡水组的 1.6～1.7 倍)($P<0.05$),30d 时接近正常水平(图 6-4)。

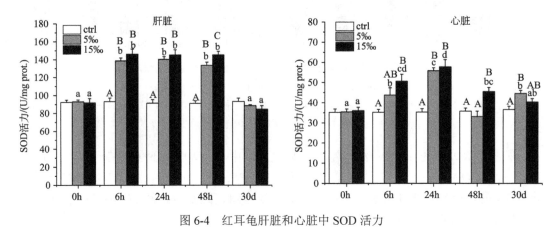

图 6-4　红耳龟肝脏和心脏中 SOD 活力

二、过氧化氢酶 mRNA 表达及酶活力

在病理或应激条件下,活性氧可能诱发脂类发生过氧化反应,除了会直接造成生物膜的损伤外,还可通过脂类氢过氧化物与各种酶、蛋白质或核酸等生物大分子的反应,使机体的各种组织和器官发生广泛性损伤及功能性衰竭(王思婷,2018)。过氧化氢酶(CAT)是一种含巯基(—SH)的抗氧化酶,主要存在于氧化物酶体中,其活力在肝脏中较高,线粒体等细胞器产生的 H_2O_2 进入细胞质,其中未被清除的 H_2O_2 被 CAT 清除(Asagba et al.,2008)。由于 CAT 活力不需要小分子电子传递体,且对 H_2O_2 有较高的 V_m

值和较低的 K_m 值，可直接催化 SOD 催化过量的氧自由基所产生的 H_2O_2 从而将其转化为 O_2 和水（Lin et al., 2018）。因此在有机体的细胞内，CAT 对于机体维持内环境的稳态具有重要作用。

红耳龟在 5‰ 的盐度环境中 24h、48h 和 30d 时，其肝脏中 *CAT* 的 mRNA 表达水平显著高于淡水组（$P<0.05$），尤其是在 30d 时约是淡水组的 2.8 倍，但在 15‰ 的盐度环境中时，红耳龟肝脏中 *CAT* mRNA 表达水平与淡水环境相比无显著差异（$P>0.05$）。心脏中 *CAT* mRNA 表达水平在 5‰ 的盐度环境中 6h、24h 和 48h 时与淡水环境相比显著升高（$P<0.05$），而在 15‰ 的盐度环境中时只有 6h 和 48h 显著升高（$P<0.05$）（图 6-5）。

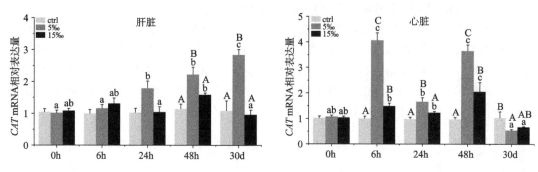

图 6-5　红耳龟肝脏和心脏中 *CAT* 的 mRNA 表达量

红耳龟肝脏中 CAT 活力在 5‰ 盐度组中 6h 和 24h 时显著升高（$P<0.05$），但随后开始下降，自 48h 至 30d 时维持较低水平，与淡水组无显著差异（$P>0.05$）。在 15‰ 盐度环境中，其肝脏中 CAT 活力自 6h 开始升高，并持续维持较高水平（$P<0.05$），但在 30d 时下降，与淡水组差异不显著。心脏中 CAT 活力在 5‰ 和 15‰ 盐度环境中的早期（6h、24h 和 48h）迅速升高，并显著高于淡水组（$P<0.05$），但在盐度环境中较长时间（30d）后，其心脏中 CAT 活力恢复到正常水平（图 6-6）。

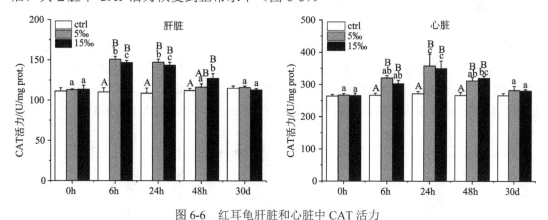

图 6-6　红耳龟肝脏和心脏中 CAT 活力

三、谷胱甘肽过氧化物酶 mRNA 表达及酶活力

谷胱甘肽过氧化物酶（GSH-PX）以硒代半胱氨酸（Sec）为活性中心，通常存在于

一切需氧生物的细胞液和线粒体中（王思婷，2018）。它能与 CAT 协同作用，清除机体内过量 H_2O_2。在 GSH-PX 作用下，氧化型谷胱甘肽（GSSG）可被还原为还原型谷胱甘肽（GSH），然后 GSH-PX 将再以还原型谷胱甘肽（GSH）为还原剂，将细胞内 H_2O_2 催化成 H_2O，同时生物体内的有机氢过氧化物（ROOH）将被还原为 ROH，从而防止 H_2O_2 对机体产生进一步损伤，是生物体内 O_2^- 的重要清除剂（王思婷，2018）。GSH-PX 的主要生物学作用是清除脂类氢过氧化物，此外，还可清除其他有机氢过氧化物，如核酸氢过氧化物来减少基因突变的发生频率。另外，GSH-PX 在 CAT 含量很少或 H_2O_2 产量很低的组织中还可代替 CAT 清除 H_2O_2（Chu et al., 1996）。该家族共包括 4 种酶（GSH-PX1、GSH-PX2、GSH-PX3、GSH-PX4）（Chu et al., 1996）。

红耳龟在 5‰ 和 15‰ 的盐度环境中 6h、48h 和 30d 时，肝脏中 *GSH-PX1* 的 mRNA 表达水平显著高于淡水组（$P<0.05$）。心脏中 *GSH-PX1* 的 mRNA 表达水平在 5‰ 盐度环境中的早期与淡水环境相比显著升高（$P<0.05$），但在 30d 时恢复至正常水平；红耳龟在 15‰ 的盐度环境中，只有 48h 和 30d *GSH-PX1* 的 mRNA 表达水平显著高于淡水组，分别增加了 7.2 倍和 1.7 倍（$P<0.05$）（图 6-7）。

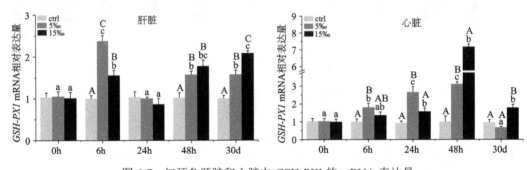

图 6-7　红耳龟肝脏和心脏中 *GSH-PX1* 的 mRNA 表达量

红耳龟肝脏中 *GSH-PX3* 的 mRNA 表达水平在 5‰ 的盐度环境中 6h 和 48h 时，显著高于淡水组（$P<0.05$），其中在 6h 时达到最高，约为淡水组的 4.4 倍；在 15‰ 的盐度环境中 6h 和 24h 时增高显著（$P<0.05$），30d 时降低至正常水平。心脏中 *GSH-PX3* 的 mRNA 表达水平在 5‰ 盐度组 6h 和 24h 分别上升 5.9 倍和 6.2 倍，与淡水组相比差异极显著（$P<0.01$），但自 48h 开始恢复至正常水平；在 15‰ 的盐度组中，*GSH-PX3* 的 mRNA 表达水平自 24h 开始显著升高，之后一直维持在较高水平（$P<0.05$）（图 6-8）。

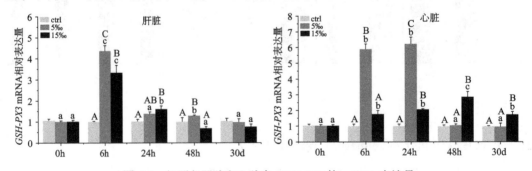

图 6-8　红耳龟肝脏和心脏中 *GSH-PX3* 的 mRNA 表达量

红耳龟肝脏中 *GSH-PX4* 的 mRNA 表达量在 5‰的盐度环境中仅 6h 时显著高于淡水组（$P<0.05$），之后一直维持较低水平，与淡水组相比差异不显著（$P>0.05$）；在 15‰盐度组中 48h 和 30d 时，红耳龟肝脏中 *GSH-PX4* 的 mRNA 表达水平显著升高（$P<0.05$）。心脏中 *GSH-PX4* 的 mRNA 表达水平在 5‰的盐度环境中 6h 和 48h 显著升高，与淡水环境相比差异显著（$P<0.05$）；而在 15‰的盐度环境中，*GSH-PX4* 的 mRNA 表达水平仅在 6h 升高显著，之后一直维持较低的水平（图 6-9）。

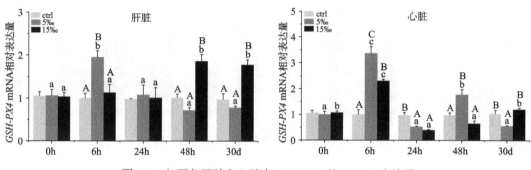

图 6-9 红耳龟肝脏和心脏中 *GSH-PX4* 的 mRNA 表达量

红耳龟肝脏中 GSH-PX 活力在 15‰的盐度环境中 24h 开始显著增加，并持续维持较高水平，与淡水组相比差异显著（$P<0.05$）；在 5‰盐度组中仅 48h 显著高于淡水组（$P<0.05$）。心脏中 GSH-PX 活力在 15‰的盐度环境中 6h、24h 和 30d 时显著升高，与淡水组相比差异显著（$P<0.05$），而在 5‰的盐度环境中，GSH-PX 的活力一直维持正常水平（图 6-10）。

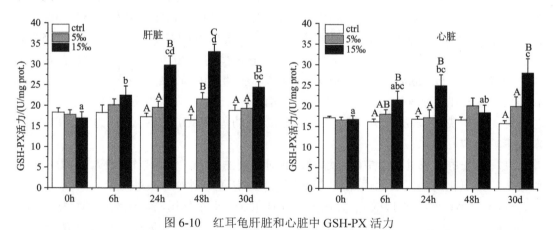

图 6-10 红耳龟肝脏和心脏中 GSH-PX 活力

四、谷胱甘肽转硫酶的 mRNA 表达

谷胱甘肽转硫酶（GST）是一种不含硒的谷胱甘肽过氧化物酶，也有清除脂类氢过氧化物的作用，可与谷胱甘肽过氧化物酶协同作用。在这两种酶作用中所产生的 GSSG 在谷胱甘肽还原酶作用下可还原为 GSH，继续参加清除活性氧的反应（Choi et al., 2008; Leiers et al., 2003; Tew and Ronai, 1999）。红耳龟在半咸水环境中 24h 和 48h 时，其肝脏

中 *GST* 的 mRNA 表达水平显著高于淡水组（$P<0.05$）。心脏中 *GST* 的 mRNA 表达水平在 5‰的盐度环境中 6h 和 48h 显著升高，与淡水环境相比差异显著（$P<0.05$）；在 15‰的盐度环境中，*GST* 的 mRNA 表达水平自 24h 开始升高，之后一直维持较高的水平（$P<0.05$）（图 6-11）。

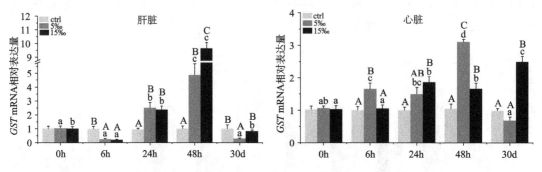

图 6-11 红耳龟肝脏和心脏中 *GST* 的 mRNA 表达量

五、半咸水环境中红耳龟抗氧化酶系统分析

众所周知，机体的抗氧化酶系统在氧化应激时，可通过改变抗氧化酶基因的表达和酶活力进而对环境应激产生一定的适应性（Davies，2000；王思婷，2018；肖海冬，2014）。SOD、CAT、GST 和 GSH-PX 等酶是抵御氧化应激的第一道防线（Sies，1986，1997）。SOD 催化 O_2^- 转化为 H_2O_2，H_2O_2 又被 CAT 转化为 H_2O（Sies，1997）。此外，GSH-PX 可与 SOD 一起对 H_2O_2 和其他过氧化物（如膜或其他脂质受到自由基攻击形成的脂质过氧化物）解毒（Michiels et al.，1994）。当机体因 pH 变化、盐度、急性变温及污染等而产生应激反应时，这些酶可被快速激活。如虹鳟（*Oncorhynchus mykiss*）和硬头鳟的肝脏 SOD、CAT 活力和丙二醛含量在盐处理下显著升高（杨静雯等，2019）；水体盐度增高后，雌性三疣梭子蟹（*Portunus trituberculatus*）血清和肝胰腺中的总超氧化物歧化酶、总抗氧化能力、谷胱甘肽过氧化物酶、丙二醛水平等均显著升高（龙晓文等，2019）；低盐度胁迫下钝吻黄盖鲽（*Pseudopleuronectes yokohamae*）幼鱼鳃 SOD 和 CAT 活力显著升高（崔前进等，2017）。

红耳龟在由淡水进入半咸水环境时，面对盐度的改变，作为早期反应，其肝脏和心脏表现出抗氧化酶基因表达增加和抗氧化酶活力增强，例如，在进入盐度环境 6~48h 时，SOD、CAT 和 GSH-PX 活力增加。红耳龟这一调节作用与其他水生动物如花鳗鲡（*Anguilla marmorata*）幼鱼和鹦嘴鱼（*Cichlasoma synspilum*×*Cichlasoma citrinellum*）、点篮子鱼（*Siganus guttatus*）、条石鲷（*Oplegnathus fasciatus*）幼鱼、施氏鲟（*Acipenser schrenckii*）、军曹鱼（*Rachycentron canadum*）幼鱼、褐牙鲆（*Paralichthys olivaceus*）幼鱼等抗氧化酶活力结果相似（Hossain et al.，2016；Sui et al.，2016；郭勤单等，2014；孙鹏等，2010；王好等，2011；杨健等，2007；尹飞等，2011；赵峰等，2008）。在高盐环境中（盐度为 15‰），红耳龟 SOD 和 GSH-PX 活力高于低盐度环境（5‰盐度）。这些结果表明，在高盐度胁迫下，红耳龟需要 SOD、CAT、GST 和 GSH-PX 发挥更大的解毒能力，以抵御可能更严重的氧化损伤，这种反应在红耳龟刚进入盐度环境 6h 时尤为明显。然而，长时间生活在盐度环境中（30d），低盐环境（5‰盐度）中红耳龟肝脏 SOD 和 CAT 活力恢复到淡水环境中的水平，而高盐环境（15‰盐度）中，红耳龟 GSH-PX 活力仍然升高，说明红耳龟长时间生活在较低的半咸水环境中，可能通过其抗氧化防御调节逐渐地适应了该环境。事实上，红耳龟不仅在盐度环境中，即使是在其他应激条件下也可促进其抗氧化防御系统。例如，当红耳龟从缺氧暴露再次转移到有氧环境中进行恢复时，其心脏中 SOD 活力可比基础水平增加 45%（Willmore and Storey, 1997）。除此之外，红耳龟抗氧化酶活力的基础水平高于其他动物，如束带蛇（*Thamnophis sirtalis*）、木蛙（*Rana sylvatica*）和鲤鱼（*Cyprinus carpio*）等相同组织中的酶活力（Hermes-Lima and Storey, 1993; Joanisse and Storey, 1996; Vig and Nemcsok, 1989），这也很好地解释了红耳龟对环境盐度具有较强的适应性。

第二节 半咸水环境中红耳龟抗氧化系统调控通路

转录因子 NF-E2 相关因子 2（nuclear factor-E2-related factor 2, Nrf2）/Keap1（Kelch-like epichlorohydrin-associated protein 1）信号调节通路在保护细胞抗氧化及外来应激损害方面发挥了重要的作用（Taguchi et al., 2011; 石惠宇, 2018）。Nrf2 属于 CNC-bZIP（cap'n'collar subfamily of basic leucine zipper），即 CNC 亮氨酸拉链转录激活因子家族，在各种细胞内均有表达，但主要在肾脏、肝脏等代谢和解毒组织及其他持续暴露在环境中的组织内表达，如消化道、肺脏、皮肤等（Reichard et al., 2007）。*Nrf2* 能够与 DNA 中位于目的基因序列的抗氧化反应元件 *ARE* 序列相结合（Prestera et al., 1995），上调Ⅱ型解毒酶的基因表达，如 *SOD*、*CAT*、*GSH-PX*、*HO-1* 等，加速超氧化物和过氧化物的分解代谢，减少 ROS 和活性氮（RNS）的氧化损伤，维持细胞内稳态（Nguyen et al., 2009）。即 *SOD*、*CAT*、*GSH-PX* 等抗氧化酶的编码基因是 *Nrf2* 的下游靶向基因，*Nrf2* 上调其在细胞内的表达，以减缓氧化应激环境中的氧化还原失衡状态（Maher and Yamamoto, 2010）。Keap1 是 Nrf2 的细胞质锚，在无应激条件下，以非激活状态与 Nrf2 相结合于细胞质中，阻止 Nrf2 转移到细胞核。在氧化应激下 Nrf2 从 Keap1 中释放出来，导致核积累和诱导目的基因的转录，以增强细胞自身的抗氧化保护作用（Kwak et al., 2003）。因此，Nrf2 对于激活细胞抗氧化酶系统和维持氧化还原状态是至关重要的。红耳龟在进入半咸水环境后，其机体内的抗氧化酶系统被激活，那么 Nrf2/Keap1 信号调节通路是否参与了红耳龟盐度胁迫下抗氧化酶基因的转录，本节将对此进行详细阐述。

一、半咸水环境中红耳龟 *Nrf2/Keap1* 信号通路的活化

1. *Nrf2* 的 mRNA 表达

红耳龟进入半咸水环境（5‰和15‰盐度）后，自 6h 开始，其肝脏中 *Nrf2* 的 mRNA 表达水平显著高于淡水组（$P<0.05$），之后一直维持较高的水平。但在盐度环境中生活较长时间（30d）后，其表达量显著低于淡水组（$P<0.05$）。心脏中 *Nrf2* 的 mRNA 表达量

在 5‰盐度组 6h 和 48h，及 15‰盐度组 6h 升高显著（$P<0.05$），之后一直和淡水环境中的 mRNA 表达保持较为接近的水平（图 6-12）。

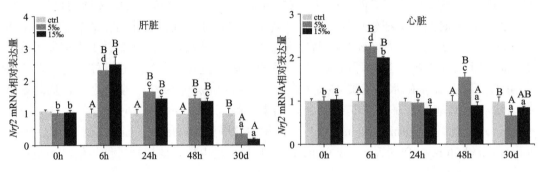

图 6-12　红耳龟肝脏和心脏中 *Nrf2* 的 mRNA 表达量

2. *Keap1* 的 mRNA 表达

红耳龟进入半咸水环境（5‰和 15‰盐度）6h 和 48h 时，肝脏中 *Keap1* 的 mRNA 表达水平显著低于淡水组（$P<0.05$），但在盐环境中生活较长时间（30d）后，*Keap1* 表达量显著升高，与淡水组相比差异显著（$P<0.05$）。心脏中 *Keap1* 的 mRNA 表达水平在 5‰的盐度环境中仅 6h 时显著降低（$P<0.05$），之后一直与淡水组保持接近的水平，在 15‰的盐度环境 24h 时上升，48h 时达到峰值，至 30d 时一直维持在较高的水平，与淡水环境相比差异显著（$P<0.05$）（图 6-13）。

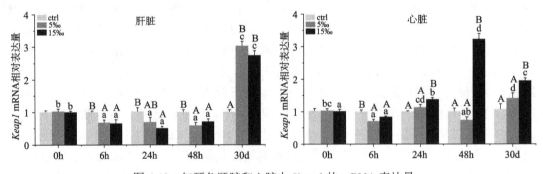

图 6-13　红耳龟肝脏和心脏中 *Keap1* 的 mRNA 表达量

二、半咸水环境中红耳龟 TOR 及 S6K1 信号的激活

雷帕霉素靶蛋白（target of rapamycin，TOR）为一种丝氨酸/苏氨酸蛋白激酶，属于磷酸肌醇激酶相关的蛋白激酶家族中的一员（Wullschleger et al., 2006）。作为一种重要的调节基因，TOR 在生长、细胞增殖、细胞周期等进程中起中心调控作用。该蛋白在进化上高度保守，广泛存在于各种生物细胞中（Wullschleger et al., 2006）。TOR 对雷帕霉素非常敏感，能整合生长因子、能量、氧气、氨基酸等 4 类信号调节细胞生长及新陈代谢，同时也能被生长因子激活进而调节细胞生存、细胞代谢。TOR 是细胞生长的中心调控者，

TOR 激活后可调节两条下游通路，分别是核糖体 S6 蛋白激酶（S6K1）和真核细胞翻译起始因子 4E 结合蛋白 1（4E-BP1）。TOR 能直接磷酸化 S6K1，也可通过改变磷酸酶活力来间接调控 S6K1，S6K1 通过促进下游转录因子的激活表达，调节增殖与分化（Reichard et al., 2007）。

1. *TOR* 的 mRNA 表达

红耳龟肝脏中 *TOR* 的 mRNA 表达水平在 15‰的盐度环境 6h 和 48h 时显著升高（$P<0.05$）；在 5‰盐度环境中，仅 48h 时显著高于淡水组（$P<0.05$），其他时间与淡水组相比均无明显的改变。心脏中 *TOR* 的 mRNA 表达水平在 5‰盐度环境中仅 6h 时显著升高（$P<0.05$），之后一直和淡水组保持接近的水平；在 15‰盐度环境中，其 mRNA 表达水平在 6h 迅速达到峰值，之后一直维持较高水平，与淡水环境相比差异显著（$P<0.05$）（图 6-14）。

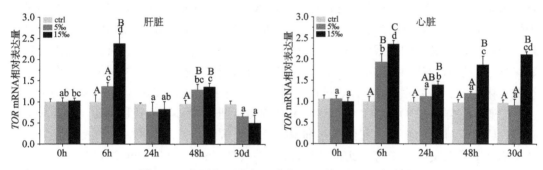

图 6-14　红耳龟肝脏和心脏中 *TOR* 的 mRNA 表达量

2. *S6K1* 的 mRNA 表达

红耳龟肝脏中 *S6K1* 的 mRNA 表达水平在半咸水环境（5‰和 15‰盐度）中仅 6h 显著升高，与淡水组相比差异显著（$P<0.05$），但在较长时间（30d）后，表达水平显著下降。心脏中 *S6K1* 的 mRNA 表达量在 5‰和 15‰的盐度环境中自 6h 迅速升高至峰值，之后虽有所下降，但一直维持较高水平（$P<0.05$）；但在较长时间（30d）后，5‰盐度组恢复至正常水平，而 15‰盐度组依然保持较高的表达量（图 6-15）。

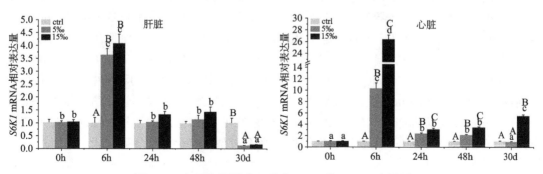

图 6-15　红耳龟肝脏和心脏中 *S6K1* 的 mRNA 表达量

三、半咸水环境中红耳龟抗氧化系统调控通路分析

Nrf2-ARE 信号通路是细胞抗氧化应激的关键通路,由这条信号通路调控的抗氧化酶系和Ⅱ相解毒酶能够清除 ROS 等有害物质,因而表现出解毒和中和作用(王宁等,2015),在保护细胞免受氧化损伤中起着核心作用(Nguyen et al., 2009)。作为一种转录因子,Nrf2 可以通过识别并结合其基因启动子区域的抗氧化反应元件(ARES)来调节多种细胞蛋白,不仅包括抗氧化酶基因,还包括参与 NADPH 合成的蛋白质/酶(Hayashi et al., 2003; Thimmulappa et al., 2002),以及参与谷胱甘肽合成及抑制细胞因子介导炎症或增强对受损蛋白质的识别、修复和去除的基因等(Primiano et al., 1998)。Nrf2-ARE 信号通路的核心分子包括 Nrf2、ARE 和 Keap1,Nrf2 与 Keap1 解离是 *Nrf2-ARE* 激活并发挥转录活性的关键步骤(Itoh et al., 2010)。氧化应激、亲电子试剂或磷酸化作用均可导致 Nrf2 与 Keap1 解离和释放,同时减弱 Keap1 介导的蛋白酶对 Nrf2 的降解作用(Uruno and Motohashi et al., 2011; 王宁等,2015)。Nrf2-ARE 信号通路激活后能够启动下游多种保护性基因的转录。到目前为止,发现 Nrf2-ARE 信号通路调节的可编码内源性保护基因超过 200 个,其激活的基因种类取决于激活剂类型和激活方式。这些保护性基因包括抗氧化蛋白类基因、Ⅱ相解毒酶类基因、抗氧化防御因子和抗炎因子类基因等,在增强组织抗氧化能力、抗炎症、抗肿瘤、抗凋亡等过程中起着重要的作用(王宁等,2015)。其中,抗氧化酶类如 SOD、CAT 和 GSH-PX 可有效促进环境毒物的代谢清除,将其转变为无毒性或易于排泄的物质,起到增强细胞抗氧化及解毒功能的作用,对维持机体氧化还原平衡有重要意义(王宁等,2015; Li et al., 2015; Giuliani and Regoli, 2014)。

红耳龟进入盐环境后,多种抗氧化酶基因的表达显著上调,我们推测红耳龟可能会激活 Nrf2,进而调控抗氧化酶基因以适应环境中升高的盐度。结果与预期一致,当暴露于盐度环境中 6h 时,红耳龟肝脏和心脏中 *Nrf2* 的 mRNA 表达迅速增加了 2.3 倍。Keap1 是 Nrf2 的负调节因子,Keap1 与 Nrf2 结合,通过泛素蛋白酶体途径促进 Nrf2 降解(Kansanen et al., 2013; Kobayashi and Yamamoto, 2005; Taguchi et al., 2011)。红耳龟在盐度环境中 6h 时 *Keap1* 的 mRNA 表达水平下调,表明 Keap1 对 Nrf2 的抑制作用被消除,使 *Nrf2* 转录各抗氧化酶基因的活性增强,进而强化了红耳龟的抗氧化酶防御系统,以应答环境盐度对红耳龟造成的氧化损伤。

雷帕霉素靶蛋白(TOR)介导细胞对多种应激的反应,诸如 DNA 损伤和营养缺乏等,尤其是以在能量和营养有效性的反应中对蛋白质合成的调控而闻名(Wullschleger et al., 2006; 张晓东,2017)。S6K1 是 TOR 的主要下游靶点,在调节细胞生长、代谢和致癌表型方面起着重要作用。Nrf2 与 TOR 之间存在对话,如 TOR 和 S6K1 表达上调可提高哺乳动物 Nrf2 表达(Raught et al., 2001)。在红耳龟进入半咸水的环境中时,其肝脏和心脏组织中 *TOR* 和 *S6K1* 的 mRNA 水平升高,可能与其 *Nrf2* 表达量的增加相关,推测红耳龟在应对盐度环境时其 *Nrf2* 高表达可能受 TOR 信号通路的调控。然而,盐度变化对红耳龟 *TOR* 和 *S6K1* 基因表达的调控机制尚不清楚,有待进一步研究。

第三节　半咸水环境中红耳龟氧化应激效应物的变化

抗氧化防御系统主要依靠清除自由基和活性氧、分解过氧化物、清除具有催化作用的金属离子这3条途径来防止氧化作用，这样可以有效地避免机体产生脂质过氧化物，并且阻断过氧化电子呼吸链（王思婷，2018）。机体清除活性氧自由基的主要特征就在于生物体内活性氧自由基生成量增加时，将伴随着抗氧化酶和部分抗氧化剂等活性防御成分的合成的增加，据此抗氧化防御系统成分的改变被视为机体遭受氧化应激时早期的生物预警标志物（Papadimitriou and Loumbourdis, 2002）。红耳龟在半咸水环境中启动了抗氧化防御系统，那么在此过程中红耳龟体内是否也将产生过多的氧化损伤物质呢？本节将对此作一阐述。

一、半咸水环境中红耳龟丙二醛的含量

在过量的 ROS 存在下，脂质过氧化反应启动，丙二醛（MDA）作为其最终产物产生，脂质过氧化物被认为是细胞损伤的基本原因，而 MDA 则作为氧化应激的生物标志物（Gaweł et al., 2004）。水生生物的脂质过氧化和抗氧化活力对环境的变化非常敏感，不适宜的水温和盐度会诱导水生动物产生过量的 ROS，因而 MDA 含量也会相应地增加。红耳龟由淡水进入半咸水环境的早期肝脏中 MDA 含量显著升高（$P<0.05$），在盐环境中较长的时间（30d）时，肝脏中 MDA 含量恢复到正常水平。心脏中 MDA 含量在5‰盐度环境中仅 24h 时显著高于淡水组（$P<0.05$），其余时间都保持在正常范围内；在15‰盐度环境中24h 和 48h 时 MDA 含量显著升高，与淡水组相比差异显著（$P<0.05$），但30d 时也同样下降至正常水平（图6-16）。

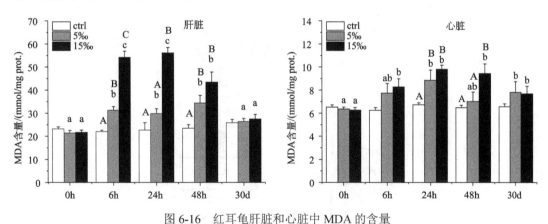

图 6-16　红耳龟肝脏和心脏中 MDA 的含量

二、半咸水环境中红耳龟丙二醛变化分析

丙二醛是生物体脂质过氧化的产物，为 1,3-双不饱和醛结构，化学性质活泼，具有亲电子性。生物体内自由基作用于脂质发生过氧化反应，氧化终产物为丙二醛，会引起

蛋白质、核酸等生命大分子的交联聚合，且具有细胞毒性，故在科学研究中常将MDA作为机体氧化应激和脂质过氧化的重要生理指标（翟晓虎等，2018），通常被认为是氧化应激和机体抗氧化防御状态的标志（Gaweł et al., 2004）。红耳龟在半咸水环境中，其肝脏和心脏中丙二醛含量升高，尤其是在高盐度环境组中MDA含量升高更为显著，表明盐度环境下，特别是在高盐度条件下，红耳龟组织、细胞可能会发生氧化损伤。此外，与心脏相比，红耳龟肝脏中丙二醛含量更高，这表明盐度对红耳龟肝脏的影响更为严重。然而，即使是发生了细胞损伤，红耳龟依然可以生活在5‰和15‰盐度的水环境中，因此我们推断，红耳龟必然能够在氧化应激（30d时MDA仍然升高）与抗氧化或其他调节机制之间达到一种新的稳态，以适应半咸水环境。

结　语

水环境中盐度的改变造成应激反应，使机体抗氧化系统作用增加。红耳龟在盐度环境中，需要更多的能量消耗以维持渗透压平衡，但是营养物质的过分利用，也可能会伴随活性氧自由基的大量增加，进而对机体造成氧化应激损伤。为应对这种氧化应激，红耳龟通过抗氧化酶系统来清除活性氧自由基。红耳龟在5‰和15‰的盐度环境中，其体内的 *SOD*、*CAT* 和 *GSH-PX* 等mRNA表达水平及酶活力在进入盐度环境中的早期（一般为6~48h）显著增加，但在盐度环境中较长的时间后（30d）通常恢复到在淡水环境中的水平。此外，红耳龟肝脏和心脏中 *Nrf2*、*TOR* 的mRNA水平与盐度环境中抗氧化酶基因早期的变化相似，而 *Nrf2* 的负调节因子 *Keap1* 的mRNA水平呈现相反的模式。以上表明，红耳龟的抗氧化防御系统能够对环境盐度做出反应，从而成功地保护机体免受氧化损伤。红耳龟应答环境盐度的抗氧化调节模式见图6-17（Ding et al., 2019）。

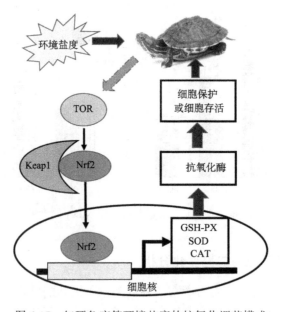

图6-17　红耳龟应答环境盐度的抗氧化调节模式

参 考 文 献

崔前进, 陈冰, 邱丽华, 等. 2017. 低盐胁迫对钝吻黄盖鲽幼鱼鳃 Na^+/K^+-ATP 酶、肝脏抗氧化酶和非特异免疫酶的影响. 广东海洋大学学报, (6): 26-32.

光吉博则, 谷仁烨, 姚桢. 2007. 氧化应激的病理生理作用. 日本医学介绍, 28(4): 150-152.

郭勤单, 王有基, 吕为群. 2014. 温度和盐度对褐牙鲆幼鱼渗透生理及抗氧化水平的影响. 水生生物学报, 38(1): 58-67.

贾旭颖. 2014. 淡水养殖凡纳滨对虾(*Litopenaeus vannamei*)对环境胁迫的生理生态响应. 青岛:中国海洋大学博士学位论文.

柳晓明. 2018. 炎症与氧化应激在二氢杨梅素对糖尿病大鼠肾脏损伤保护中的作用. 济南: 山东大学博士学位论文.

龙晓文, 吴仁福, 侯文杰, 等. 2019. 水体盐度对雌性三疣梭子蟹生长、卵巢发育、渗透压调节、代谢和抗氧化能力的影响. 水产学报, (4) DOI:10.11964/jfc. 20180611338.

石惠宇. 2018. 维生素 A 通过 Nrf2/谷胱甘肽过氧化物酶 1/NF-κB 信号通路缓解奶牛乳腺上皮细胞氧化应激的机理研究. 呼和浩特: 内蒙古农业大学博士学位论文.

孙鹏, 尹飞, 彭士明, 等. 2010. 盐度对条石鲷幼鱼肝脏抗氧化酶活力的影响. 海洋渔业, 32(2): 154-159.

王凡. 2007. 农药对水产动物污染的生物标志物的研究进展. 水产科学, 26(11): 640-642.

王宁, 马慧萍, 漆欣筑, 等. 2015. Nrf2-ARE 信号通路在机体氧化应激损伤防护中的研究进展. 解放军医药杂志, 27(12): 21-27.

王思婷. 2018. 盐度对黑鲷抗氧化系统的影响及杂交鲷鱼与亲本的脂肪酸成分比较. 南京: 南京师范大学硕士学位论文.

王妤, 庄平, 章龙珍, 等. 2011. 盐度对点篮子鱼的存活, 生长及抗氧化防御系统的影响. 水产学报, 35(1): 66-73.

吴颐. 2010. 过氧化物酶体增殖物激活受体 gamma 罗格列酮在蛛网膜下腔出血后脑血管痉挛中的作用及机制研究. 南京: 南京大学博士学位论文.

肖海冬. 2014. 高温、失水胁迫下坛紫菜抗氧化酶系统的初步研究. 厦门: 集美大学硕士学位论文.

杨健, 陈刚, 黄建盛, 等. 2007. 温度和盐度对军曹鱼幼鱼生长与抗氧化酶活性的影响. 广东海洋大学学报, 27(4): 25-29.

杨静雯, 周演根, 黄铭, 等. 2019. 盐度对虹鳟和硬头鳟幼鱼消化酶和抗氧化酶活性的比较研究. 中国海洋大学学报(自然科学版), 49(3): 122-131.

尹飞, 孙鹏, 彭士明, 等. 2011. 低盐度胁迫对银鲳幼鱼肝脏抗氧化酶, 鳃和肾脏 ATP 酶活力的影响. 应用生态学报, 22(4): 1059-1066.

翟晓虎, 杨海锋, 陈慧英, 等. 2018. 丙二醛的毒性作用及检测技术研究进展. 上海农业学报, 34(1): 144-148.

张晓东. 2017. mTOR 及 S6K1 在免疫介导再生障碍性贫血模型小鼠骨髓中的表达. 太原: 山西医科大学硕士学位论文.

赵峰, 庄平, 章龙珍, 等. 2008. 施氏鲟不同组织抗氧化酶对水体盐度升高的响应. 海洋水产研究, 29(5): 65-69.

Asagba S O, Eriyamremu G E, Igberaese M E. 2008. Bioaccumulation of cadmium and its biochemical effect on selected tissues of the catfish (*Clarias gariepinus*). Fish Physiology and Biochemistry, 34(1): 61-69.

Choi C Y, An K W, An M I. 2008. Molecular characterization and mRNA expression of glutathione peroxidase and glutathione S-transferase during osmotic stress in olive flounder (*Paralichthys olivaceus*). Comparative Biochemistry and Physiology Part A: Molecular & Integrative Physiology, 149(3): 330-337.

Chu F F, Esworthy R S, Burmeister M. 1996. The mouse glutathione peroxidase Gpx2 gene maps to chromosome 12; its pseudogene Gpx2-ps maps to chromosome 7. Genomics, 33(3): 516-518.

Davies K J. 2000. Oxidative stress, antioxidant defenses, and damage removal, repair, and replacement systems. IUBMB life, 50(4-5): 279-289.

Ding L, Li W H, Li N, et al. 2019. Antioxidant responses to salinity stress in an invasive species, the red-eared slider (*Trachemys scripta elegans*) and involvement of a TOR-Nrf2 signaling pathway. Comparative Biochemistry and Physiology Part C: Toxicology & Pharmacology, 219: 59-967.

Gaweł S, Wardas M, Niedworok E, et al. 2004. Malondialdehyde (MDA) as a lipid peroxidation marker. Wiadomosci lekarskie (Warsaw, Poland: 1960), 57(9-10): 453-455.

Gerschman R D L, Gilbert D L, Nye S W, et al. 1954. Oxygen Poisoning and X-irradiation: A Mechanism in Common. Science, 119(3097): 623-626.

Giuliani M E, Regoli F. 2014. Identification of the Nrf2-Keap1 pathway in the European eel *Anguilla anguilla*: role for a transcriptional regulation of antioxidant genes in aquatic organisms. Aquatic Toxicology, 150: 117-123.

Hayashi A, Suzuki H, Itoh K, et al. 2003. Transcription factor Nrf2 is required for the constitutive and inducible expression of multidrug resistance-associated protein1 in mouse embryo fibroblasts. Biochemical and Biophysical Research Communications, 310(3): 824-829.

Hermes-Lima M, Storey K B. 1993. Antioxidant defenses in the tolerance of freezing and anoxia by garter snakes. American Journal of Physiology-Regulatory, Integrative and Comparative Physiology, 265(3): R646-R652.

Hossain M A, Aktar S, Qin J G. 2016. Salinity stress response in estuarine fishes from the Murray Estuary and Coorong, South Australia. Fish Physiology and Biochemistry, 42(6): 1571-1580.

Itoh K, Mimura J, Yamamoto M. 2010. Discovery of the Negative Regulator of Nrf2, Keap1: A Historical Overview. Antioxidants & Redox Signaling, 13(11): 1665-1678.

Joanisse D R, Storey K B. 1996. Oxidative damage and antioxidants in *Rana sylvatica*, the freeze-tolerant wood frog. American Journal of Physiology-Regulatory, Integrative and Comparative Physiology, 271(3): R545-R553.

Kansanen E, Kuosmanen S M, Leinonen H, et al. 2013. The Keap1-Nrf2 pathway: mechanisms of activation and dysregulation in cancer. Redox Biology, 1(1): 45-49.

Kobayashi M, Yamamoto M. 2005. Molecular mechanisms activating the Nrf2-Keap1 pathway of antioxidant gene regulation. Antioxidants & Redox Signaling, 7(3-4): 385-394.

Kwak M K, Wakabayashi N, Greenlaw J L, et al. 2003. Antioxidants enhance mammalian proteasome expression through the Keap1-Nrf2 signaling pathway. Molecular and Cellular Biology, 23(23): 8786-8794.

Leiers B, Kampkötter A, Grevelding C G, et al. 2003. A stress-responsive glutathione S-transferase confers resistance to oxidative stress in *Caenorhabditis elegans*. Free Radical Biology and Medicine, 34(11): 1405-1415.

Li T, He S, Liu S, et al. 2015. Effects of different exercise durations on Keap1-Nrf2-ARE pathway activation in mouse skeletal muscle. Free Radical Research, 49(10): 1269-1274.

Lin Y, Miao L H, Pan W J, et al. 2018. Effect of nitrite exposure on the antioxidant enzymes and glutathione system in the liver of bighead carp, *Aristichthys nobilis*. Fish & Shellfish Immunology, 76: 126-132.

Lushchak V I. 2016. Contaminant-induced oxidative stress in fish: a mechanistic approach. Fish Physiology and Biochemistry, 42(2): 711-747.

Lushchak V I, Bagnyukova T V. 2006. Temperature increase results in oxidative stress in goldfish tissues. 1.

Indices of oxidative stress. Comparative Biochemistry and Physiology Part C: Toxicology & Pharmacology, 143(1): 30-35.

Maher J, Yamamoto M. 2010. The rise of antioxidant signaling-the evolution and hormetic actions of Nrf2. Toxicology and Applied Pharmacology, 244(1): 4-15.

Michiels C, Raes M, Toussaint O, et al. 1994. Importance of Se-glutathione peroxidase, catalase, and Cu/Zn-SOD for cell survival against oxidative stress. Free Radical Biology and Medicine, 17(3): 235-248.

Mittler R. 2002. Oxidative stress, antioxidants and stress tolerance. Trends in Plant Science, 7(9): 405-410.

Nguyen T, Nioi P, Pickett C B. 2009. The Nrf2-antioxidant response element signaling pathway and its activation by oxidative stress. Journal of Biological Chemistry, 284(20): 13291-13295.

Pan Y, Wu L J, Yu Z L. 2006. Effect of salt and drought stress on antioxidant enzymes activities and SOD isoenzymes of liquorice (*Glycyrrhiza uralensis* Fisch). Plant Growth Regulation, 49(2-3): 157-165.

Papadimitriou E, Loumbourdis N. 2002. Exposure of the frog *Rana ridibunda* to copper: impact on two biomarkers, lipid peroxidation, and glutathione. Bulletin of Environmental Contamination and Toxicology, 69(6): 885-891.

Prestera T, Talalay P, Alam J, et al. 1995. Parallel induction of heme oxygenase-1 and chemoprotective phase 2 enzymes by electrophiles and antioxidants: regulation by upstream antioxidant-responsive elements (ARE). Molecular Medicine, 1(7): 827-837.

Primiano T, Li Y, Kensler T W, et al. 1998. Identification of dithiolethione-inducible gene-1 as a leukotriene B4 12-hydroxydehydrogenase: implications for chemoprevention. Carcinogenesis, 19(6): 999-1005.

Raught B, Gingras A C, Sonenberg N. 2001. The target of rapamycin (TOR) proteins. Proceedings of the National Academy of Sciences, 98(13): 7037-7044.

Reichard J F, Motz G T, Puga A. 2007. Heme oxygenase-1 induction by NRF2 requires inactivation of the transcriptional repressor BACH1. Nucleic Acids Research, 35(21): 7074-7086.

Rudneva I. 1997. Blood antioxidant system of Black Sea elasmobranch and teleosts. Comparative Biochemistry and Physiology Part C: Pharmacology, Toxicology and Endocrinology, 118(2): 255-260.

Sies H. 1986. Biochemistry of oxidative stress. Angewandte Chemie International Edition in English, 25(12): 1058-1071.

Sies H. 1997. Oxidative stress: oxidants and antioxidants. Experimental Physiology, 82(2): 291-295.

Stobrawa K, Lorenc-Plucińska G. 2007. Changes in antioxidant enzyme activity in the fine roots of black poplar (*Populus nigra* L.) and cottonwood (*Populus deltoides* Bartr. ex Marsh) in a heavy metal polluted environment. Plant and Soil, 298(1-2): 57-68.

Sui Y, Huang X, Kong H, et al. 2016. Physiological responses to salinity increase in blood parrotfish (*Cichlasoma synspilum* ♀ × *Cichlasoma citrinellum* ♂). SpringerPlus, 5(1): 1246.

Sun Y, Yin Y, Zhang J, et al. 2007. Bioaccumulation and ROS generation in liver of freshwater fish, goldfish *Carassius auratus* under HC Orange No. 1 exposure. Environmental Toxicology: An International Journal, 22(3): 256-263.

Taguchi K, Motohashi H, Yamamoto M. 2011. Molecular mechanisms of the Keap1-Nrf2 pathway in stress response and cancer evolution. Genes to Cells, 16(2): 123-140.

Tew K D, Ronai Z. 1999. GST function in drug and stress response. Drug Resistance Updates, 2(3): 143-147.

Thimmulappa R K, Mai K H, Srisuma S, et al. 2002. Identification of Nrf2-regulated genes induced by the chemopreventive agent sulforaphane by oligonucleotide microarray. Cancer Research, 62(18): 5196-5203.

Uruno A, Motohashi H. 2011. The Keap1-Nrf2 system as an *in vivo* sensor for electrophiles. Nitric Oxide,

25(2): 153-160.

Vig E, Nemcsok J. 1989. The effects of hypoxia and paraquat on the superoxide dismutase activity in different organs of carp, *Cyprinus carpio* L. Journal of Fish Biology, 35(1): 23-25.

Willmore W G, Storey K B. 1997. Antioxidant systems and anoxia tolerance in a freshwater turtle Trachemys scripta elegans. Molecular and Cellular Biochemistry, 170: 177-185.

Wullschleger S, Loewith R, Hall M N. 2006. TOR signaling in growth and metabolism. Cell, 124(3): 471-484.

Yu X Z, Gu J D. 2007. Accumulation and distribution of trivalent chromium and effects on hybrid willow (*Salix matsudana* Koidz × *alba* L.) metabolism. Archives of Environmental Contamination and toxicology, 52(4): 503-511.

Zelko I N, Mariani T J, Folz R J. 2002. Superoxide dismutase multigene family: a comparison of the CuZn-SOD (SOD1), Mn-SOD (SOD2), and EC-SOD (SOD3) gene structures, evolution, and expression. Free Radical Biology and Medicine, 33(3): 337-349.

第七章　红耳龟适应半咸水环境的免疫调节

动物的免疫系统包括特异性免疫系统和非特异性免疫系统两大部分，具有识别、监视及清除异己物质，对机体进行免疫防御，将自身死亡或突变的细胞清除，维持机体内环境相对稳定的作用（李筝，2018）。环境胁迫对动物的免疫防御机能影响较大，经常造成机体免疫机能的下降，有时甚至导致机体死亡（Glaser and Kiecolt-Glaser, 2005; Khansari et al., 1990; Padgett and Glaser, 2003; Reiche et al., 2004; Young and Elliott, 1989; 邵枫和林文娟，1999；任玉娟，2018）。对于低等的无脊椎动物及鱼类而言，抗氧化酶如SOD、CAT、GSH-PX 等的活力与生物免疫水平有密切关系，可增加吞噬细胞防御能力及整个机体的免疫功能，在一定程度上能够反映机体在胁迫环境下的免疫力（刘刚等，2008；刘晓华等，2007；强俊等，2011；尹飞等，2011；龚志等，2015；任海等，2014；张晨捷等，2015；张鼎元等，2016），此类指标也是无脊椎动物免疫防御系统的重要指标（段亚飞等，2015；王桂燕等，2014）。但是对于龟类来说，其具备较为成熟的免疫器官，在环境应激时，除了本书第六章所阐述的可启动抗氧化防御系统外（Ding et al., 2019），机体的免疫系统也参与其中。红耳龟由淡水进入半咸水环境后，水环境中的盐度对于红耳龟来说，是一个较强的应激或胁迫因子，或将对红耳龟的免疫功能造成一定的影响。应激对动物免疫功能的影响是双向的，取决于应激源的性质、刺激强度、时间和剂量等。强烈的刺激均可导致免疫功能障碍，表现为免疫细胞的数量减少，增殖活性降低，特异和非特异性免疫反应减弱，免疫调节因子下降等（李筝，2018；廖鑫，2017）。但一定程度的应激，可激发动物的免疫系统，如特异的免疫系统可参与机体的细胞免疫、体液免疫及炎症反应，能够对异物进行破坏、储存或者脱毒，并且保护组织以免受自由基损伤等。本章将从免疫调节的角度探讨红耳龟入侵半咸水的适应策略。

第一节　半咸水环境中红耳龟免疫细胞因子调节

细胞因子（cytokine，CK）是免疫原、丝裂原或其他刺激剂诱导免疫细胞等产生的低分子量可溶性蛋白，具有调节固有免疫和适应性免疫、血细胞生成、细胞生长、APSC多能细胞及损伤组织修复等多种功能（Ihle, 1995; Kishimoto et al., 1994; 邓衔柏等，2003）。细胞因子可分为白细胞介素（interleukin）、干扰素（interferon）、肿瘤坏死因子（tumor necrosis factor）超家族、集落刺激因子（colony stimulating factor）、趋化因子（chemokine）、生长因子等（Balkwill and Burke, 1989）。众多细胞因子在体内通过旁分泌、自分泌或内分泌等方式发挥作用，具有多效性、重叠性、拮抗性、协同性等多种生理特性，形成了十分复杂的细胞因子调节网络，参与机体多种重要的生理功能（Hanada and Yoshimura, 2002; Starr et al., 1997）。

一、血清中主要免疫细胞因子的含量

1. 白介素 2（interleukin-2，IL-2）

IL-2 主要由激活的 T 淋巴细胞产生，在免疫系统中具有十分重要的免疫生理调节效应，能激活、提高免疫细胞的多种功能（Nelson, 2004; Waldmann, 1993），如提高它们杀伤癌细胞及被病毒或细菌感染的细胞，促进细胞因子的繁殖，刺激 T 细胞在体外的生长，促进抗体生成和分泌的能力（Jain et al., 1995; Liao et al., 2011），因此机体内 IL-2 含量的多少可以间接反映出机体的免疫应答水平（Waldmann, 1993）。红耳龟在淡水环境中，血清中 IL-2 含量约为 172.24pg/ml，在进入半咸水环境 30d 时，血清 IL-2 含量在 5‰盐度环境中为 211.17pg/ml，在 15‰盐度环境中为 258.30pg/ml，均显著高于淡水环境（$P<0.05$）（图 7-1）。

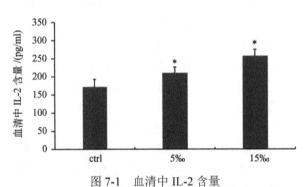

图 7-1 血清中 IL-2 含量

ctrl，淡水组；5‰，5‰盐度组；15‰，15‰盐度组（下同）

*表示该组与对照组比较差异显著（下同）

2. 白介素 4（interleukin-4，IL-4）

IL-4 是 II 型辅助 T 细胞（Th2 细胞）分泌的细胞因子，其生物作用包括刺激活化 B 细胞和 T 细胞增殖、CD4+ T 细胞分化成 II 型辅助 T 细胞，它也在调节体液免疫和适应性免疫中起关键作用（Burstein et al., 1991; Kopf et al., 1995; Shreedhar et al., 1998），其含量的高低可以间接反映机体免疫应答的水平。红耳龟在淡水环境中，血清 IL-4 含量约为 31.20pg/ml，在进入半咸水环境 30d 时，血清 IL-4 含量在 5‰盐度组为 22.09pg/ml，与淡水组差异不显著（$P>0.05$），但在较高盐度组（15‰）为 21.38pg/ml，与淡水组相比差异显著（$P<0.05$）（图 7-2）。

3. 白介素 6（interleukin-6，IL-6）

白细胞介素 6（IL-6）主要由巨噬细胞、T 细胞、B 细胞等多种细胞产生（Tanaka et al., 2014）。它可调节多种细胞的生长与分化，具有调节免疫应答、急性期反应及造血功能，并在机体的抗感染免疫反应中起重要作用（Goodman et al., 2009; Kimura and Kishimoto, 2010; Steensberg, 2003）。红耳龟在淡水环境中，血清 IL-6 含量约为 239.2pg/ml，在进入半咸水环境后 30d，血清中 IL-6 含量在 5‰的盐度环境中为 356.93pg/ml，在 15‰的盐度环境中为 360.21pg/ml，与淡水环境相比差异均显著（$P<0.05$）（图 7-3）。

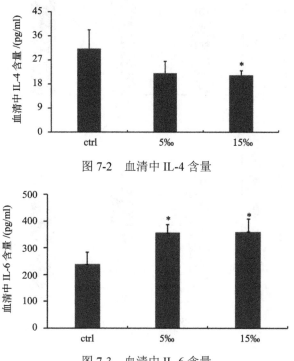

图 7-2 血清中 IL-4 含量

图 7-3 血清中 IL-6 含量

4. 白介素 18（interleukin-18，IL-18）

IL-18 属 IL-1 家族，可由多种组织细胞产生，能诱导 Th1 细胞产生细胞因子、提高 NK 细胞的细胞毒活性、促进 T 细胞增殖，与 IL-12 产生协同作用，在免疫调节中有着高效、广泛的作用（Akira, 2000; Okamura et al., 1998）。红耳龟在淡水环境中，血清 IL-18 含量约为 96.39pg/ml，在进入半咸水环境后 30d，血清 IL-18 含量在 5‰的盐度环境中为 107.49pg/ml，与淡水组比较无显著差异（$P>0.05$）；在 15‰的盐度环境中时为 124.55pg/ml，与淡水组相比差异显著（$P<0.05$）（图 7-4）。

5. 白介素 10（interleukin-10，IL-10）

IL-10 来源于 Th2 和部分调节性 T 细胞，能抑制 Th1 细胞应答及合成细胞因子，抑制巨噬细胞的抗原提呈功能及合成相应的细胞因子等（Couper et al., 2008; Mocellin et al., 2003; Saraiva and O'garra, 2010）。红耳龟在淡水环境中，血清 IL-10 含量约为 83.27pg/ml，在进入半咸水环境 30d 时，血清 IL-10 含量在 5‰的盐度环境中为 74.22pg/ml，在 15‰的盐度环境中为 67.12pg/ml，与淡水组相比差异均显著（$P<0.05$）（图 7-5）。

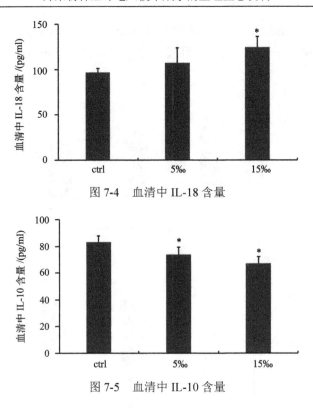

图 7-4　血清中 IL-18 含量

图 7-5　血清中 IL-10 含量

6. γ-干扰素（interferon-γ，IFN-γ）

γ-干扰素由活化 T 细胞和自然杀伤细胞（NK 细胞）及 NKT 细胞产生，具有很强的免疫调节作用，它可以调节 T 淋巴细胞、B 淋巴细胞的免疫功能，也可激活抗原提呈细胞，通过上调转录因子 T-bet 而促进 I 型辅助 T 细胞（Th1 细胞）的分化，可引起干扰素敏感细胞表面抗原和某些受体的表达增加，结合并激活其受体调节 JAK-STAT 通路（Frucht et al., 2001; Heink et al., 2005; Nelson et al., 2005）。红耳龟在淡水环境中，血清 IFN-γ 含量约为 392.15pg/ml，在进入半咸水环境 30d 时，血清 IFN-γ 含量在 5‰ 的盐度环境中为 520.21pg/ml，在 15‰ 的盐度环境中为 534.24pg/ml，与淡水环境相比差异均显著（$P<0.05$）（图 7-6）。

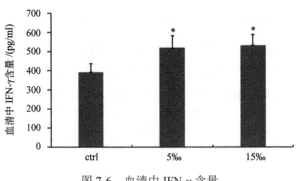

图 7-6　血清中 IFN-γ 含量

7. 肿瘤坏死因子-α（tumor necrosis factor-α，TNF-α）

TNF-α 具有广泛的生物活性，可直接杀伤肿瘤细胞，具有类似干扰素的抗病毒作用，增强对病毒感染细胞的杀伤作用。TNF-α 参与单核巨噬细胞的活化及自分泌的调节作用，促进单核巨噬细胞及其他细胞产生细胞因子 IL-1、IL-6 及 TNF-α 本身，所以 TNF-α 可以反映机体的免疫状态（Balkwill, 2006; Ding et al., 2007; Kumar et al., 2009）。红耳龟在淡水环境中，血清 TNF-α 含量约为 28.59pg/ml，在进入半咸水环境 30d 时，血清 TNF-α 含量在 5‰的盐度环境中为 43.77pg/ml，在 15‰的盐度环境中为 48.78pg/ml，与淡水环境相比差异均显著（$P<0.05$）（图 7-7）。

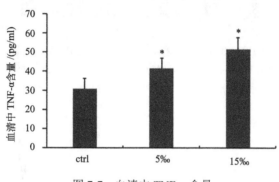

图 7-7　血清中 TNF-α 含量

二、红耳龟肝脏和心脏主要免疫细胞因子 mRNA 表达

1. 白介素 1（interleukin-1，IL-1）

IL-1 是由活化的巨噬细胞所产生，在白细胞或免疫细胞间相互作用的淋巴因子，在传递信息，激活与调节免疫细胞，介导 T 细胞和 B 细胞的活化、增殖与分化，以及炎症反应中起重要作用（Medzhitov and Janeway, 1997; Mills and Dunne, 2009; Weber et al., 2010）。红耳龟由淡水进入半咸水环境后，肝脏中 *IL-1* 的 mRNA 表达水平在 6h 和 24h 时显著升高，与淡水组相比差异显著（$P<0.05$），在半咸水环境中较长时间（30d）时，其表达量恢复到正常水平（$P>0.05$）。心脏中 *IL-1* 的 mRNA 表达量在早期（6h）显著升高（$P<0.05$），但 48h 时下降并显著低于淡水组（$P<0.05$），较长时间（30d）时，低盐度组（5‰）恢复到正常水平，而 15‰的高盐度组，其 mRNA 表达量显著高于淡水组（$P<0.05$）（图 7-8）。

2. 白介素 6（interleukin-6，IL-6）

红耳龟进入 5‰和 15‰的盐度环境中 6h 时，肝脏中 *IL-6* mRNA 表达水平显著升高，与淡水组相比差异显著（$P<0.05$），但随后的 24h 和 48h 其表达量显著降低（$P<0.05$）；在半咸水环境中生活较长时间（30d）后，红耳龟肝脏中 *IL-6* 的 mRNA 表达水平二次升高并显著高于淡水组（$P<0.05$）。心脏中 *IL-6* 的 mRNA 表达量在 15‰盐度组自 6h 开始

急剧上升，之后虽有所下降，但均维持在较高水平，与淡水组比较差异显著（$P<0.05$）；在低盐度 5‰环境中时，心脏中 *IL-6* 的 mRNA 表达量在 6h 至 48h 时升高，与淡水组相比差异显著（$P<0.05$）（图 7-9）。

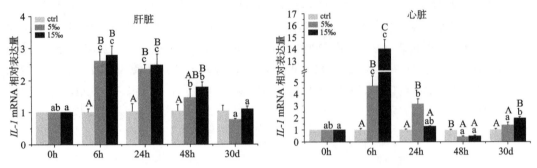

图 7-8　红耳龟肝脏和心脏中 *IL-1* 的 mRNA 表达量

不同的大写字母代表在同一暴露时间不同盐度组的差异显著；不同的小写字母代表同一盐度环境下不同暴露时间的差异显著（$P<0.05$）（下同）

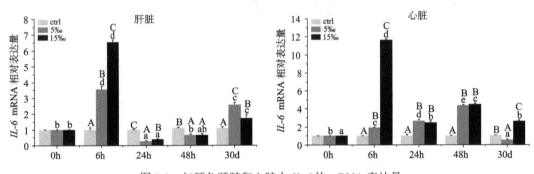

图 7-9　红耳龟肝脏和心脏中 *IL-6* 的 mRNA 表达量

3. 白介素 8（interleukin-8，IL-8）

IL-8 主要由单核-巨噬细胞产生，其他如成纤维细胞、上皮细胞、内皮细胞、肝脏细胞等亦可在适宜的刺激下产生 IL-8（Akira, 2000; Baggiolini and Loetscher, 2000）。IL-8 与其特异性受体结合而发挥作用，可吸引和激活中性粒细胞，后者与 IL-8 接触后发生形态变化，定向游走到反应部位并释放一系列活性产物，导致机体局部的炎症反应，达到杀菌和细胞损伤的目的（Akira, 2000）。红耳龟进入半咸水环境后，肝脏中 *IL-8* mRNA 表达量在 6h 显著升高（$P<0.05$），24h 下降至正常水平；在 15‰盐度组中 48h 时，其 mRNA 表达量二次升高，但在 30d 时又显著下降，与淡水组比较差异显著（$P<0.05$）。心脏中 *IL-8* 的 mRNA 表达量在 24h 时显著降低，与淡水组相比差异显著（$P<0.05$），48h 时回升，并显著高于淡水组（$P<0.05$），但较长时间（30d）后，低盐度组中 *IL-8* 表达量恢复至正常值，而高盐度组（15‰）则继续维持较高水平（$P<0.05$）（图 7-10）。

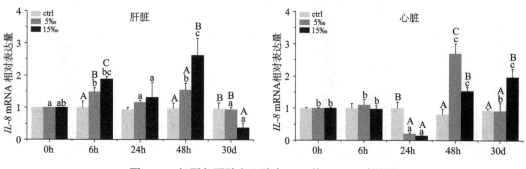

图 7-10 红耳龟肝脏和心脏中 *IL-8* 的 mRNA 表达量

4. 白介素 18（interleukin-18，IL-18）

由图 7-11 可知，红耳龟肝脏中 *IL-18* 的 mRNA 表达量在 5‰ 的盐度环境中 48h，以及 15‰ 的盐度环境中 24h 和 30d 时显著降低之外，其余时间一直维持在正常水平。心脏中 *IL-18* 的 mRNA 表达水平在 6h 显著增加（$P<0.05$），但随后在 24h 时下降，并显著低于淡水组（$P<0.05$），其余时间一直维持在较低水平，但与淡水组相比差异不显著（$P>0.05$）。

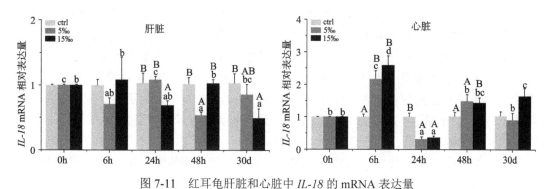

图 7-11 红耳龟肝脏和心脏中 *IL-18* 的 mRNA 表达量

5. 肿瘤坏死因子-α（TNF-α）

红耳龟肝脏中 *TNF-α* 的 mRNA 表达量在 5‰ 的盐度环境中 6h 时显著降低，与淡水组相比差异显著（$P<0.05$），但在 24h 时其表达量上升，并显著高于淡水组（$P<0.05$），之后的 48h 及 30d 基本恢复至正常水平；在 15‰ 盐度环境中，其 mRNA 表达水平在 24h 和 48h 显著高于淡水组，其余时间基本和淡水组保持一致水平（$P<0.05$）。心脏中 *TNF-α* 的 mRNA 表达量在 6h 显著降低，但 48h 时上升，并显著高于淡水组（$P<0.05$），而在半咸水环境中较长时间（30d）后，低盐度组中 *TNF-α* 的 mRNA 表达量基本恢复正常，高盐度组（15‰）依然维持在较高水平（$P<0.05$）（图 7-12）。

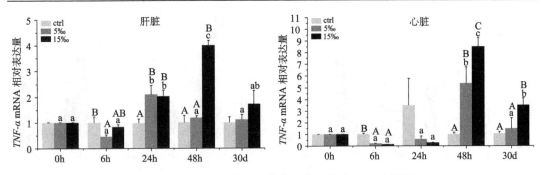

图 7-12 红耳龟肝脏和心脏中 TNF-α 的 mRNA 表达量

三、半咸水环境中红耳龟免疫细胞因子分析

动物的免疫系统中存在各种细胞因子，它们在细胞内、细胞间互相影响，呈递信息，直接或间接行使非特异性和特异性免疫功能，抵御外来刺激或病原微生物的侵袭等（Baggiolini and Loetscher, 2000; Balkwill and Burke, 1989），在保护机体健康、维护机体内环境、维持机能稳态方面起着举足轻重的作用（Kishimoto et al., 1994）。如冷应激可显著影响仔猪肾脏中肿瘤坏死因子-α、干扰素-γ 基因表达量（黄思琪等，2019）；PM2.5 氧化应激可显著提高小鼠血清中 IL-4、IL-5、IL-13 和 IFN-γ 水平（鲍志坚等，2018）；雏鸡受热应激后，其外周血液中 IL-6 含量出现先下降、后上升然后又下降趋势，IL-10 含量出现小幅下降之后持续上升，表明热应激可致机体呈现一定程度的炎症反应（翟杰，2015）；毫米波急性辐照小鼠能诱发血清细胞因子应激性升高，Th1/Th2 平衡（IFN-γ/IL-4）明显向 Th1 免疫方向偏移，表明免疫调节在毫米波辐照诱发的急性应激反应中发挥了重要的调节作用（孙嵘等，2013）；细胞因子的研究在人类医学及畜牧兽医学方面相对成熟，发展迅猛（Starkie et al., 2005; Barichello et al., 2011），但在水生动物的研究中起步较晚。目前在鱼类中已发现多种执行免疫功能的细胞因子，如肿瘤细胞坏死因子-α 和白细胞介素 IL-1 等是免疫炎症反应中关键的细胞因子（Secombes et al., 2001）。而在龟类中，鉴定出的细胞因子很少，目前只有中华鳖的 IL-8、IL-2、IFN-γ 等被克隆和鉴定出来，并被认为在龟鳖类免疫中起到重要的调节作用（Fu et al., 2014; Guo, 2001; Zhou et al., 2009）。

对于水生生物来说，水环境中的水质因素如盐度、水温、pH、溶氧（DO）、氨氮（NH_4^+-N）、亚硝态氮（NO_2-N）、总氮（TN）、总磷（TP）等，这些环境因子的改变都将直接或间接影响水生生物的免疫系统和健康（简纪常等，2004；李箏，2018；王静波等，2015）。盐度应激，往往会引发机体内分泌、代谢系统和免疫系统的变化（李箏，2018）。例如，盐度能限制鱼体免疫系统功能，对免疫组织产生可逆或不可逆损伤，导致鱼类免疫功能下降，对外界刺激没有抗性，易感染病原菌，最终导致鱼类体质降低，生长性能受到影响等（房子恒，2013；冯娟等，2007）。红耳龟由淡水进入半咸水环境中，水体中升高的盐度使机体的免疫细胞因子含量也发生了相应的改变，例如，在长期的盐度胁迫后，红耳龟血清中 IL-2、IL-6、IL-18、IFN-γ、TNF-α 含量显著增加，尤其是在较高的盐度环境中，增加幅度更为显著，并且肝脏和心脏中的部分免疫调节因子在盐度应激的早期，如 IL-1、IL-6、TNF-α 的 mRNA 表达水平显著升高。在较高盐度环境中，胁迫较长时间后，部分细胞因子的 mRNA 表达量也显著增加，由此说明，盐度环境激发了红耳龟的免疫防御系统和炎症反应，增强了机体的抵抗力，以为红耳龟适应半咸水环境提供助力。

第二节　半咸水环境中红耳龟 NF-κB 通路的调控

NF-κB 广泛存在于动物细胞中，是一个对氧化还原反应敏感，并对炎症和应激反应、免疫应答、细胞生存及增生具有重要调节作用的转录因子，是抗炎症和抗氧化作用的新靶点（Baeuerle and Baltimore, 1996; Hayden and Ghosh, 2004; 李岩，2011）。当细胞处于静息状态时，NF-κB 与抑制蛋白 IκB 结合，处于细胞质中不具有活性（Baldwin, 1996）。在应激的环境下，机体的先天免疫系统会做出一系列的免疫调控反应来降低这些不利因素对生物本身的伤害，NF-κB 信号通路作为先天免疫的重要信号调控通路也必然会参与到这些应激过程中（Li and Karin, 1999; Mercurio and Manning, 1999; 易继海，2016）。当细胞受外界因素刺激后，IκB 迅速被水解，NF-κB 被活化，迅速跨膜进入细胞核从而诱导参与免疫反应早期和炎症反应各阶段的多种细胞因子、黏附分子、趋化因子、免疫识别受体等相关因子的基因表达，进而影响免疫细胞的活性，调节机体的免疫应答反应（DiDonato et al., 1997; Pahl, 1999）。由第一节可知，红耳龟在半咸水环境中血清中的免疫细胞调节因子生成增加，推测这可能与 NF-κB 信号通路的活化有关，本节针对红耳龟在半咸水环境中 NF-κB 通路的调控作用进行阐述。

一、半咸水环境中红耳龟 *NF-κB* 的表达

核因子活化 B 细胞 κ 轻链增强子（nuclear factor kappa light chain enhancer of activated B cells, NF-κB）是一种可以控制 DNA 转录的蛋白质复合体。NF-κB 家族由 5 名成员组成，分别是 NF-κB1（p50）、NF-κB2、c-Rel、Rel A（p65）和 RelB，可以特异地与免疫球蛋白 κ 轻链上的 κB 序列结合并调节其基因表达的核因子（Hayden and Ghosh, 2004）。作为由 NF-κB 介导并且在先天免疫中发挥至关重要作用的信号转导通路，NF-κB 信号通路控制着大量与免疫相关的基因（抗菌肽、细胞因子等）的表达（Ghosh and Karin, 2002; Li and Verma, 2002），还参与对获得性免疫应答的调节，NF-κB 是先天免疫和获得性免疫调节方式的联系纽带（Li and Verma, 2002）。NF-κB 几乎存在于所有脊椎动物和无脊椎动物中，并同时参与了许多重要的生理、病理过程，细胞分化及细胞对诸多外界刺激的响应过程（Ghosh et al., 1998; Hayden and Ghosh, 2008）。NF-κB 信号通路受到细胞因子或促炎因子的刺激时被激活，主要调控着机体免疫相关的基因和细胞凋亡的相关基因（Gilmore, 2006; Karin and Lin, 2002; May and Ghosh, 1998）。

红耳龟肝脏中 *NF-κB1*（*p50*）的 mRNA 表达水平在半咸水的环境中 24h 时显著升高，与淡水组相比差异显著（$P<0.05$），在较长时间（30d）后，*p50* 的 mRNA 表达量在 5‰ 盐度组下降至正常水平，但 15‰ 盐度组依然维持较高水平，与淡水组比较差异显著（$P<0.05$）。心脏中 *NF-κB1*（*p50*）的 mRNA 表达水平在早期（6h、24h 和 48h）显著升高，与淡水环境相比差异显著（$P<0.05$），较长时间（30d）后，其表达量变化趋势与肝脏中相似（图 7-13）。

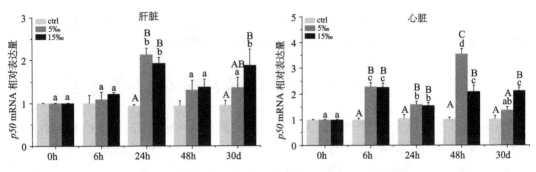

图 7-13 红耳龟肝脏和心脏中 *p50* 的 mRNA 表达量

红耳龟肝脏中 *p65* 的 mRNA 表达水平在 5‰ 的盐度环境中,自 6h 开始显著升高,并在之后的时间里维持较高水平,在 30d 时达到最高,与淡水组相比差异显著($P<0.05$);在 15‰ 的盐度环境中,其 mRNA 表达水平在 48h 时显著高于淡水组,30d 时表达量最高($P<0.05$)。心脏中 *p65* 的 mRNA 表达水平自 24h 显著升高,至 30d 时一直保持较高水平($P<0.05$)(图 7-14)。

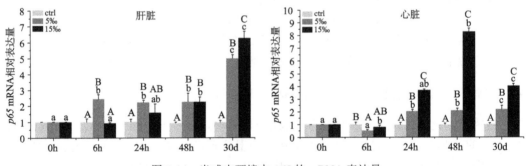

图 7-14 半咸水环境中 *p65* 的 mRNA 表达量

二、半咸水环境中红耳龟 **IκB** 的表达

IκB 蛋白作为 NF-κB 信号通路的一员,在动物的先天免疫调节中发挥着重要的作用。IκB 蛋白家族也有着很多成员:IκBα、IκBβ、IκBγ、IκBε、Bcl-3、p105(NF-κB1 的前体)和 p100(NF-κB2)等,其中最重要且被广泛研究的是 IκBα(易继海,2016)。细胞质中的 p65、p50 和 IκB 结合成三聚体,使 p65 和 p50 不能入核,当 IκB 发生磷酸化后特定的赖氨酸残基泛素化,接着被蛋白酶水解,p65 核转位后诱导基因的转录,调控机体免疫相关的基因(Baldwin, 1996; Hoffmann et al., 2002)。

红耳龟由淡水进入半咸水环境中后,肝脏中 *IκBα* 的 mRNA 表达水平在 24h 和 48h 显著下降,与淡水组相比差异显著($P<0.05$),但在盐环境中生活较长时间(30d)时,其表达量基本恢复至正常水平($P>0.05$)。心脏中 *IκBα* 的 mRNA 表达水平虽在 6h 时显著升高,但之后的 24h、48h 却显著降低,与淡水环境相比差异显著($P<0.05$);在半咸水环境中较长时间(30d)时,*IκBα* 的 mRNA 表达量在 5‰ 盐度组中恢复到正常水平($P>0.05$),但在 15‰ 盐度环境中仍维持较高水平($P<0.05$)(图 7-15)。

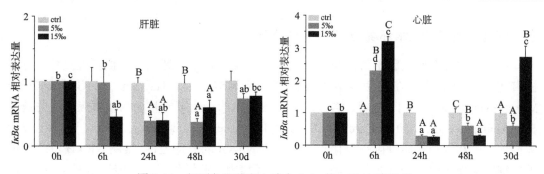

图 7-15 红耳龟肝脏和心脏中 $I\kappa B\alpha$ 的 mRNA 表达量

红耳龟肝脏中 $I\kappa B\beta$ 的 mRNA 表达水平在 5‰ 和 15‰ 的盐度环境中，仅在 30d 时显著升高，与淡水组相比差异显著（$P<0.05$）。心脏中 $I\kappa B\beta$ 的 mRNA 表达水平在 5‰ 的盐度环境中，仅 6h 时显著高于淡水组（$P<0.05$）；在 15‰ 的盐度环境中 6h、48h 和 30d 时显著升高，与淡水组相比差异显著（$P<0.05$），其中以 6h 的增幅最为明显（图 7-16）。

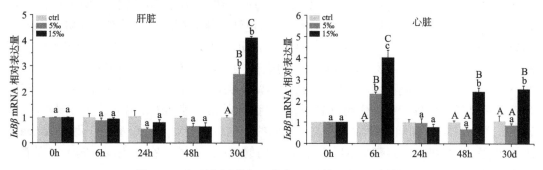

图 7-16 红耳龟肝脏和心脏中 $I\kappa B\beta$ 的 mRNA 表达量

红耳龟肝脏中 $I\kappa B\varepsilon$ 的 mRNA 表达量在 5‰ 和 15‰ 盐度环境中的早期与淡水组相比，均表现为显著下降的趋势（$P<0.05$）；但在较长时间（30d）后，15‰ 盐度环境中肝脏 $I\kappa B\varepsilon$ 的表达量显著上调（$P<0.05$）。心脏中 $I\kappa B\varepsilon$ 的表达量在 15‰ 盐度组 24h 及 5‰ 盐度组 48h 时显著降低（$P<0.05$）（图 7-17）。

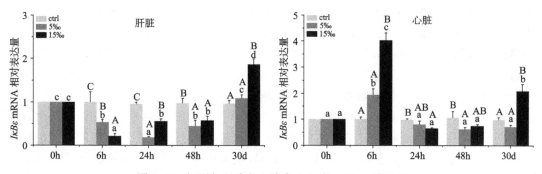

图 7-17 红耳龟肝脏和心脏中 $I\kappa B\varepsilon$ 的 mRNA 表达量

三、红耳龟适应半咸水环境的 NF-κB 通路分析

尽管已知许多转录因子可参与应激反应，但 NF-κB 信号通路因其激活速度快，且调控着多种信号通路，在应激反应中发挥着中枢调节作用（Hayden and Ghosh, 2004; Mercurio and Manning, 1999; 张鑫, 2015），该通路的活化可能是动物缓解应激的关键所在（Allan and Storey, 2012; Carey et al., 2000; Krivoruchko and Storey, 2010）。如多巴胺能神经元细胞和神经胶质细胞在氧化应激条件下 *NF-κB* 的表达上调，推测 NF-κB 可能保护神经细胞免受氧化损伤（张仁云等, 2011）；环境因子刺激细胞后，能够激活 NF-κB 信号通路，随后作用于各自的底物来影响转录因子的活性，调节着 TNF-α、IL-1、IL-6、IL-8 等细胞因子的表达，而其中的很多细胞因子反过来也是 NF-κB 信号通路的活化剂，可激活 NF-κB（Li and Verma, 2002），如缺氧性炎症的过程中，NF-κB 引起的炎症基因 *COX-2*、巨噬细胞炎症蛋白-2（macrophage inflammatory protein-2, *MIP-2*）、*TNF-α* 等表达上调，进而再次激活 NF-κB，同时还可使 IL-6、IL-8 等前炎症因子产生、释放增多（曲畅等, 2018）。NF-κB 通过调节凋亡相关蛋白如 IAP、c-IAP1 和 c-IAP2 等来调节细胞的凋亡（Silke and Vucic, 2014），还可以调控细胞周期，从而使细胞能够存活更长的时间（Mistry et al., 2004）。NF-κB 能够调控 T 淋巴细胞和 B 淋巴细分化及成熟，NF-κB1 缺陷型鼠不能够正常分泌抗体，而在 NF-κB2 缺陷型鼠中则表现为免疫细胞的活性被降低（Low et al., 2015）。NF-κB 除在哺乳动物的免疫系统中扮演着关键的角色外（苏鹏等, 2016），在两栖动物和鱼类中也发挥重要作用，如斑马鱼细胞受到 LPS 刺激时，NF-κB 会被明显激活，说明斑马鱼 NF-κB 和哺乳动物一样，在机体的免疫应答方面发挥着重要作用（Correa et al., 2004）；七鳃鳗中也存在与 NF-κB 相互作用的类 IκB 蛋白，在其免疫系统中发挥着一定的作用（Su et al., 2013; 苏鹏等, 2016）。

NF-κB 信号通路在龟鳖动物中的调控作用也时有报道，如红耳龟在面临缺氧应激时，肝脏中的磷酸化 IκB 水平在缺氧 5h 时升高，*p50* 和 *p65* 的 mRNA 转录水平和蛋白质水平均提高，并且由 NF-κB 控制的下游靶基因的 mRNA 转录水平也相应升高，表明在缺氧期间，NF-κB 通路被激活，使红耳龟耐受一定程度的缺氧环境（Krivoruchko and Storey, 2010）。红耳龟由淡水进入半咸水环境后，其肝脏和心脏中的 *p65* 及 *p50* 的 mRNA 表达水平在盐度胁迫的短期显著增加，尤其是在较高盐度环境中，其表达量升高更为显著。说明在急性盐度胁迫下，NF-κB 通路被激活。在长期胁迫中，红耳龟为了适应环境，NF-κB 通路被过量活化，推测机体也可能会促发相应的炎症，而炎症反应的强弱与相应细胞因子或者炎症介质的基因表达有着密切的关系，NF-κB 作为重要的转录因子，起到了一个中介作用，并且清除因盐度胁迫而坏死的细胞。

NF-κB 激活受其细胞质抑制蛋白 IκB 的调控，所有 IκB 的结构均包括 6~7 个锚蛋白重复单位，它们组成的螺旋结构结合到 Rel 同源结构域上，覆盖 NF-κB 的核定位序列（nuclear localization sequence, NLS），阻止 NF-κB 进入核中与相关基因的结合。只有 IκBα、IκBβ 和 IκBε 含有在外界信号刺激下能被降解的 N 端调控区域，IκB 的磷酸化是激活 NF-κB 系统的最关键的步骤，同时 IκB 也在 NF-κB 活化终止中起重要的作用（高小玲和黄爱龙, 2004）。红耳龟由淡水进入半咸水的环境中时，肝脏和心脏中 *IκB* 的表达水平下

降,基本与 *NF-κB* 保持相反的趋势,进一步说明盐度应激激活了红耳龟 NF-κB 信号通路。在高盐度环境中,除 *IκBα* 在肝脏的表达量下降不显著外,其他细胞因子在心脏和肝脏里表达量都显著上调,这可能是因为:①为了防止过度表达而对机体造成损害,该通路本身产生的自身抑制;②NF-κB 通路诱导表达的免疫因子足够维持机体内环境的稳定,无须继续激活表达,从而过量表达 *IκB* 来抑制通路的激活。

总之,NF-κB 通路的活化,可能诱导并参与了红耳龟在半咸水环境中的免疫反应和炎症反应各阶段的多种细胞因子等相关因子的表达,进而调节机体的免疫应答反应,以更好地适应盐度环境。

结　　语

红耳龟由淡水进入半咸水环境中,面对盐度的应激,其先天免疫系统会做出一系列的免疫调控反应来降低不利因素对其本身的伤害,NF-κB 信号通路作为先天免疫的重要信号调控通路参与到这个应激过程中,该信号通路的活化,调控了大量与免疫相关基因如细胞因子等的表达,致使红耳龟血清中 IL-2、IL-6、IL-18、IFN-γ、TNF-α 等的含量显著增加,尤其是在较高盐度环境中,增加幅度更为显著。肝脏和心脏中部分免疫调节因子在盐度应激的早期,如 *IL-1*、*IL-6*、*TNF-α* 等的 mRNA 表达水平也显著升高,而这些细胞因子反过来也可能进一步加速了 NF-κB 信号通路的活化,由此增强了红耳龟的免疫防御系统和炎症反应,为红耳龟适应半咸水环境提供帮助。

在本课题组的研究中,除了免疫细胞因子和 NF-κB 信号通路,我们尝试着探索盐度环境中红耳龟免疫相关的体液调节等其他应答反应,但由于血液中所测得的补体 C3 和 C4,以及免疫球蛋白(IgG、IgA、IgM 等)含量过低,无法进行计算和分析,故这一部分的结果并未写进本章中,我们将继续改进检测方法,以期获得可靠的数据,可以全面地评价红耳龟适应半咸水环境的免疫调节机制。

参 考 文 献

鲍志坚, 胡旭, 沈晓强. 2018. PM2.5 氧化应激对变应性哮喘气道上皮固有免疫调控因子表达的刺激作用. 浙江医学, (2): 142-144.

邓衍柏, 王小莺, 陈红平, 等. 2003. 细胞因子与动物免疫. 江西农业大学学报, 25(1): 137-140.

段亚飞, 董宏标, 王芸, 等. 2015. 干露胁迫对日本囊对虾抗氧化酶活性的影响. 南方水产科学, 11(4): 102-108.

房子恒. 2013. 不同盐度对半滑舌鳎幼鱼生长的影响及其生理生态学机制的研究. 青岛: 中国海洋大学硕士学位论文.

冯娟, 徐力文, 林黑着, 等. 2007. 盐度变化对军曹鱼稚鱼相关免疫因子及其生长的影响. 中国水产科学, 14(1): 120-125.

高小玲, 黄爱龙. 2004. IκB 激酶的研究进展. 国际检验医学杂志, 25(6): 539-541.

龚志, 蔡春芳, 朱健明, 等. 2015. 高 pH 值对中华绒螯蟹抗氧化能力及虾青素沉积的影响. 淡水渔业, (1): 20-24.

黄思琪, 曲红焱, 黄大鹏, 等. 2019. L-精氨酸对冷应激仔猪生长性能、免疫功能及肝脏、肾脏中肿瘤坏死因子-α、干扰素-γ 基因表达量的影响. 动物营养学报, 31(1): 142-150.

简纪常, 叶剑敏, 吴灶和. 2004. 溶藻弧菌脂多糖对石斑鱼免疫功能的影响. 水生生物学报, 28(1): 103-105.

李岩. 2011. 罗格列酮对局灶性脑缺血再灌注后 NF-κB 和 COX-2 表达的影响. 锦州: 辽宁医学院硕士学位论文.

李筝. 2018. 尖头大吻鲃 HSPs 基因克隆及热应激下 HSPs 和免疫相关基因的表达响应. 新乡: 河南师范大学硕士学位论文.

廖鑫. 2017. 追溯适应性免疫的起源. 南京: 南京大学博士学位论文.

刘刚, 潘红春, 王学, 等. 2008. Pb^{2+} 对日本三角涡虫急性毒理作用及其 6 种酶活力的影响. 安徽师范大学学报(自然科学版), 31(6): 571-575.

刘晓华, 曹俊明, 杨大伟, 等. 2007. 氨氮胁迫前后凡纳滨对虾组织中抗氧化酶和脂质过氧化产物的分布. 水生态学杂志, 27(6): 24-26.

强俊, 徐跑, 何杰, 等. 2011. 氨氮与拥挤胁迫对吉富品系尼罗罗非鱼幼鱼生长和肝脏抗氧化指标的联合影响. 水产学报, 35(12): 1837-1848.

曲畅, 吴云红, 穆靖洲, 等. 2018. 核转录因子-κB 在缺氧导致的炎症中的作用. 生理科学进展, (1): 39-43.

任海, 李健, 李吉涛, 等. 2014. 急性氨氮胁迫对脊尾白虾(*Exopalaemon carinicauda*)抗氧化系统酶活力及 *GPx* 基因表达的影响. 农业环境科学学报, 33(4): 647-655.

任玉娟. 2018. 镉诱导的背角无齿蚌免疫毒性效应的研究. 太原: 山西大学硕士学位论文.

邵枫, 林文娟. 1999. 应激对免疫作用机制的研究进展. 心理科学进展, 17(3): 1-6.

苏鹏, 冯少姝, 李庆伟. 2016. NF-κB 和 IκB 在不同动物类群中的结构及功能研究进展. 遗传, 38(6): 523-531.

孙嵘, 马琼, 杜丽, 等. 2013. 毫米波辐照所致急性应激对小鼠细胞因子和 Th1/Th2 免疫平衡的影响. 解放军医学杂志, 39(10): 859-863.

王桂燕, 李锋, 史济月, 等. 2014. 四氯乙烯胁迫对草鱼抗氧化酶活性的影响及其机理. 中国环境科学, 34(6): 1579-1585.

王静波, 曹欢, 王小亮, 等. 2015. 高水温对杂交鲟主要免疫指标的影响. 大连海洋大学学报, 30(5): 484-488.

易继海. 2016. NF-κB, JAK2/STAT3 信号通路调控布鲁氏菌胞内存活分子机制的初步研究. 石河子: 石河子大学硕士学位论文.

尹飞, 孙鹏, 彭士明, 等. 2011. 低盐度胁迫对银鲳幼鱼肝脏抗氧化酶, 鳃和肾脏 ATP 酶活力的影响. 应用生态学报, 22(4): 1059-1066.

翟杰. 2015. 热应激对雏鸡外周血液免疫细胞功能及相关因子的影响. 哈尔滨: 东北农业大学硕士学位论文.

张晨捷, 张艳亮, 高权新, 等. 2015. 低盐胁迫对黄姑鱼幼鱼肝脏抗氧化功能的影响. 南方水产科学, 11(4): 59-64.

张鼎元, 曹潇, 郭春阳, 等. 2016. 乙酸铜对银鲳幼鱼急性毒性及抗氧化酶活性的影响. 生态毒理学报, 11(4): 280-286.

张仁云, 李申, 刘丹, 等. 2011. 氧化应激调控的神经细胞 NF-κB 表达. 山东医药, (1): 90-92.

张鑫. 2015. 杂色鲍在高温和缺氧应激下 NF-κB 信号通路相关基因的研究. 厦门: 集美大学硕士学位论文.

Akira S. 2000. The role of IL-18 in innate immunity. Current opinion in immunology, 12(1): 59-63.

Allan M E, Storey K B. 2012. Expression of NF-κB and downstream antioxidant genes in skeletal muscle of hibernating ground squirrels, *Spermophilus tridecemlineatus*. Cell Biochemistry and Function, 30(2):

166-174.

Baeuerle P A, Baltimore D. 1996. NF-κB: ten years after. Cell, 87(1): 13-20.

Baggiolini M, Loetscher P. 2000. Chemokines in inflammation and immunity. Immunology Today, 21(9): 418-420.

Baldwin J A S. 1996. The NF-κB and IκB proteins: new discoveries and insights. Annual Review of Immunology, 14(1): 649-681.

Balkwill F. 2006. TNF-α in promotion and progression of cancer. Cancer and Metastasis Reviews, 25(3): 409.

Balkwill F, Burke F. 1989. The cytokine network. Immunology Today, 10(9): 299-304.

Barichello T, Lemos J C, Generoso J S, et al. 2011. Oxidative stress, cytokine/chemokine and disruption of blood-brain barrier in neonate rats after meningitis by *Streptococcus agalactiae*. Neurochemical Research, 36(10): 1922-1930.

Burstein H J, Tepper R I, Leder P, et al. 1991. Humoral immune functions in IL-4 transgenic mice. The Journal of Immunology, 147(9): 2950-2956.

Carey H, Frank C, Seifert J. 2000. Hibernation induces oxidative stress and activation of NF-κB in ground squirrel intestine. Journal of Comparative Physiology B, 170(7): 551-559.

Correa R G, Tergaonkar V, Ng J K, et al. 2004. Characterization of NF-κB/IκB proteins in zebra fish and their involvement in notochord development. Molecular and Cellular Biology, 24(12): 5257-5268.

Couper K N, Blount D G, Riley E M. 2008. IL-10: the master regulator of immunity to infection. The Journal of Immunology, 180(9): 5771-5777.

DiDonato J A, Hayakawa M, Rothwarf D M, et al. 1997. A cytokine-responsive IκB kinase that activates the transcription factor NF-κB. Nature, 388(6642): 548-554.

Ding L, Li W H, Li N, et al. 2019. Antioxidant responses to salinity stress in an invasive species, the red-eared slider (*Trachemys scripta elegans*) and involvement of a TOR-Nrf2 signaling pathway. Comparative Biochemistry and Physiology Part C: Toxicology & Pharmacology, 219: 59-67.

Ding T, Sun J, Zhang P. 2007. Immune evaluation of biomaterials in TNF-α and IL-1β at mRNA level. Journal of Materials Science: Materials in Medicine, 18(11): 2233-2236.

Frucht D M, Fukao T, Bogdan C, et al. 2001. IFN-γ production by antigen-presenting cells: mechanisms emerge. Trends in Immunology, 22(10): 556-560.

Fu J P, Chen S N, Zou P F, et al. 2014. IFN-γ in turtle: conservation in sequence and signalling and role in inhibiting iridovirus replication in Chinese soft-shelled turtle *Pelodiscus sinensis*. Developmental & Comparative Immunology, 43(1): 87-95.

Ghosh S, Karin M. 2002. Missing pieces in the NF-κB puzzle. Cell, 109(2): S81-S96.

Ghosh S, May M J, Kopp E B. 1998. NF-κB and Rel proteins: evolutionarily conserved mediators of immune responses. Annual Review of Immunology, 16(1): 225-260.

Gilmore T D. 2006. Introduction to NF-κB: players, pathways, perspectives. Oncogene, 25(51): 6680.

Glaser R, Kiecolt-Glaser J K. 2005. Stress-induced immune dysfunction: implications for health. Nature Reviews Immunology, 5(3): 243-251.

Goodman W A, Levine A D, Massari J V, et al. 2009. IL-6 signaling in psoriasis prevents immune suppression by regulatory T cells. The Journal of Immunology, 183(5): 3170-3176.

Guo Q. 2001. Identification of an interleukin-2 substance in splenocyte culture supernatant of grass carp *Ctenopharyngodon idellus* and Chinese soft-shelled turtle *Trionyx sinensis*. Acta Hydrobiologica Sinica, 25(1): 21-27.

Hanada T, Yoshimura A. 2002. Regulation of cytokine signaling and inflammation. Cytokine & Growth Factor Reviews, 13(4-5): 413-421.

Hayden M S, Ghosh S. 2004. Signaling to NF-κB. Genes & Development, 18(18): 2195-2224.

Hayden M S, Ghosh S. 2008. Shared principles in NF-κB signaling. Cell, 132(3): 344-362.

Heink S, Ludwig D, Kloetzel P M, et al. 2005. IFN-γ-induced immune adaptation of the proteasome system is an accelerated and transient response. Proceedings of the National Academy of Sciences, 102(26): 9241-9246.

Hoffmann A, Levchenko A, Scott M L, et al. 2002. The IκB-NF-κB signaling module: temporal control and selective gene activation. Science, 298(5596): 1241-1245.

Ihle J N. 1995. Cytokine receptor signalling. Nature, 377(6550): 591-594.

Jain J, Loh C, Rao A. 1995. Transcriptional regulation of the IL-2 gene. Current Opinion in Immunology, 7(3): 333-342.

Karin M, Lin A. 2002. NF-κB at the crossroads of life and death. Nature Immunology, 3(3): 221.

Khansari D N, Murgo A J, Faith R E. 1990. Effects of stress on the immune system. Immunology Today, 11: 170-175.

Kimura A, Kishimoto T. 2010. IL-6: regulator of Treg/Th17 balance. European Journal of Immunology, 40(7): 1830-1835.

Kishimoto T, Taga T, Akira S. 1994. Cytokine signal transduction. Cell, 76(2): 253-262.

Kopf M, Gros G L, Coyle A J, et al. 1995. Immune responses of IL-4, IL-5, IL-6 deficient mice. Immunological Reviews, 148(1): 45-69.

Krivoruchko A, Storey K B. 2010. Molecular mechanisms of turtle anoxia tolerance: a role for NF-κB. Gene, 450(1-2): 63-69.

Kumar H, Kawai T, Akira S. 2009. Toll-like receptors and innate immunity. Biochemical and Biophysical Research Communications, 388(4): 621-625.

Li N, Karin M. 1999. Is NF-κB the sensor of oxidative stress? The FASEB Journal, 13(10): 1137-1143.

Li Q, Verma I M. 2002. NF-κB regulation in the immune system. Nature Reviews Immunology, 2(10): 725.

Liao W, Lin J X, Leonard W J. 2011. IL-2 family cytokines: new insights into the complex roles of IL-2 as a broad regulator of T helper cell differentiation. Current Opinion in Immunology, 23(5): 598-604.

Low J T, Hughes P, Lin A, et al. 2015. Impact of loss of NF-κB1, NF-κB2 or c-REL on SLE-like autoimmune disease and lymphadenopathy in Faslpr/lpr mutant mice. Immunology and Cell Biology, DOI: 10.1038/icb.2015.66.

May M J, Ghosh S. 1998. Signal transduction through NF-κB. Immunology Today, 19(2): 80-88.

Medzhitov R, Janeway C A. 1997. Innate immunity: impact on the adaptive immune response. Current Opinion in Immunology, 9(1): 4-9.

Mercurio F, Manning A M. 1999. NF-κB as a primary regulator of the stress response. Oncogene, 18(45): 6163-6171.

Mills K H, Dunne A. 2009. Immune modulation: IL-1, master mediator or initiator of inflammation. Nature medicine, 15(12): 1363.

Mistry P, Deacon K, Mistry S, et al. 2004. NF-kappaB promotes survival during mitotic cell cycle arrest. Journal of Biological Chemistry, 279(2): 1482-1490.

Mocellin S, Panelli M C, Wang E, et al. 2003. The dual role of IL-10. Trends in immunology, 24(1): 36-43.

Nelson B H. 2004. IL-2, regulatory T cells, and tolerance. The Journal of Immunology, 172(7): 3983-3988.

Nelson D E, Virok D P, Wood H, et al. 2005. Chlamydial IFN-γ immune evasion is linked to host infection tropism. Proceedings of the National Academy of Sciences, 102(30): 10658-10663.

Okamura H, Kashiwamura S, Tsutsui H, et al. 1998. Regulation of interferon-γ production by IL-12 and IL-18. Current Opinion in Immunology, 10(3): 259-264.

Padgett D A, Glaser R. 2003. How stress influences the immune response. Trends in Immunology, 24(8): 444-448.

Pahl H L. 1999. Activators and target genes of Rel/NF-κB transcription factors. Oncogene, 18(49): 6853-6866.

Reiche E M V, Nunes S O V, Morimoto H K. 2004. Stress, depression, the immune system, and cancer. The Lancet Oncology, 5(10): 617-625.

Saraiva M, O'garra A. 2010. The regulation of IL-10 production by immune cells. Nature Reviews Immunology, 10(3): 170.

Secombes C, Wang T, Hong S, et al. 2001. Cytokines and innate immunity of fish. Developmental & Comparative Immunology, 25(8-9): 713-723.

Shreedhar V, Giese T, Sung V W, et al. 1998. A cytokine cascade including prostaglandin E2, IL-4, and IL-10 is responsible for UV-induced systemic immune suppression. The Journal of Immunology, 160(8): 3783-3789.

Silke J, Vucic D. 2014. Chapter Two–IAP family of cell death and signaling regulators. Methods in Enzymology, 545: 35.

Starkie R L, Hargreaves M, Rolland J, et al. 2005. Heat stress, cytokines, and the immune response to exercise. Brain Behavior & Immunity, 19(5): 404-412.

Starr R, Willson T A, Viney E M, et al. 1997. A family of cytokine-inducible inhibitors of signalling. Nature, 387(6636): 917-921.

Steensberg A. 2003. The role of IL-6 in exercise-induced immune changes and metabolism. Exercise Immunology Review, 9(1): 40-47.

Su P, Liu X, Han Y, et al. 2013. Identification and characterization of a novel IκBε-like gene from Lamprey (*Lampetra japonica*) with a role in immune response. Fish & Shellfish Immunology, 35(4): 1146-1154.

Tanaka T, Narazaki M, Kishimoto T. 2014. IL-6 in inflammation, immunity, and disease. Cold Spring Harbor Perspectives in Biology, 6(10): a016295.

Waldmann T A. 1993. The IL-2/IL-2 receptor system: a target for rational immune intervention. Immunology Today, 14(6): 264-270.

Weber A, Wasiliew P, Kracht M. 2010. Interleukin-1 (IL-1) pathway. Science Signal, 3(105): cm1. doi: 10.1126/scisiginal. 3105 cm1.

Young R A, Elliott T J. 1989. Stress proteins, infection, and immune surveillance. Cell, 59(1): 5-8.

Zhou X, Guo Q, Dai H. 2009. Molecular characterization and expression profiles in response to bacterial infection of Chinese soft-shelled turtle interleukin-8 (IL-8), the first reptilian chemokine gene. Developmental & Comparative Immunology, 33(7): 838-847.

第八章　红耳龟适应半咸水环境的 JAK-STAT 通路应答

蛋白酪氨酸激酶（Janus kinase, JAK）/信号转导和转录活化因子（singal transducer and activator of transcription，STAT）细胞内信号转导途径，是由 JAK 蛋白家族（JAK1、JAK2、JAK3 和 TYK2）和 STAT 蛋白家族（STAT1、STAT2、STAT3、STAT4、STAT5a、STAT5b、STAT6）构成（Rawlings et al., 2004; 龙立书, 2018）。JAK/STAT 信号通路广泛存在于机体的各个组织中，是多种细胞因子、炎症介质在细胞内传递信号的共同途径，在生长发育和维持内环境稳态中是必不可少的，包括细胞增殖、分化、迁移、凋亡和免疫调节等多种生物学反应（Rawlings et al., 2004; Schindler et al., 2007; 纪华, 2004）。该信号通路的传递过程是：当细胞或组织受到刺激后产生的细胞因子结合相关受体形成受体分子二聚化，JAK 激酶靠近后发生受体偶联，通过相互作用的酪氨酸磷酸化而得以活化，当 JAK 激活后即会催化受体上酪氨酸的一些残基磷酸化，磷酸化的酪氨酸位点连通周围氨基酸序列形成一个位点，而 STAT 蛋白（含有 SH2 结构域）游离至该位点，并且结合至该受体，STAT 蛋白即发生磷酸化修饰，激活该蛋白形成二聚体入核，从而进行相关因子转录和调控（Harrison, 2012）。在这个信号转导过程中 JAK 激酶和 STAT 可以参与多种细胞因子的转录，如 *TNF*、*IL-6*、*IL-10*、*IFN-α/β*、*IFN-λs*、*IL-23*、*IL-12*、*IL-4*、*IL-2*、*IL-9*、*IL-7*、*IL-15* 等（Imada and Leonard, 2000; Schindler et al., 2007; Shuai and Liu, 2003; Murray, 2007; Simon et al., 1998）。

由本书第七章可知，红耳龟在半咸水环境中，机体通过激活 NF-κB 信号通路，调控大量与免疫相关的细胞因子（*IL-1*、*IL-6*、*IFN-γ*、*TNF-α*、*IL-8*、*IL-18*）等基因的表达，进而导致细胞因子含量发生改变，那么此类细胞因子是否会激活 JAK-STAT 信号通路，而后者是否在红耳龟面临盐度胁迫时维持内环境稳态中起作用？本章将重点阐述 JAK-STAT 信号通路在红耳龟适应半咸水环境中的调控作用。

第一节　半咸水环境中红耳龟 *JAK-STAT* 的表达

JAK2-STAT3 是比较活跃的信号通路，它可以调控细胞分化、增殖及凋亡等多种生物学功能（Rawlings et al., 2004; 景鑫, 2016; 薛翔, 2015; 薛翔等, 2014），同时可以参与多种细胞因子的转录，抑制炎性反应并下调免疫应答（Kisseleva et al., 2002; Shuai and Liu, 2003; Stark and Darnell, 2012）。

一、半咸水环境中红耳龟 JAK 家族反应

JAK 家族是一系列的蛋白酶，分子大小为 120~130kDa，按分子量可分为 JAK1、JAK2、JAK3 及 TYK2。在许多细胞内和组织结构中都发现有 JAK1~JAK3 的存在，而 TYK2 只存在于骨髓和淋巴系统中。机体在应激等环境因素的影响下，JAK 家族可能会

被活化,因此 JAK 的表达水平可以反映机体在环境胁迫下的应答反应。

红耳龟由淡水进入较低盐度环境(5‰)中的早期(6h、24h 和 48h),肝脏 *JAK1* 表达水平基本维持正常水平,与淡水组相比差异不显著($P>0.05$),在长期生活后(30d)显著升高,约为淡水组的 3.6 倍($P<0.05$);但红耳龟在较高的盐度环境(15‰)中时,*JAK1* 一直保持在相对较高的水平($P<0.05$)。红耳龟心脏中 *JAK1* 的 mRNA 表达水平在 5‰和 15‰的盐度环境中 6h 时显著增加,并在之后的时间里(24h 和 48h)持续升高,在 48h 达到最高值($P<0.05$),其中以高盐度组(15‰)升高最为剧烈,约为淡水组的 55.2 倍,虽然在较长时间(30d)时其表达水平下降,但仍显著高于淡水组($P<0.05$)(图 8-1)。

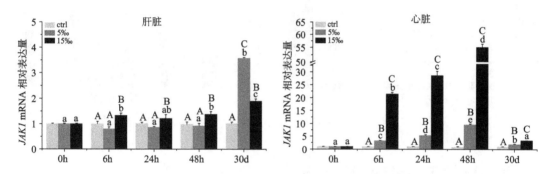

图 8-1　红耳龟肝脏和心脏中 *JAK1* 的 mRNA 表达量

柱形上方的不同大写字母代表同一暴露时间下不同盐度组的差异显著;
柱形上方的不同小写字母代表同一盐度环境下不同暴露时间的差异显著($P<0.05$)(下同)

红耳龟肝脏中 *JAK2* 的表达水平在进入盐环境的 24h 显著升高,在盐环境中生活较长时间(30d)后,低盐度组达到最高,约为淡水组的 6.7 倍,高盐度组约 2.9 倍。心脏中 *JAK2* 的 mRNA 表达在进入盐环境 6h 时显著升高,与淡水组相比差异显著($P<0.05$),在 24h 下降至正常水平,但在 48h 时第二次升高,在 30d 达到最大值,其中 15‰盐度组的 *JAK2* mRNA 表达水平较 5‰盐度组升高更为显著($P<0.05$)(图 8-2)。

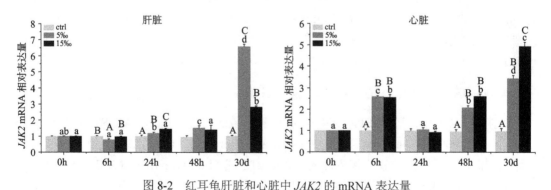

图 8-2　红耳龟肝脏和心脏中 *JAK2* 的 mRNA 表达量

JAK3 是 JAK 家族的另一成员,其表达水平在红耳龟进入半咸水环境 5‰中 24h 时显著降低,与淡水组相比差异显著($P<0.05$);30d 时,*JAK3* 的 mRNA 表达水平急剧增

加，相较于淡水组，5‰的盐度组升高了 13.7 倍，15‰的盐度组升高了 15.2 倍（$P<0.05$）。红耳龟心脏中 *JAK3* 的 mRNA 表达水平在低盐环境 5‰中 24h 时显著升高，与淡水组相比差异显著（$P<0.05$），但在之后的 48h 和 30d 下降，并低于正常水平（$P<0.05$）；在高盐环境 15‰中 6h 时，*JAK3* 的 mRNA 表达水平显著升高，与淡水组相比差异显著（$P<0.05$），虽然之后 24h 下降，但与淡水组相比差异并不显著（$P>0.05$），48h 时开始回升，一直持续到 30d，均维持在较高的水平（$P<0.05$）（图 8-3）。

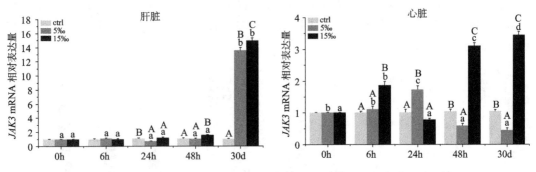

图 8-3 红耳龟肝脏和心脏中 *JAK3* 的 mRNA 表达量

二、半咸水环境中红耳龟 STAT3 应答

在 STAT 蛋白家族中 STAT3 是最为活跃也是研究最多的成员，其对细胞的生长、凋亡、周期的调控发挥着重要作用，而且 STAT3 蛋白是一种具有关键作用的双重功能蛋白，它的活化可以进一步调控大量下游靶基因的表达（Rawlings et al., 2004）。红耳龟在低盐度环境（5‰）中 48h 时，肝脏中 *STAT3* 的 mRNA 表达水平显著高于正常水平（$P<0.05$），之后持续升高，至 30d 时其表达水平达到最高，约升高了 4.7 倍；在 15‰的盐度环境中，*STAT3* 的 mRNA 表达水平显著升高，在 30d 时达到峰值，约为淡水组的 7.2 倍（$P<0.05$）。相比较于 5‰的盐度组，15‰的盐度组升幅更为明显。心脏中 *STAT3* 的 mRNA 表达水平在红耳龟进入盐环境中 6h 即开始显著升高，与淡水组相比差异显著（$P<0.05$），在之后的 24h 时，5‰的盐度组中 *STAT3* 的 mRNA 水平达到最高，在 48h 和 30d 略有下降，但仍维持较高的水平（$P<0.05$）；在 15‰的盐度环境中 *STAT3* 的 mRNA 表达水平在 30d 约升高了 6.4 倍，并显著高于 5‰的盐度组（$P<0.05$）（图 8-4）。

三、半咸水环境中红耳龟 JAK-STAT 通路分析

在接收到细胞因子信号时，JAK 可被磷酸化激活，进而启动 JAK-STAT 信号通路（Jiang et al., 2000; O'Shea et al., 2002; Sansone and Bromberg, 2012）。该通路在机体遭受外界环境刺激时活化，是动物应答应激的一种防御方式（La Fortezza et al., 2016; Peterson et al., 2000）。STAT 的 7 个蛋白家族中 STAT1 主要参与 TNF 相关的免疫应答反应；STAT2 只能被 IFN-α/β 和 IFN-λ 激活；STAT3 却能够被多种细胞因子（IL-6、IL-10、IFN-α/β 等）激活；IL-23、IL-12、IFN-α 激活 STAT4，并且通过与 STAT2 相互作用活化 IFN 受体；生长激素、催乳素、血小板源生长因子、表皮生长因子、造血细胞因子、IL-13、巨噬细

胞迁移刺激因子、红细胞生成素、IL-4、IL-2、IL-9、IL-7、IL-15 都可以激活 STAT5；IL-13、IL-4、B 细胞中 IFN-α 可以激活 STAT6（Murray, 2007; Schindler et al., 2007; Simon et al., 1998）。

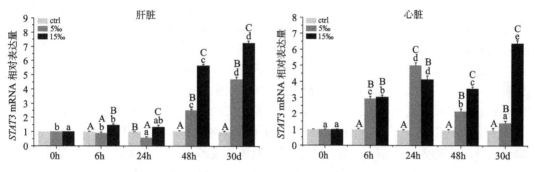

图 8-4　红耳龟肝脏和心脏中 *STAT3* 的 mRNA 表达量

红耳龟作为一种耐受性极强的入侵物种，在面对多种环境因子胁迫时，总能表现出比其他龟类更强的适应性，例如，在缺氧条件下，红耳龟肌肉组织的 p-STAT5（Y694）在缺氧 20h 时下降，这种磷酸化水平的降低可能是红耳龟为适应应激对 ATP 进行重新排布策略的结果；肝脏中 p-STAT5（Y694）在缺氧 5h 时增加了 1.5 倍，并且在缺氧 20h 后继续增加到近 3 倍，这表明红耳龟在应对缺氧应激时，STAT5 蛋白和 JAK-STAT 信号通路被强烈激活（Bansal et al., 2016）。这一发现，说明在缺氧应激期间红耳龟肝脏中存在一种强有力的保护性生存机制。

相对于缺氧应激，红耳龟由淡水进入半咸水环境时，必然要经受环境中盐度的升高所带来的盐度应激，JAK-STAT 通路是否在此过程中被激活进而发挥相应的调控作用呢？由研究结果可知，红耳龟肝脏和心脏中 *JAK1*、*JAK2*、*JAK3* 总体的表达水平是早期略微升高，在盐度胁迫较长时间后上调显著，尤其是在 15‰的盐度环境时，心脏中 *JAK* 的表达水平升高更为明显。与此同时，*STAT3* 的表达也基本呈现相似的趋势，其中肝脏和心脏 *JAK* 的表达水平在高盐度组的 48h 和 30d 时均显著高于 5‰盐度组。这些结果表明，红耳龟在受到盐度刺激时其肝脏和心脏组织中促生存途径 JAK-STAT 信号通路被激活。肝脏控制着机体的多种代谢，心脏是生理活动的中心，保持心脏和肝脏功能的正常，是维持红耳龟在半咸水环境中存活的首要条件。尤其是在高盐度的环境中，红耳龟可能更需要 JAK-STAT 信号通路发挥作用，才能有效地抵御高盐的应激，保护红耳龟免受盐度的伤害。

JAK-STAT 信号通路在红耳龟由淡水进入半咸水环境的早期阶段的活化程度要弱于后期，推测红耳龟在盐度胁迫早期可以通过激活其他调控通路如抗氧化防御、免疫调节、NF-κB 信号通路（第六章、第七章）等以应答盐度的改变，但在较长时间的胁迫后，红耳龟抗氧化防御调节达到极限时，需要最大限度地激活其他生存信号通路如 JAK-STAT 通路等，进而使红耳龟能够持续耐受半咸水环境。

第二节　半咸水环境中红耳龟 JAK-STAT 通路的负调控

虽然细胞因子在维持生物体稳定和免疫调节方面有着至关重要的作用，但是为了防止免疫过度对机体造成伤害，细胞因子作用的强度、空间和时间受到严格的控制（霍瑞轩，2018）。故在 JAK-STAT3 信号通路的调控机制研究中，对负调控研究得比较多（Starr and Hilton，1999）。细胞因子信号转导抑制蛋白（suppressor of cytokine signaling，SOCS）家族是一类重要的细胞因子信号转导抑制剂，可由多种细胞因子诱导合成，并对细胞因子诱导的信号通路进行负调控（霍瑞轩，2018），在免疫系统中起着至关重要的作用。活化 STAT 蛋白抑制因子（protein inhibitor of activated STAT，PIAS）是 STAT 转录活性的抑制蛋白，共包括 4 个成员，可与多种蛋白发生相互作用，从而影响靶蛋白的活性和功能（Shuai and Liu，2003；Valentino and Pierre，2006）。由本章第一节可知红耳龟在半咸水的环境中，不同程度地激活了 JAK-STAT 信号通路，那么作为该通路抑制作用分子的 SOCS 及 PIAS 发挥怎样的调控作用，本节将重点阐述。

一、细胞因子信号转导抑制蛋白（SOCS）的表达

SOCS 被认为是 STAT 的靶基因，可以直接对抗 STAT 活化，产生经典的反馈回路（Croker et al.，2008）。活化的 STAT 刺激 *SOCS* 基因转录，使 SOCS 蛋白结合到磷酸化的 JAK 和受体从而使通路关闭。目前发现 SOCS 家族至少由 8 个成员组成：SOCS1～SOCS7 及细胞因子诱导的含 SH2 区域蛋白（CIS）（Hilton et al.，1998；Yoshimura et al.，2007）。红耳龟在进入盐度环境（5‰和 15‰）中 24h 和 48h 时，肝脏中 *SOCS1* 的 mRNA 表达水平显著低于淡水组（$P<0.05$），但处于低盐环境中较长时间（30d）后回升至正常水平。红耳龟心脏中 *SOCS1* 在高盐度环境（15‰）中 6h 时，其 mRNA 表达量急剧升高，约为淡水组的 14.8 倍，随后虽有所下降，但仍维持在较高水平，与淡水组相比差异显著（$P<0.05$）（图 8-5）。

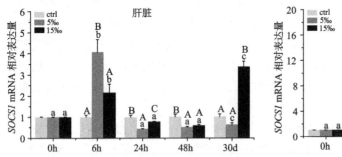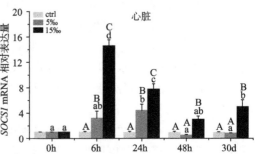

图 8-5　红耳龟肝脏和心脏中 *SOCS1* 的 mRNA 表达量

SOCS2 在红耳龟进入 5‰和 15‰的盐度环境中 24h 和 30d 时，其在肝脏中 mRNA 表达水平显著降低，与淡水组相比差异显著（$P<0.05$），其他时间基本维持正常增长水平。心脏中 *SOCS2* 的 mRNA 表达水平仅在低盐度环境（5‰）中 30d 时，显著下降（$P<0.05$），

而在15‰的较高盐度环境中自24h开始显著升高,之后一直维持在较高水平,与淡水组相比差异显著（$P<0.05$）（图8-6）。

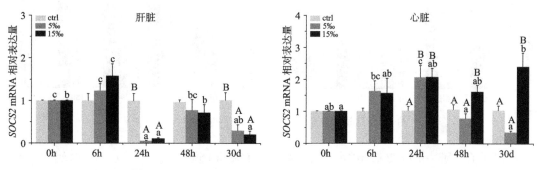

图8-6 红耳龟肝脏和心脏中 *SOCS2* 的 mRNA 表达量

红耳龟肝脏中 *SOCS3* 的 mRNA 表达水平在5‰和15‰的盐度环境中6h时,迅速升高,与淡水组相比差异显著（$P<0.05$）,在24h和48h时基本下降至正常水平;但在15‰的盐度环境中生活30d时,其 mRNA 表达水平显著升高（$P<0.05$）。心脏中 *SOCS3* 的 mRNA 表达水平在5‰的盐度环境中变化趋势与 *SOCS2* 相似,也仅是在30d时显著低于淡水组,但红耳龟进入15‰的高盐度环境中时, *SOCS3* 的表达量保持在较高的水平,以在6h最高,约为淡水组的8倍（$P<0.05$）（图8-7）。

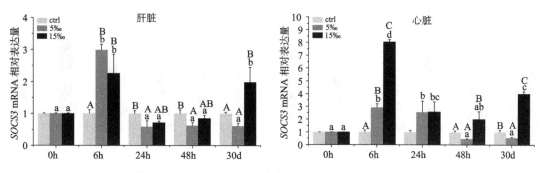

图8-7 红耳龟肝脏和心脏中 *SOCS3* 的 mRNA 表达量

二、活化 STAT 蛋白抑制因子（*PIAS*）的表达

活化 STAT 蛋白抑制因子 PIAS 家族包括：PIAS1、PIAS2、PIAS3、PIASx（PIASxA、PIASxB）、PIASy。通过免疫共沉淀及功能分析证实,PIAS1 和 PIAS3 分别为 STAT1、STAT3 的特异性抑制因子（Shuai and Liu, 2005）。PIAS 在中心部位有一个锌指结构域,N 端有个非常保守的 SAP 域,还有一个不保守的羧基域与靶蛋白结合,PIAS 具有 E3 小泛素相关修饰物（SUMO）连接酶样作用,可修饰 STAT 的磷酸化位点,通过阻断 STAT 的 DNA 结合活性从而抑制 STAT 介导的信号传导（O'Shea and Watford, 2004; Shuai, 2006; Starr and Hilton, 1999）。红耳龟在5‰和15‰的盐度环境中6h时,其肝脏和心脏中 *PIAS1* 的 mRNA 表达水平显著升高,与淡水组相比差异显著（$P<0.05$）,但在之后的时间里其表达量下降,一直维持在正常的水平（$P>0.05$）（图8-8）。

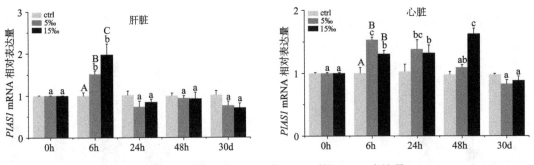

图 8-8　红耳龟肝脏和心脏中 *PIAS1* 的 mRNA 表达量

红耳龟肝脏中 *PIAS2* 的 mRNA 表达水平在 5‰ 和 15‰ 的盐度环境中 6h 时迅速升高，与淡水组相比差异显著（$P<0.05$），之后下降，在 24h 时显著低于淡水组（$P<0.05$）；在半咸水环境中生活 30d 时，*PIAS2* 的表达量在 5‰ 的盐度环境中显著降低（$P<0.05$），而在 15‰ 的盐度环境中与淡水组相比无显著差异（$P>0.05$）。心脏中 *PIAS2* 的 mRNA 表达水平在 5‰ 的盐度环境中仅 6h 时显著升高（$P<0.05$），在之后的 24h、48h 和 30d 基本下降至正常水平；红耳龟在 15‰ 的高盐度环境中时，早期其表达量升高显著，但 30d 时基本下降至正常水平（图 8-9）。

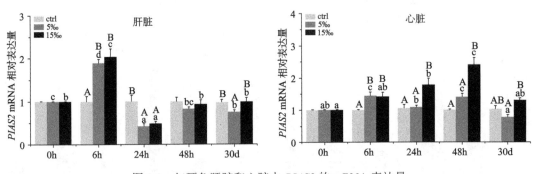

图 8-9　红耳龟肝脏和心脏中 *PIAS2* 的 mRNA 表达量

红耳龟进入 5‰ 和 15‰ 的盐度环境中 6h 时，其肝脏中的 *PIAS3* 表达量显著升高，与淡水组相比差异显著（$P<0.05$），24h 时显著下降，但在 30d 时，其表达量基本恢复至正常水平（$P>0.05$）（图 8-10）。红耳龟心脏中 *PIAS3* 的 mRNA 表达量在 5‰ 的盐度环境中

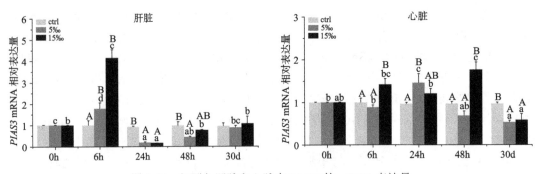

图 8-10　红耳龟肝脏和心脏中 *PIAS3* 的 mRNA 表达量

仅 24h 显著高于淡水组（$P<0.05$），在 15‰的高盐度环境中 6h 和 48h 时其表达量升高显著（$P<0.05$），但在较长时间（30d）后下降，并显著低于正常水平（$P<0.05$）（图 8-10）。

三、半咸水环境中红耳龟 JAK-STAT 通路的负调控因子分析

细胞因子信号转导抑制蛋白（SOCS）家族，可竞争性地与 JAK 结合，其亲和力超越了 JAK 与 STAT 的结合（Cooney, 2002; Croker et al., 2008; O'sullivan et al., 2007; Yoshikawa et al., 2001）。其中 SOCS1 在胚胎发育时期参与 T 细胞分化的调节，也可以抑制由 TNF-α 诱导的心肌细胞死亡（Yan et al., 2008），但 SOCS1 最主要的作用是抑制 IFN 诱导的 JAK-STAT 信号转导通路。当细胞受到 IFN 等细胞因子刺激后，接受刺激的受体发生二聚化，使 JAK 发生磷酸化，激活的 JAK 进而结合下游的 STAT，转录因子 STAT 经过磷酸化形成同源二聚体入核，引起下游一系列的基因表达（Regis et al., 2006）。*SOCS1* 便是 *STAT* 的一个下游靶基因，能够与 *STAT* 的启动子结合，反过来负调控 JAK-STAT 信号转导通路（霍瑞轩, 2018）。SOCS3 是一类新型的细胞因子信号抑制因子，主要作用是负调控由 EPO/JAK2 信号通路介导生成的胚胎肝脏的红细胞等（Sasaki et al., 2000）。正常状态下，SOCS3 在体内的表达水平非常低，当受到激素或者细胞因子的刺激时，SOCS3 表达水平迅速升高，对激素或者细胞因子激活的信号转导通路进行抑制，这种负反馈调节在肿瘤、瘦素、胰岛素抵抗、糖代谢、肥胖、哮喘、动脉硬化及风湿性疾病中发挥重要作用（White and Nicola, 2013; 霍瑞轩, 2018）。SOCS2 是由 GH 激活，对 GHR 很敏感的重要的调节因子，能够通过蛋白酶体降解的方式直接泛素化 GHR，对 GHR 信号转导通路进行负反馈调节（Mueller et al., 2012; 霍瑞轩, 2018）。我们对红耳龟在盐环境中肝脏和心脏的 *SOCS* 相对表达水平的研究发现，盐度应激早期（6h），肝脏和心脏中 *SOCS1* 和 *SOCS3* 基因表达水平显著升高，尤其是较高的盐环境下心脏中的表达量升高更为显著；其余大部分时间 *SOCS* 的表达量呈下降趋势。但 *SOCS1* 和 *SOCS3* 基因的表达量在较高的盐度组中除早期升高外，在胁迫后期也多是显著高于正常水平；盐环境中肝脏 *SOCS2* 表达基本保持不变或是下降。这表明红耳龟在盐度环境中不同的时间里，*JAK* 的活性可能受到其细胞因子信号转导抑制因子 *SOCS* 的影响，或是被活化或是被抑制。这与第一节 *JAK* 的变化趋势存在一定的不同，但具体原因需要进一步的探讨。

PIAS1 是以 STAT1 为诱饵利用酵母双杂交方法筛库发现的。PIAS1 的 C 端能与激活的 STAT1 相互作用，作为构架蛋白，与 STAT1 二聚体特异性结合并形成复合物，遮蔽它们与 DNA 的结合功能域，从而抑制转录（张露萍等, 2010）。在细胞因子的作用下，NF-κB 的 p65 亚基转入细胞核内，核内 PIAS1 通过其 N 端结构域与 p65（RelA）的转录激活结构域（transactivation domain, TAD）相互作用，阻断 NF-κB p65 与 DNA 的作用，从而抑制 NF-κB 介导的基因转录（Liu et al., 2005）。在细胞周期和凋亡过程方面，PIAS1 可与肿瘤抑制蛋白 p53 家族成员 p73 相互作用，使 p73 发生 SUMO 修饰而抑制 *p73* 的转录活力，降低 *p21* 表达，使 G_1 期细胞比例下降（Munarriz et al., 2004）。PIAS3 作为 STAT3 的特异性蛋白抑制剂，在多种肿瘤的发生发展中起到重要的作用（Ogata et al., 2006）。PIAS3 蛋白的异常表达与肺癌、肝癌、乳腺癌、膀胱癌

等肿瘤的发生发展有关，且与正常组织比较表达量增加（张露萍等，2010）。PIAS2也称 PIASx，同 PIAS1 相似，是通过与 STAT4 相互作用而被发现的，但它们的作用并不影响 STAT4 与 DNA 的结合活性，而是通过 PIAS 作为构架蛋白，招募 HDAC 等抑制因子，形成转录抑制复合物，抑制 IL-12 激活的 *STAT4* 的转录活性，推测 PIASx 是 STAT4 的辅抑制物（Arora et al., 2003；张露萍等，2010）。红耳龟由淡水进入半咸水环境后，其肝脏中 *PIAS1*、*PIAS2*、*PIAS3* 的表达水平除盐度胁迫的早期（6h）增高外，其余时间多是下降或是维持在正常水平。以上结果说明，红耳龟在半咸水环境里肝脏中 STAT 的活性受其抑制蛋白的影响，但 STAT 蛋白抑制剂（*PIAS*）表达下调，说明 STAT 通路有可能被活化，以启动细胞保护作用。对于心脏来说，高盐度虽然使 *PIAS2* 表达增强，*STAT3* 的表达却一直处于较高的水平，虽然出现了一些不一致性，但从 *STAT3* 的变化趋势来看，JAK-STAT 信号通路对心脏的细胞保护作用在整个盐度胁迫时期都发挥着重要作用。

第三节　半咸水环境中 JAK-STAT 通路对其靶基因的调控

STAT 蛋白被 JAK 磷酸化后，便与其受体分离，并且与其他 STAT 家族成员形成有活性的二聚体（Rawlings et al., 2004）。随后，这些二聚体转移到细胞核，促进下游靶基因的转录（Darnell et al., 1994）。STAT 的靶基因包括 Bcl-2 蛋白家族如 Bcl-xL 和 Mcl-1 等，后者起到促进生存和抗凋亡的作用（Aaronson and Horvath, 2002; Bansal et al., 2016; Schindler and Plumlee, 2008; 王建强和黄缘，2013）。

一、半咸水环境中红耳龟 *Mcl-1* 的表达

Mcl-1（myeloid cell leukemia-1）是 Bcl-2 家族蛋白的一个抗凋亡成员，在凋亡的调控中具有重要作用（Michels et al., 2005; Stewart et al., 2010）。*Mcl-1* 基因在翻译过程中可产生全长 Mcl-1 和短型 Mcl-1 两种具有不同作用的蛋白质。*Mcl-1* 在胚胎形成、T 淋巴细胞和 B 淋巴细胞的发育及维持，以及中性粒细胞的生存调节中具有重要作用（Opferman et al., 2003; Thomas et al., 2010）。*Mcl-1* 的过表达可以抑制细胞凋亡，延长细胞寿命，使细胞获得生存优势（Mott et al., 2007）。红耳龟由淡水进入 5‰ 盐度环境中 6h 时，肝脏中 *Mcl-1* 的 mRNA 表达水平升高，与淡水组相比差异显著（$P<0.05$），之后 24h 下降至正常水平，但在 48h 和 30d 时显著低于淡水组（$P<0.05$）；在 15‰ 盐度环境中，肝脏中 *Mcl-1* 的 mRNA 表达水平在 6h 和 24h 时显著高于淡水组（$P<0.05$），之后 48h 虽低于淡水组，但差异并不显著，红耳龟在半咸水环境中较长时间（30d）时，其表达量显著降低（$P<0.05$）。红耳龟心脏 *Mcl-1* 的 mRNA 表达水平在 5‰ 和 15‰ 的盐度环境中 6h 及 24h 时显著升高，与淡水组相比差异显著（$P<0.05$），在 48h 下降，并显著低于正常水平（$P<0.05$）；在 30d 时，*Mcl-1* 的 mRNA 表达水平在 15‰ 的盐度组升高显著（$P<0.05$），在 5‰ 的盐度组中时接近于正常水平（图 8-11）。

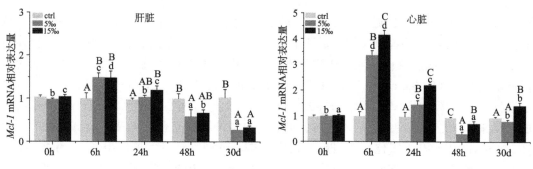

图 8-11 红耳龟肝脏和心脏中 *Mcl-1* 的 mRNA 表达量

二、半咸水环境中红耳龟 *Bcl-xL* 的表达

Bcl-xL 是 Bcl-2 蛋白家族中第一个被阐明空间结构的蛋白，是体内重要的抗凋亡蛋白，主要参与调控线粒体途径的细胞凋亡，保护线粒体外膜的完整性，对多种细胞具有保护作用（Emily et al., 2001; Hsu et al., 1997; Shimizu et al., 1995）。红耳龟在进入 5‰ 盐度环境中 6h 时，肝脏中 *Bcl-xL* 的 mRNA 表达水平升高，与淡水组相比差异显著（$P<0.05$），之后的 24h 和 48h 下降至正常水平，但在 30d 时显著低于淡水组（$P<0.05$）；在 15‰ 的高盐度环境中，红耳龟肝脏中 *Bcl-xL* 的 mRNA 表达量在早期（6h、24h 和 48h）均保持在相对正常的水平，但在 30d 时显著降低（$P<0.05$）。红耳龟心脏中 *Bcl-xL* 的 mRNA 表达水平在进入盐度环境的早期与肝脏中的变化趋势相似，但在 30d 时其表达水平仅在 15‰ 的盐度组升高显著（$P<0.05$）（图 8-12）。

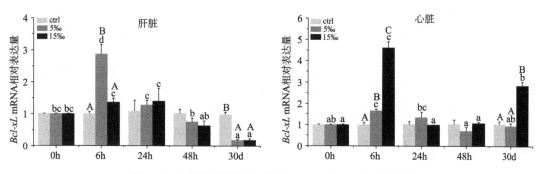

图 8-12 红耳龟肝脏和心脏中 *Bcl-xL* 的 mRNA 表达量

三、半咸水环境中红耳龟 JAK-STAT 通路靶基因分析

JAK-STAT 通路在红耳龟进入盐环境中活化的进一步证据是其下游靶基因的激活。目前已知 *Bcl-xL* 和 *Mcl-1* 是 STAT 蛋白的下游靶点，在细胞中具有抗凋亡/促进生存的作用（Schindler et al., 2007）。Bcl-xL 通过抑制 caspase 3 的活性，维持线粒体膜电位和 ATP 含量的稳定，控制细胞内活性氧（ROS）的水平，以保护细胞抵抗外界各种应激因子的刺激（Clem et al., 1998; Gottlieb et al., 2000; Pan et al., 1998; 王英群等, 2017）。Bcl-xL 也能与促凋亡蛋白 Bax 结合形成异源二聚体，抑制 Bax 蛋白发挥促凋亡作用（Finucane et al.,

1999），一方面，Bcl-xL 通过阻止 Bax 蛋白对线粒体的透化作用使线粒体膜更完整，从而抑制细胞色素 C 的释放（郭文娟和王爱英，2008）；另一方面，其通过促进线粒体中 Bax 蛋白转移到细胞质中，或使从细胞质转移至线粒体的 Bax 重新回归细胞质，从而发挥抗凋亡功能（Billen et al., 2008; Edlich et al., 2011）。Bcl-xL 蛋白高效表达后，一方面通过抑制肿瘤坏死因子（TNF）介导的细胞凋亡，另一方面通过抑制核因子 κB（NF-κB）的活化来抑制血管的炎症反应，进而保护血管内皮细胞的完整性（Chen et al., 2000）。此外，Bcl-xL 还能抑制氧化应激引起的细胞死亡，对细胞具有保护作用（Gottlieb et al., 2000），增强辅助性 T 细胞免疫应答反应等（Han et al., 1999; Khoshnan et al., 2000; 郭文娟和王爱英，2008）。Mcl-1 蛋白作为 *Mcl-1* 基因的编码产物，对多种细胞的生存与生长至关重要，对胚胎发育及维持体内 B 淋巴细胞和 T 淋巴细胞具有十分重要的意义（Opferman et al., 2003）。也有研究认为 Mcl-1 蛋白分布于细胞核内，可与细胞周期蛋白激酶 1（CDK-1）和增殖细胞核抗原（PCNA）相互作用，调控细胞分化与细胞周期进程（Thomas et al., 2010; Fang and Yen, 2006; 孙凤娥和方浩，2013）。

红耳龟进入半咸水环境后，其肝脏中 *Mcl-1* 和 *Bcl-xL* 的 mRNA 表达水平在早期（主要是 6h）升高，后期（尤其是 30d）显著下降；心脏中 *Mcl-1* 的 mRNA 表达水平在低盐度环境早期升高，后期下降或趋于正常，但是在高盐度的环境下基本维持在较高的水平；心脏中 *Bcl-xL* 的 mRNA 表达水平在高盐度环境下 6h 和 30d 处于较高水平。由以上结果可知，红耳龟在盐度胁迫早期，面对环境中盐度的突然改变，机体会迅速启动生存机制，以保证其短时间内适应该盐度环境。随着时间的延长，*Mcl-1* 和 *Bcl-xL* 的 mRNA 表达趋于稳定，说明长期处于盐环境中时红耳龟的肝脏也可能会有轻微程度的损伤。对于心脏来说，较高的盐度下，红耳龟需要更多的能量或激发更多的生存信号以应对高盐环境，故高水平的 *Bcl-xL* 可能对于心脏保持其正常的功能至关重要，为其各种适应策略提供动力支持。

Mcl-1 与 *Bcl-xL* 的基因表达和 *JAK* 及 *STAT* 的基因表达在红耳龟盐度胁迫的后期存在一定的差异，分析可能原因是：*Mcl-1* 和 *Bcl-xL* 除了受 JAK-STAT 信号通路的靶基因调控，也是其他如 p53 信号通路的靶基因，*Mcl-1* 和 *Bcl-xL* 基因的变化可能是多种信号通路共同作用的结果，关于 p53 信号通路的调控作用将在第九章作详细阐述。

结　　语

JAK-STAT 信号通路，是保护机体的重要的第二信使系统。磷酸化的 STAT 二聚体转移到细胞核，在核内诱导各种基因的表达，包括 *Bcl-xL* 和 *Mcl-1* 等，这些基因产物具有重要的抗凋亡和防止细胞死亡、促进生存的作用。红耳龟入侵半咸水环境时，可通过增加 *JAK* 和 *STAT* 家族成员的表达，同时抑制 JAK-STAT 通路的抑制因子 *SOCS* 和 *PIAS* 的表达，进而激活 JAK-STAT 信号通路，促进机体更好地在盐环境中存活。红耳龟在半咸水环境中，通过激活 JAK-STAT 通路调控其生长和存活可能的机制见图 8-13。

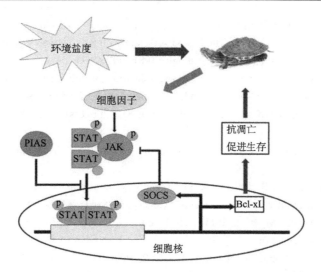

图 8-13　红耳龟通过激活 JAK-STAT 通路调控生长和存活示意图

参 考 文 献

郭文娟, 王爱英. 2008. 凋亡抑制基因 Bcl-xL 的研究进展. 世界华人消化杂志, 16(25): 2871-2876.
霍瑞轩. 2018. 鮸鱼 SOCS1 及 SOCS3 基因特征及调控功能研究. 舟山: 浙江海洋大学硕士学位论文.
纪华. 2004. STAT 3 在小鼠胚胎神经系统发育中的表达及与 NTD 的相关性研究. 重庆: 第三军医大学硕士学位论文.
景鑫. 2016. 三七总皂苷对 SAMP8 小鼠脑内氧化应激 Nrf2/HO-1 通路和 JAK2/STAT3 通路的影响. 南宁: 广西中医药大学硕士学位论文.
龙立书. 2018. JAK-STAT 信号通路相关基因在 DEV 感染鸭中的表达变化. 贵阳: 贵州大学硕士学位论文.
孙凤娥, 方浩. 2013. Mcl-1 蛋白的结构、功能及其抑制剂的研究进展. 中国医药工业杂志, 44(3): 296-302.
王建强, 黄缘. 2013. JAK-STAT 信号通路在肝癌发生发展中作用的研究进展. 世界华人消化杂志, (21): 2051-2056.
王英群, 石博妹, 李珣, 等. 2017. Bcl-xL 及 PTD-FNK 蛋白的细胞保护作用研究进展. 中国畜牧兽医, 44(7): 1967-1974.
薛翔. 2015. JAK2/STAT3 信号通路在应激性溃疡大鼠胃黏膜炎症反应中的作用研究. 南京: 南京大学硕士学位论文.
薛翔, 刘红梅, 邵旦兵, 等. 2014. JAK2/STAT3 信号通路在应激性溃疡大鼠胃黏膜炎症反应中的作用研究. 临床急诊杂志, (11): 678-682.
张露萍, 马彬, 郑英. 2010. PIAS 蛋白家族的研究进展. 生命科学, 22(10): 959-964.
Aaronson D S, Horvath C M. 2002. A road map for those who don't know JAK-STAT. Science, 296(5573): 1653-1655.
Arora T, Liu B, He H. 2003. PIASx is a transcriptional co-repressor of signal transducer and activator of transcription 4. The Journal of Biological Chemistry, 278(24): 21327-21330.
Bansal S, Biggar K K, Krivoruchko A, et al. 2016. Response of the JAK-STAT signaling pathway to oxygen deprivation in the red eared slider turtle, *Trachemys scripta elegans*. Gene, 593(1): 34-40.
Billen L P, Kokoski C L, Lovell J F, et al. 2008. Bcl-xL inhibits membrane permeabilization by competing

with Bax. PLoS Biology, 6(6): e147.

Chen C, Edelstein L C, Gélinas C. 2000. The Rel/NF-κB family directly activates expression of the apoptosis inhibitor Bcl-xL. Molecular and Cellular Biology, 20(8): 2687-2695.

Clem R J, Cheng E H Y, Karp C L, et al. 1998. Modulation of cell death by Bcl-xL through caspase interaction. Proceedings of the National Academy of Sciences, 95(2): 554-559.

Cooney R N. 2002. Suppressors of cytokine signaling (SOCS): inhibitors of the JAK/STAT pathway. Shock, 17(2): 83-90.

Croker B A, Kiu H, Nicholson S E. 2008. SOCS regulation of the JAK/STAT signalling pathway. Seminars in Cell & Developmental Biology, 19(4): 414-422.

Darnell J E, Kerr I M, Stark G R. 1994. JAK-STAT pathways and transcriptional activation in response to IFNs and other extracellular signaling proteins. Science, 264(5164): 1415-1421.

Edlich F, Banerjee S, Suzuki M, et al. 2011. Bcl-xL retrotranslocates Bax from the mitochondria into the cytosol. Cell, 145(1): 104-116.

Emily H Y C, Wei M C, Weiler S, et al. 2001. BCl-2, BCl-XL sequester BH3 domain-only molecules preventing BAX- and BAK-mediated mitochondrial apoptosis. Molecular Cell, 8(3): 705-711.

Fang H, Yen Y. 2006. Mcl-1: a highly regulated cell death and survival controller. Journal of Biomedical Science, 13(2): 201-204.

Finucane D M, Bossy W E, Waterhouse N J, et al. 1999. Bax-induced caspase activation and apoptosis via cytochromec release from mitochondria is inhibitable by Bcl-xL. Journal of Biological Chemistry, 274(4): 2225-2233.

Gottlieb E, Vander Heiden M G, Thompson C B. 2000. Bcl-xL prevents the initial decrease in mitochondrial membrane potential and subsequent reactive oxygen species production during tumor necrosis factor alpha-induced apoptosis. Molecular and Cellular Biology, 20(15): 5680-5689.

Han S S, Chung S T, Robertson D A, et al. 1999. Curcumin causes the growth arrest and apoptosis of B cell lymphoma by downregulation of egr-1, c-myc, Bcl-xL, NF-κB, and p53. Clinical Immunology, 93(2): 152-161.

Harrison D A. 2012. The JAK/STAT pathway. Cold Spring Harbor Perspectives in Biology, 4(3): a011205.

Hilton D J, Richardson R T, Alexander W S, et al. 1998. Twenty proteins containing a C-terminal SOCS box form five structural classes. Proceedings of the National Academy of Sciences, 95(1): 114-119.

Hsu Y T, Wolter K G, Youle R J. 1997. Cytosol-to-membrane redistribution of Bax and Bcl-xL during apoptosis. Proceedings of the National Academy of Sciences, 94(8): 3668-3672.

Imada K, Leonard W J. 2000. The JAK-STAT pathway. Molecular immunology, 37(1-2): 1-11.

Jiang H, Harris M B, Rothman P. 2000. IL-4/IL-13 signaling beyond JAK/STAT. Journal of Allergy and Clinical Immunology, 105(6): 1063-1070.

Khoshnan A, Tindell C, Laux I, et al. 2000. The NF-κB cascade is important in Bcl-xL expression and for the anti-apoptotic effects of the CD28 receptor in primary human CD4+ lymphocytes. The Journal of Immunology, 165(4): 1743-1754.

Kisseleva T, Bhattacharya S, Braunstein J, et al. 2002. Signaling through the JAK/STAT pathway, recent advances and future challenges. Gene, 285(1-2): 1-24.

La Fortezza M, Schenk M, Cosolo A, et al. 2016. JAK/STAT signalling mediates cell survival in response to tissue stress. Development, 143(16): 2907-2919.

Liu B, Yang R, Wong K A, et al. 2005. Negative Regulation of NF-kB Signaling by PIAS1. Molecular and Cellular Biology, 25(3): 1113-1123.

Michels J, Johnson P W, Packham G. 2005. Mcl-1. The International Journal of Biochemistry & Cell Biology,

37(2): 267-271.

Mott J L, Kobayashi S, Bronk S F, et al. 2007. Mir-29 regulates Mcl-1 protein expression and apoptosis. Oncogene, 26(42): 6133.

Mueller K M, Kornfeld J W, Schuetz G, et al. 2012. Glucocorticoid receptor function is essential for SOCS2-mediated negative regulation of hepatic GHR signaling. Cancer Research, 72(8 Supplement): 2215.

Munarriz E, Barcaroli D, Stephanou A, et al. 2004. PIAS1 is a checkpoint regulation which affects exit from G_1 and G_2 by sumoylation of p73. Molecular and Cellular Biology, 24(24): 10593-10610.

Murray P J. 2007. The JAK-STAT signaling pathway: input and output integration. The Journal of Immunology, 178(5): 2623-2629.

O'Shea J J, Gadina M, Schreiber R D. 2002. Cytokine signaling in 2002: new surprises in the JAK/STAT pathway. Cell, 109(2): S121-S131.

O'Shea J J, Watford W. 2004. A peek at PIAS. Nature Immunology, 5(9): 875-876.

O'sullivan L A, Liongue C, Lewis R S, et al. 2007. Cytokine receptor signaling through the JAK-STAT-SOCS pathway in disease. Molecular Immunology, 44(10): 2497-2506.

Ogata Y, Osaki T, Naka T, et al. 2006. Overexpression of PIAS3 suppresses cell growth and restores drug sensitivity of human lung cancer cells in association with PI3K/Akt inactivation. Neoplasia, 8(10): 817-825.

Opferman J T, Letai A, Beard C, et al. 2003. Development and maintenance of B and T lymphocytes requires antiapoptotic Mcl-1. Nature, 426(6967): 671-676.

Pan G, O'Rourke K, Dixit V M. 1998. Caspase-9, Bcl-xL, and Apaf-1 form a ternary complex. Journal of Biological Chemistry, 273(10): 5841-5845.

Peterson W M, Wang Q, Tzekova R, et al. 2000. Ciliary neurotrophic factor and stress stimuli activate the JAK-STAT pathway in retinal neurons and glia. Journal of Neuroscience, 20(11): 4081-4090.

Rawlings J S, Rosler K M, Harrison D A. 2004. The JAK/STAT signaling pathway. Journal of Cell Science, 117(8): 1281-1283.

Regis G, Conti L, Boselli D, et al. 2006. IFNgammaR2 trafficking tunes IFNgamma-STAT1 signaling in T lymphocytes. Trends in Immunology, 27(2): 96-101.

Sansone P, Bromberg J. 2012. Targeting the interleukin-6/JAK/STAT pathway in human malignancies. Journal of Clinical Oncology, 30(9): 1005-1014.

Sasaki A, Yasukawa H, Shouda T, et al. 2000. CIS3/SOCS-3 Suppresses Erythropoietin (EPO) Signaling by Binding the EPO Receptor and JAK2. Journal of Biological Chemistry, 275(38): 29338-29347.

Schindler C, Levy D E, Decker T. 2007. JAK-STAT signaling: from interferons to cytokines. Journal of Biological Chemistry, 282(28): 20059-20063.

Schindler C, Plumlee C. 2008. Inteferons pen the JAK-STAT pathway. Seminars in Cell & Developmental Biology, 19(4): 311-318.

Shimizu S, Eguchi Y, Kosaka H, et al. 1995. Prevention of hypoxia-induced cell death by Bcl-2 and Bcl-xL. Nature, 374(6525): 811-813.

Shuai K. 2000. Modulation of STAT signaling by STAT-interacting proteins. Oncogene, 19(21): 2638-2644.

Shuai K. 2006. Regulation of cytokine signaling pathways by PIAS proteins. Cell Research, 16(2): 196-202.

Shuai K, Liu B. 2003. Regulation of JAK-STAT signalling in the immune system. Nature Reviews Immunology, 3(11): 900-911.

Shuai K, Liu B. 2005. Regulation of gene-activation pathways by PIAS proteins in the immune system. Nature Reviews Immunology, 5(8): 593-605.

Simon A R, Rai U, Fanburg B L, et al. 1998. Activation of the JAK-STAT pathway by reactive oxygen species. American Journal of Physiology-Cell Physiology, 275(6): C1640-C1652.

Stark G R, Darnell J E. 2012. The JAK-STAT pathway at twenty. Immunity, 36(4): 503-514.

Starr R, Hilton D J. 1999. Negative regulation of the JAK/STAT pathway. Bioessays, 21(1): 47-52.

Stewart M L, Fire E, Keating A E, et al. 2010. The Mcl-1 BH3 helix is an exclusive Mcl-1 inhibitor and apoptosis sensitizer. Nature Chemical Biology, 6(8): 595-601.

Thomas L W, Lam C, Edwards S W. 2010. Mcl-1; the molecular regulation of protein function. FEBS letters, 584(14): 2981-2989.

Valentino L, Pierre J. 2006. JAK/STAT signal transduction: regulators and implication in hematological malignancies. Biochemical Pharmacology, 71(6): 713-721.

White C A, Nicola N A. 2013. SOCS3. JAK-STAT, 2(4): e25045.

Yan L, Tang Q, Shen D, et al. 2008. SOCS-1 Inhibits TNF-α-Induced Cardiomyocyte Apoptosis via ERK1/2 Pathway Activation. Inflammation, 31(3): 180-188.

Yoshikawa H, Matsubara K, Qian G S, et al. 2001. SOCS-1, a negative regulator of the JAK/STAT pathway, is silenced by methylation in human hepatocellular carcinoma and shows growth-suppression activity. Nature Genetics, 28(1): 29-35.

Yoshimura A, Naka T, Kubo M. 2007. SOCS proteins, cytokine signalling and immune regulation. Nature Reviews Immunology, 7(6): 454-465.

第九章 红耳龟适应半咸水环境的 p53 信号通路调控

由本书第六、七、八章可知,红耳龟进入半咸水环境后,启动了抗氧化防御系统、活化了 JAK-STAT 通路等,以应对环境中升高的盐度。但不难发现,高盐环境中,红耳龟体内的氧化损伤标志物也相应地升高(Ding et al., 2019),当其过量、持续地产生,超过细胞的抗氧化能力,便会造成细胞严重的氧化应激(Mittler, 2002)。而氧化应激是指外源或内源性的活性氧(ROS)超过细胞抗氧化能力的抗衡而产生对细胞信号转导系统的全面影响,进而发生对核酸、蛋白质和脂质等大分子的损伤(Joanisse and Storey, 1996; Pelicano et al., 2004; Sies, 1997)。因此,ROS 被看作第二信使,它们通过细胞内信号转导过程中的诸多环节调节从细胞膜到细胞核不同水平多种信号转导分子的活性,可以激活或抑制转录因子,调节基因的表达,从而快速全面地影响细胞的行为,最终表现为不同的生物学效应(Schieber and Chandel, 2014; Sun et al., 2007)。与此相应,细胞内有一类氧化还原敏感的转录因子,能对氧化应激做出迅速反应,并介导基因转录的调节(Martindale and Holbrook, 2002),以应对氧化应激带来的损伤,进而达到一种新的平衡稳态。

肿瘤抑制因子 p53 基因(该基因于 1979 年首次被报道,编码一种分子量为 43.7kDa 的蛋白质,但由于蛋白中含有大量的脯氨酸,电泳速度被拖慢,其蛋白条带出现在 Marker 所示 53kDa 处,命名为 p53)就是这样的氧化还原敏感的转录因子(Peuget et al., 2014; 孙祖俊等,2009)。氧化应激下,尤其是当细胞 DNA 受到损伤时 p53 基因表达上调,表现为 mRNA 的翻译速度加快和翻译后修饰等,进而引起 p53 蛋白的构象、定位和与其相互作用的蛋白质的改变,从而使其稳定性及活性均提高,半衰期延长,累积量增加,功能增强,产生特异性的作用,最终影响一系列下游靶基因的表达,进而影响细胞周期、DNA 修复、血管形成、细胞衰老及凋亡等(Hussain et al., 2004; Liu and Xu, 2011; Guardavaccaro et al., 2000)。细胞在正常或轻度的氧化应激下,低浓度的 p53 诱导抗氧化基因的表达,而高浓度的 p53 促使一些与 ROS 的生成及 p53 介导的凋亡有关的基因的表达(Liu and Xu, 2011)。因此,在正常或轻度的氧化应激下,p53 具有抗氧化作用,保护细胞 DNA 免受损伤,进而维持细胞基因组的稳定(Liu and Xu, 2011; 王珊,2009)。由红耳龟在半咸水环境的氧化应激反应,推测 p53 信号通路可能参与了应激调控。此外,红耳龟在半咸水环境中 JAK-STAT 信号通路下游靶调控基因的变化与 JAK-STAT 的活化存在一定差异,推测 p53 信号通路也可能共同参与了此类基因的转录调控。本章将重点阐述 p53 信号通路在红耳龟适应半咸水环境中的调控作用。

第一节 红耳龟 p53 基因序列分析

p53 被称为"基因卫士",可调节大量靶基因的表达,进而影响细胞周期、凋亡、分化、DNA 损伤、血管生成和转移等，在动物面对应激时发挥重要的调节作用（Levine, 1997; Vogelstein et al., 2000）。对 *p53* 基因序列的认识将有助于了解其功能。例如，人类的 *p53* 基因转录生成全长 2.5kb 的 mRNA，后者编码的蛋白含 393 个氨基酸残基，相对分子质量为 53×10^3（Irwin et al., 2003; Levine et al., 1991）。正常细胞中 *p53* 基因和蛋白水平很低，其中脾脏和胸腺有较高半衰期，快速生长分裂细胞中的水平要比静止细胞高，机体各种组织中都有表达。*p53* 基因在人类、猴、鸡和鼠等动物中相继发现后，对其进行基因分析发现，进化程度迥异的动物，*p53* 基因结构却异常相似，如人和鼠 *p53* 基因的同源性高达 80%以上。在哺乳动物中，*p53* 存在于许多不同的细胞类型中，并被证明具有多种调节和控制功能（Levine, 1997; 祝峙和朱明华，2003）。对于龟类来说，*p53* 基因仅在锦龟（*Chrysemys picta belli*）、箱龟（*Terrapene carolina triunguis*）和绿海龟（*Chelonia mydas*）中被发现。为研究 *p53* 在红耳龟耐受盐度中的调控作用，我们首先克隆了红耳龟 *p53* 基因，本节将重点介绍 *p53* 基因序列的生物信息学分析结果。

一、红耳龟 *p53* 基因序列及其编码的氨基酸序列

红耳龟 *p53* 基因 CDS 区从起始密码子至终止密码子包含 1212bp；利用 DNA Star 软件中的 EditSeq 程序对氨基酸序列进行编辑和分析，搜索可读框（ORF），然后用标准遗传密码将其翻译成氨基酸（AA）序列，可知红耳龟 *p53* 基因编码 404 个氨基酸（图 9-1）。p53 蛋白的分子量（MW）和等电点（PI）均通过 http://cn.expasy.org/tools/pi_tool.html 上的 compute pi/mw 软件进行预测，发现红耳龟 p53 蛋白的分子量为 44.37kDa，等电点（PI）为 6.20。使用 NLS 图谱软件 http://nls-mapper.iab.keio.ac.jp/cgi-bin/NLS_Mapper_form.cgi 进行核定位信号预测，发现红耳龟 p53 蛋白包括一个长度为 23 个氨基酸的核定位信号（图 9-1 灰色阴影部分）。

二、红耳龟 *p53* 基因与其他物种的进化关系

红耳龟 p53 氨基酸序列与其他物种的 p53 序列具有很高的相似性，其中与锦龟（*Chrysemys picta belli*）的同源性最高（99%），与人的同源性较低（49%）（图 9-2）。与红耳龟 p53 比对的物种及 Gene bank 序列登录号如下：锦龟（*Chrysemys picta bellii*），XP_005279396.2；箱龟（*Terrapene carolina triunguis*），XP_024074382.1；中华鳖（*Pelodiscus sinensis*），XP_006112198.1；绿海龟（*Chelonia mydas*），EMP41147.1；扬子鳄（*Alligator sinensis*），XP_006038716.1；非洲爪蟾（*Xenopus laevis*），NP_001081567.1；原鸡（*Gallus gallus*），NP_990595.1；川金丝猴（*Rhinopithecus roxellana*），XP_010360689.1；人（*Homo sapiens*），BAG60244.1。

红耳龟 p53 氨基酸序列与其他物种的系统发育分析结果显示，各种龟类的 p53 序列形成了一个不同于其他物种的类群。在龟类中，红耳龟与锦龟（*Chrysemys picta bellii*）属同一家族（A 组），其 bootstrap value 高达 97%，并与箱龟（*Terrapene carolina triunguis*）和绿海龟（*Chelonia mydas*）形成一个分支，bootstrap value 分别为 93%和 99%（图 9-3）。红耳龟 p53 氨基酸序列与其他物种 p53 进化关系相距较远。与红耳龟 p53 氨基酸序列作进化分析的物种及 Gene bank 序列登录号如下：锦龟（XP_005279396.2）；箱龟

（XP_024074382.1）；绿海龟（EMP41147.1）；叶吻银鲛（*Callorhinchus milii*，AEW46988.1）；树袋熊（*Phascolarctos cinereus*，XP_020822126.1）；袋獾（*Sarcophilus harrisii*，XP_003768810.1）；旱獭（*Marmota marmota marmota*，XP_015359919.1）；田鼠（*Microtus ochrogaster*，XP_005349834.1）；地松鼠（*Ictidomys tridecemlineatus*，XP_005332876.1）；豚鼠（*Cavia porcellus*，NP_001166211.1）；抹香鲸（*Physeter catodon*，XP_007100699.1）；斑马鱼（*Danio rerio*，XP_005165158.1）；金线鲃（*Sinocyclocheilus grahami*，XP_016147180.1）；宽吻海豚（*Tursiops truncatus*，XP_019799782.1）。

```
1     ATGGAGCCGATGTTGGACCCCGGGCTAGAGCCGCCCCTGAGCCAGGAGAGCTTCTCTGAT
1      M  E  P  M  L  D  P  G  L  E  P  P  L  S  Q  E  S  F  S  D
61    TTCTGGAGCAATATCTGGTATCCCACGAACGCGGATTCCACCGCAACGGAGAGCCAGCGG
21     F  W  S  N  I  W  Y  P  T  N  A  D  S  T  A  T  E  S  Q  R
121   CTGTCTAGCCTGCCGGACCCAGACCCGGACCTGGCCCTGGGCCTGGCCCTGGGCCTGTCT
41     L  S  S  L  P  D  P  D  P  D  L  A  L  G  L  A  L  G  L  S
181   GGCTCGGGGGACCCCTCCCTCCTGCTCTCACAGGCTGGGGGCAGCGACGGGGGCTGGGAG
61     G  S  G  D  P  S  L  L  L  S  Q  A  G  G  S  D  G  G  W  E
241   CTCCCCGGCCCGGCCCCAGAGCCGCCCCCCACCTCTTCCACCGTCCCCTCCACCGAGGAC
81     L  P  G  P  A  P  E  P  P  P  T  S  S  T  V  P  S  T  E  D
301   TACGCTGGGGAGCACGGATTCGAGCTGGTCTTCCAGCAGTCGGGGACCGCCAAGTCCGTC
101    Y  A  G  E  H  G  F  E  L  V  F  Q  Q  S  G  T  A  K  S  V
361   ACCTGCACCTACTCCTTGGAGCTGAACAAGCTCTACTGCCAGCTGGCCAAGACCTGCCCT
121    T  C  T  Y  S  L  E  L  N  K  L  Y  C  Q  L  A  K  T  C  P
421   GTGCAGATCAAGACGGCCAGCCAGCCCCCGCCCGGCTCCGTCGTCCGGGCCACAGCCGTC
141    V  Q  I  K  T  A  S  Q  P  P  P  G  S  V  V  R  A  T  A  V
481   TACAAGAAATCGGAGCACGTGGCCGAGGTGGTGAGACGCTGCCCCCACCACGAACGCTGC
161    Y  K  K  S  E  H  V  A  E  V  V  R  R  C  P  H  H  E  R  C
541   GAGGAGTACCGCGACGGGGTCGCCCCGGCCCGCCACCTGATCCGGATCGAGGGGAACCAG
181    E  E  Y  R  D  G  V  A  P  A  R  H  L  I  R  I  E  G  N  Q
601   CAGGCGCATTACTACGACGACGAAAACACCAAGCGCCAGAGTGTCACGGTGCCCTATGAG
201    Q  A  H  Y  Y  D  D  E  N  T  K  R  Q  S  V  T  V  P  Y  E
661   ACGCCCCAGGTGGGGTCAGACTGCACCACCGTGCTGTATAACTTCATGTGTAACAGTTCG
221    T  P  Q  V  G  S  D  C  T  T  V  L  Y  N  F  M  C  N  S  S
721   TGCATGGGGGGCATGAACCGGCGCCCCATCCTGGCCATCATCACTCTGGAGGGCAGGCAT
241    C  M  G  G  M  N  R  R  P  I  L  A  I  I  T  L  E  G  R  H
781   GGGCAGCTCCTGGGCCGCCGATGCTTCGAGGTTCGAGTCTGCGCCTGCCCCGGACGGGAC
261    G  Q  L  L  G  R  R  C  F  E  V  R  V  C  A  C  P  G  R  D
841   CGCAGGACAGAGGAGGAGAATTTCCGCAAGAAATTGGCCGGCAGGGTCCTGAGCGGGGCC
281    R  R  T  E  E  E  N  F  R  K  K  L  A  G  R  V  L  S  G  A
901   GGGGCCCTCAAGGGGGCAGAGCCAAGAGGGCTCTCCAGGCTACCATGGAAACAGCTGAG
301    G  A  L  K  G  G  R  A  K  R  A  L  Q  A  T  M  E  T  A  E
961   AACCCCAAGAAGCGGGTGGTGTCCGCTGAGAAAGAGGTCTTCCTACTCGAGGTTCATGGG
321    N  P  K  K  R  V  V  S  A  E  K  E  V  F  L  L  E  V  H  G
1021  CGCAAGCGATACATGATGCTGAAGGAAATCAACGACGCCCTGGAGATGGTGGCCGCCAAG
341    R  K  R  Y  M  M  L  K  E  I  N  D  A  L  E  M  V  A  A  K
1081  CAGCAAGGGGAGCCGGAGAGTCACCGGAACCCCACGCCCTCAAGGTTGCTGAAGACCCGA
361    Q  Q  G  E  P  E  S  H  R  N  P  T  P  S  R  L  L  K  T  R
1141  AAGGAGTCGGGGGACGAGCTGCTGCCTCAGAGTGGAAAGAAGCTGCTGGTGAAGGAGGAG
381    K  E  S  G  D  E  L  L  P  Q  S  G  K  K  L  L  V  K  E  E
1201  GATTCGGAATAA
401    D  S  E  *
```

图 9-1 *p53* 基因 CDS 区域序列及编码的氨基酸序列

研究结果表明红耳龟 p53 基因高度保护，尽管基于序列比对和系统发育分析红耳龟 p53 基因与哺乳动物有明显的不同，但其 p53 具有保守的基因结构，表明其功能是受到保护的。

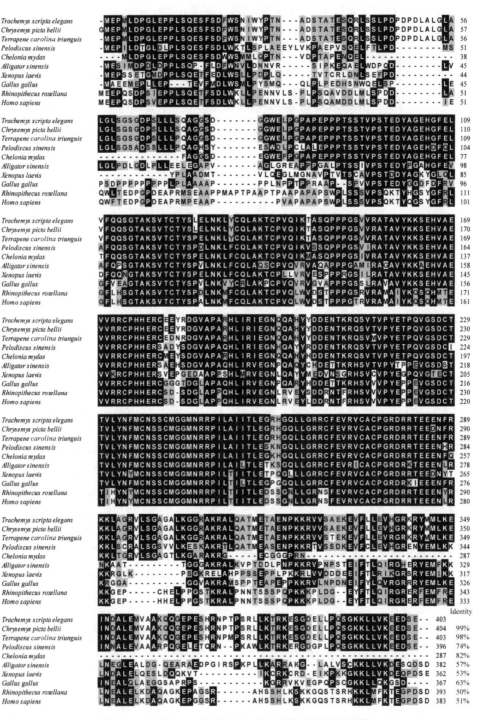

图 9-2　红耳龟 p53 氨基酸序列与其他物种的同源性

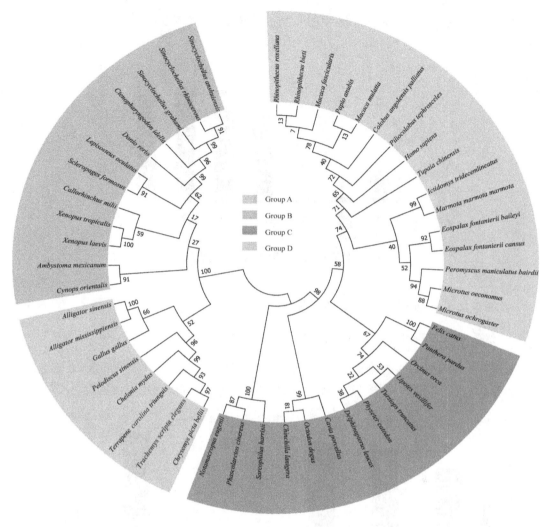

图 9-3 红耳龟 p53 氨基酸序列遗传进化树（彩图请扫封底二维码）

第二节 半咸水环境中红耳龟 *p53* 基因的表达分布

红耳龟在半咸水环境中，机体产生的过多的 MDA 预示着氧化应激的发生（Ding et al., 2019），氧化应激的进一步后果是基因损伤、细胞信号转变等，那么 p53 信号通路是否在此过程中被激活，进而发挥 DNA 损伤修复或清除受损细胞的作用呢？本节将重点阐述半咸水环境中红耳龟 *p53* 基因的表达和分布。

一、红耳龟 *p53* 基因在各组织中的分布

p53 基因在正常红耳龟的肝脏、心脏、肾脏、脾脏、小肠、肺脏和骨骼肌中均被检测到。以小肠作为参照（1 倍），红耳龟 *p53* 基因的 mRNA 表达在心脏中最高，为小肠的 4 倍左右；在肝脏、骨骼肌和肾脏中次之，分别为 3.92 倍、3.65 倍和 2.84 倍；在肺脏

和脾脏中的表达较低，分别为小肠中的 0.20 倍和 0.17 倍（图 9-4）。

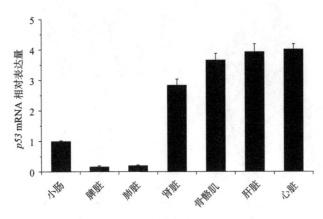

图 9-4　红耳龟 p53 基因在组织中的表达分布

二、半咸水环境中 p53 基因的表达变化

1. 红耳龟 p53 基因在脾脏和肺脏中的 mRNA 表达

红耳龟在 5‰ 和 15‰ 的盐度环境中 30d 时，肺脏和脾脏中 p53 基因的 mRNA 表达水平升高，与淡水组相比差异显著（$P<0.05$），尤其是肺脏中 5‰ 盐度组中表达量最高（图 9-5）。

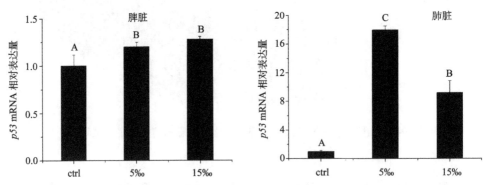

图 9-5　半咸水环境中红耳龟脾脏和肺脏中 p53 的表达

ctrl，淡水组；5‰，5‰ 盐度组；15‰，15‰ 盐度组

不同的大写字母代表差异显著（$P<0.05$）（下同）

2. 红耳龟 p53 基因在肝脏和心脏中的 mRNA 表达

红耳龟在 15‰ 的盐度环境时，肝脏中 p53 基因的 mRNA 表达水平在 6h 时为淡水环境组的 0.77 倍，在 24h 时，降低至淡水组的 0.13 倍，差异显著（$P<0.05$），但 48h 和 30d 时，表达水平显著升高，分别为淡水组的 9.49、3.09 倍（$P<0.05$）；在 5‰ 的盐度环境时，肝脏中 p53 基因的 mRNA 表达水平在 6h 时为淡水组的 0.43 倍，24h 时为淡水组的 0.13 倍，下降显著（$P<0.05$），而在 48h 时呈上升趋势，并显著高于淡水环境组，在 30d 时恢

复至正常水平，与淡水组相比无显著变化（$P>0.05$）（图 9-6）。

红耳龟心脏中 p53 基因的 mRNA 表达水平在 5‰的盐度环境中 48h 和 30d 时与淡水组相比显著下降（$P<0.05$），在 6h 时虽升高了 1.33 倍，但差异并不显著（$P>0.05$）。15‰的盐度环境中 6h 时，p53 基因的 mRNA 表达水平升高了 1.5 倍，与淡水组相比差异显著（$P<0.05$），在之后的 24h 和 48h 略有下降，但维持在正常水平，而在较长时间（30d）时，p53 基因的 mRNA 表达水平显著低于淡水组（图 9-6）。

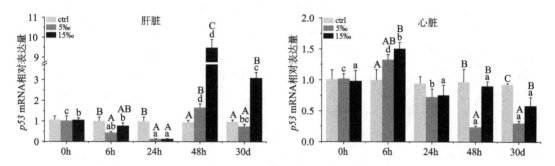

图 9-6 半咸水环境中红耳龟肝脏和心脏中 p53 的表达

ctrl，淡水组；5‰，5‰盐度组；15‰，15‰盐度组（下同）

不同的大写字母代表在同一暴露时间不同盐度环境的显著性；不同的小写字母代表同一盐度环境下内不同暴露时间的显著性（$P<0.05$）（下同）

三、半咸水环境中红耳龟 p53 基因表达分析

p53 可在细胞应激反应中被显著激活，进而在 DNA 修复、细胞周期阻滞、细胞凋亡和肿瘤抑制等途径中作为转录激活物发挥作用。对 p53 基因进行组织分布分析，能判断 p53 对于不同组织的调控作用。在红耳龟各组织中均检测到了 p53 基因的 mRNA 表达，其中在心脏中表达最高，其次是肝脏、骨骼肌、肾脏和小肠，脾脏中 p53 表达最低。p53 基因在红耳龟各组织中的分布状态与其他动物如石斑鱼（*Epinephelus coioides*）、青鳉鱼（*Oryzias latipes*）、斑马鱼（*Danio rerio*）、非洲爪蟾（*Xenopus laevis*）和人（*homo sapiens*）等不一致（Krause et al., 1997; Cheng et al., 1997; Hoever et al., 1994），这表明 p53 在不同种属和不同组织间的表达模式存在很大差异。

红耳龟在进入半咸水环境后的早期，p53 基因的表达变化并不明显，或呈现下降的趋势。但在进入盐环境中较长时间（30d）后，红耳龟肝脏、脾脏、肺脏中 p53 基因的 mRNA 表达显著上升，说明在半咸水环境中，红耳龟 p53 信号通路被激活，但活化的 p53 发挥怎样的调节作用，将在第三节和第四节详细阐述。

第三节 半咸水环境中 p53 对细胞周期的调控

细胞周期是指细胞从一次分裂完成开始到下一次分裂结束所经历的全过程，分为分裂间期与分裂期 2 个阶段（Hartwell and Kastan, 1994）。间期又可划分为 3 期，DNA 合成前期（G_1 期）、DNA 合成期（S 期）与 DNA 合成后期（G_2 期）。G_1 期是一个细胞周期开始的阶段,该期特点是物质代谢活跃,迅速合成 RNA 及细胞生长所需要的各种蛋白质、糖类等,细胞体积显著增大(King et al., 1996; 赵晓荣, 1999),为 DNA 复制的起始做好了各方面准备。进入 S 期之后,立即开始合成 DNA,同时还合成组蛋白及 DNA 复制所需要的酶(Murray, 1991; 陆长德, 1995)。DNA 复制完成后,细胞立即进入 G_2 期。此时细胞核内 DNA 含量已增加一倍,染色体倍性由 $2n$ 变成 $4n$,即每条染色体有两个拷贝的 DNA(Murray, 2004; 高燕等, 2005)。其他的结构物质和相关的亚细胞结构也做好了进入 M 期的必要准备。分裂期通常包括细胞核分裂和胞质分裂两个过程,在此期间进行细胞物质的平均分配并形成两个新的细胞,一般需 1~2h,细胞的有丝分裂(mitosis)需经前、中、后、末期。前期(prophase)染色质丝逐渐形成染色体(chromosome)。随着染色质的螺旋化,核仁逐渐消失。中期(metaphase)细胞变为球形,核仁与核被膜已完全消失。后期(anaphase)着丝点纵裂,染色单体分开,并向相反方向移动,接近各自的中心体(吴晓霞, 2007; 丁利, 2012)。此时细胞被拉长,细胞逐渐呈哑铃形。末期(telophase)染色单体逐渐解螺旋,重新出现染色质丝与核仁;内质网囊泡组合为核被膜;细胞赤道部缩窄加深,最后完全分裂为两个 2 倍体的子细胞(Crissman and Tobey, 1974; Giacinti and Giordano, 2006; Pardee et al., 1978)。

p53 的抗肿瘤作用主要是使细胞阻滞在 G_1/G_0 期、不能进入 S 期从而抑制细胞的增殖(Kuerbitz et al., 1992; Yin et al., 1992)。*p53* 基因在 DNA 损伤信号的刺激下,能以序列专一的方式与 DNA 结合。结合后,p53 蛋白可以起转录因子的作用,激活下游靶基因 *p21*,后者作为 CDK 的广泛抑制剂,与 Cyclin D1、CDK4、Cyclin E、CDK2 结合,抑制其相应的蛋白激酶活力,导致高磷酸化的 Rb 蛋白堆积,从而阻碍了 *E2F* 的释出,使 DNA 合成有关的基因不能表达,即 DNA 合成终止,细胞生长停止在 G_1 关卡(Li et al., 1994)。p53 与 p21、GADD45 和 PCNA 形成复合物,使细胞在 G_2/M 期停止生长,有利于 DNA 的修复,并参与 S 期复制的校正及错配的切除(Giono and Manfredi, 2006; Wang et al., 1999; Yonish et al., 1993);因此 *p53* 直接或间接介导 DNA 损伤的修复,严格地执行着维持基因组稳定性与完整性的功能(Basu and Haldar, 1998)。红耳龟在进入半咸水的环境后 p53 信号通路激活是否对细胞周期起到调控作用,本节将对此进行详细阐述。

一、半咸水环境中红耳龟 *CDK* 的表达

细胞周期的主要调节蛋白是细胞周期蛋白激酶(cyclin-dependent kinase, CDK),在细胞周期特定位点被激活。CDK 与细胞周期蛋白(cyclin)结合,并将细胞周期蛋白作为其调节亚单位,进而表现出蛋白激酶的活性(Polyak et al., 1994; 郑作昱等, 1998)。目前发现,动物细胞内至少存在 12 种 CDK,即 CDK1 至 CDK12,其中 5 种在细胞周期中处于活化状态,如 G_1 期时有 CDK4、CDK6 和 CDK2 活化,S 期时有 CDK2 活化,G_2 和 M 期时有 CDK1 活化(Lim and Kaldis, 2013)。当这些蛋白激酶被活化时,它们通过磷酸化特定蛋白来诱导下游过程(Morgan, 1995)。

1. 红耳龟 *CDK4* 的 mRNA 表达

红耳龟进入盐环境后,肝脏中 *CDK4* 的 mRNA 表达水平在早期显著升高,与淡水组

相比差异显著（$P<0.05$），但 48h 时显著下降（$P<0.05$），在半咸水环境中较长的时间（30d）时，恢复到正常水平。心脏中 *CDK4* 的 mRNA 表达在较低盐度环境（5‰）中 24h 和 48h 时显著升高，在较高盐度环境（15‰）中仅 48h 显著高于淡水组（$P<0.05$），其他时间均是保持在正常水平（图 9-7）。

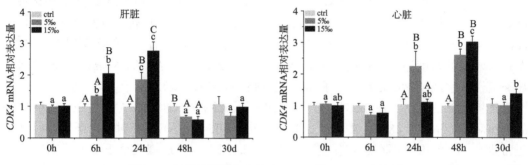

图 9-7 红耳龟肝脏和心脏中 *CDK4* 的 mRNA 表达量

2. 红耳龟 *CDK6* 的 mRNA 表达

红耳龟在 5‰ 和 15‰ 的盐度环境时，肝脏中 *CDK6* 的 mRNA 表达水平在 6h 时显著高于淡水组（$P<0.05$），但在 48h 时表达水平显著下降（$P<0.05$）；在半咸水环境中较长时间（30d）时，*CDK6* 的 mRNA 表达恢复到正常水平。心脏中 *CDK6* 的 mRNA 表达在 5‰ 的盐度环境中 24h 和 48h 时显著升高，与淡水组相比差异显著（$P<0.05$），但在较长时间（30d）后显著下降（$P<0.05$）；在较高盐度环境（15‰）中时，*CDK6* 的 mRNA 表达水平仅在 48h 时显著高于淡水组（$P<0.05$）（图 9-8）。

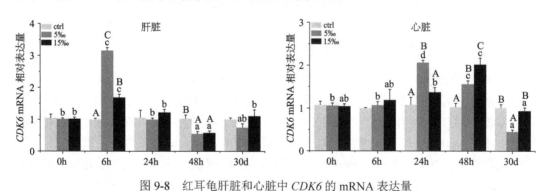

图 9-8 红耳龟肝脏和心脏中 *CDK6* 的 mRNA 表达量

二、半咸水环境中红耳龟细胞周期蛋白的表达

细胞周期蛋白，又称为周期素，此类蛋白在不同的细胞周期表达量不同，因而可以时相性地激活 CDK，而 CDK 的时相性激活是细胞周期调控的核心。目前发现至少有 11 种不同的 Cyclin，分别为 A、B1、B2、C、D1、D2、D3、E、F、G 和 H（Pagano et al., 1992; Heuvel and Harlow, 1993）。不同的细胞周期所表达的细胞周期蛋白是不同的。在

G_1 期, 细胞表达 3 种 cyclin D (cyclin D1、D2 和 D3), cyclin D 与 CDK4/6 结合, 从而激活 CDK4/6, 是细胞从 G_0 期进入 G_1 期所必需的。但与其他细胞周期蛋白不同的是, cyclin D 并不周期性表达, 而是只要生长因子持续刺激细胞就可以合成 (Arellano and Moreno, 1997; Joyce et al., 2001; Tyson, 1991)。

红耳龟进入低盐度环境 (5‰) 中 6h, 肝脏中 cyclin D1 的 mRNA 表达水平显著升高, 与淡水组相比差异显著 ($P<0.05$), 虽然在 24h 时也略有升高, 但差异不显著, 在 48h 时显著下降 ($P<0.05$), 在半咸水环境中较长时间 (30d) 后, 逐渐恢复到正常水平; 在进入较高的盐度环境 (15‰) 中的早期 (6h 和 24h), cyclin D1 的 mRNA 表达水平显著高于淡水组 ($P<0.05$), 但紧随其后的 48h, cyclin D1 表达水平下降, 直至 30d 时, 一直维持较低的水平 ($P<0.05$)。红耳龟心脏中 cyclin D1 的 mRNA 表达在 5‰ 和 15‰ 的盐度环境中 6h 及 48h 时显著高于淡水组 ($P<0.05$), 但在 24h 时显著下降, 并低于正常水平 ($P<0.05$), 而在进入盐度环境中较长时间 (30d) 后恢复至正常水平 ($P>0.05$) (图 9-9)。

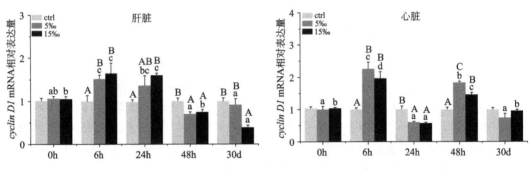

图 9-9 红耳龟肝脏和心脏中 cyclin D1 的 mRNA 表达量

三、半咸水环境中红耳龟 p21 的表达

CDK 的活力也可被细胞周期抑制蛋白 (cell cycle inhibitory protein) 即 CDK 抑制剂 (CDKI) 所抑制。CDKI 可与 CDK 单独结合, 也可与 CDK-cyclin 复合物结合而发挥作用 (邓敏, 2011)。其中 p21 (Waf1/Cip1) 是细胞周期抑制蛋白家族成员之一, 可以广泛地作用于 CDK-cyclin 复合物, 特别是 G_1 期的 CDK4/6-cyclinD 复合物并抑制它们的活力 (陶金程等, 2011; Andreassen et al., 2001)。同时因 p21 基因的启动子含有 p53 结合区域, 所以 p53 可以转录激活 p21 基因 (Eldeiry, 1998; Waldman et al., 1995)。

红耳龟进入半咸水环境 (盐度 5‰) 中的早期 (6h 和 24h), 肝脏中 p21 的 mRNA 表达水平显著降低 ($P<0.05$), 但在较高盐度 (15‰) 中 48h 至 30d 时显著升高, 与淡水组相比差异显著 ($P<0.05$)。红耳龟心脏中 p21 的 mRNA 表达在 5‰ 和 15‰ 的盐度环境中 6h 时显著升高, 但在 24h 和 48h 时显著低于正常水平 ($P<0.05$); 在高盐度环境 (15‰) 中 30d 时, 其表达水平与淡水组相比显著升高 ($P<0.05$) (图 9-10)。

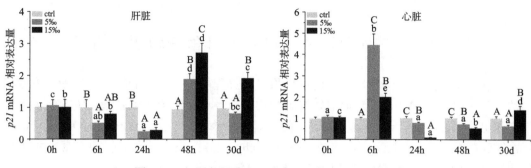

图 9-10　红耳龟肝脏和心脏中 *p21* 的 mRNA 表达量

四、半咸水环境中红耳龟细胞周期调控分析

为能更好地在含盐度的水环境中生存，动物可通过协调细胞周期的进程，来减少能量消耗，等待受损细胞的自我修复，并集中能量将大量盐离子从体内排出。*p53* 的一个众所周知的作用就是调控细胞周期（Brady and Attardi, 2010; Fu et al., 2017; Shadfan et al., 2012; Zlotorynski, 2016）。机体为了在高渗环境中持续生存，抑制细胞周期可能是至关重要的，因为细胞分裂是一个能量和资源密集的过程。细胞周期停滞可能会减少机体在盐度胁迫时的能量和物质消耗（Kültz et al., 1998; Mak and Kültz, 2004），而 p21、cyclin D1、CDK4 和 CDK6 在限制细胞周期活动中发挥关键作用（Ye et al., 2016）。细胞 G_1 期到 S 期的转变对维持基因组的完整性起着至关重要的作用，因为这个阶段与外部应激密切相关，而且还涉及 DNA 复制和随后的有丝分裂（Schwartz and Shah, 2005; Singh and Agarwal, 2005）。细胞周期蛋白 D1（cyclin D1）是一个调节细胞通过 G_1 限制点的关键因子，已被证明其可与多种蛋白质密切接触（Deane et al., 2001; Galderisi et al., 2003; Shapiro, 2006）。Cyclin D1 在细胞的 G_1 期合成，然后形成细胞周期蛋白 D1-CDK4 和/或细胞周期蛋白 D1-CDK6 复合物，从而激活 CDK4 和 CDK6。活化的 CDK4 和 CDK6 促进 DNA 转录，调节 DNA 复制和修复，促进细胞通过 G_1 期。p21 可与细胞周期蛋白/CDK 复合物结合，抑制 CDK 激酶活力，导致细胞周期阻滞（Ye et al., 2016）。我们推测，红耳龟为了提高对半咸水环境的适应能力，可能通过 *p53* 调控 *p21* 的表达，从而影响细胞周期蛋白或细胞周期蛋白激酶的表达，最终控制细胞周期进程。为评估红耳龟 *p53* 对盐度反应的转录活性，我们研究了其特定的下游调控靶基因的表达：*p21*、*cyclin D1*、*CDK4* 及 *CDK 6*。与预期一致，肝脏中 *cyclin D1*、*CDK4* 和 *CDK6* 的表达在红耳龟进入盐环境的早期（6h 和 24h）表现出相对增加的趋势，而这些变化在长期暴露在盐环境（48h 和 30d）中时通常呈相反的趋势。此外，红耳龟肝脏和心脏中 *p21* 的表达水平通常与细胞周期蛋白表现出相反的变化趋势。这些结果表明，在盐环境中，红耳龟可以通过 *cyclin D1-CDK4/6* 途径调控细胞周期的进程。在心脏中，*cyclin D1*、*CDK 4* 和 *CDK 6* 的表达在盐环境中不同的时间总体呈增加的趋势。然而，它们的水平在 30d 时基本恢复到正常水平。由此我们认为，红耳龟在盐环境中的早期，加速的细胞周期进程可能有助于补充细胞数量，但长期暴露时细胞周期停滞，特别是在肝脏，有助于受损细胞的自我修复和能量恢复，从而提高红耳龟对半咸水环境的适应能力。

第四节 半咸水环境中 p53 对红耳龟细胞凋亡的调控

细胞凋亡为主动的生理反应，借以排除发育过程中过多无用的细胞及受到感染或损伤的细胞（Elmore, 2007）。目前已知细胞凋亡为一种单一细胞受到刺激后主动经由多种细胞内组成（cellular organism）来进行的系统性自杀反应（self-destruction）。其特征包括：细胞萎缩（cell shrinkage）、染色质浓缩（chromatin condensation）、染色质在核中呈现边缘化、细胞核内的 DNA 有规则断裂的现象（internucleosomal DNA fragmentation）、细胞膜上会有泡状物（plasma membrance blebbing）的产生，形成凋亡小体（apoptotic body）（Chiarugi et al., 1994; Portt et al., 2011）。在细胞凋亡过程中，并不会发生细胞器或是细胞膜的破裂，因此不会引起炎症反应或危害到邻近细胞或组织。细胞凋亡属于一种生理形式的死亡调节过程，在正常的生理状态下，如胚胎的发育、细胞的分化、蝌蚪的变态、昆虫的变形过程及移除受损老化细胞等，都会通过细胞凋亡来削减多余的细胞以促成及维持生物个体本身的内在稳态（homeostasis）（Vermeulen et al., 2003）。另外，许多非正常生理环境及危险因子的刺激也会造成细胞凋亡的发生，以达到保护其他健康细胞的目的，这些刺激包括：射线伤害、病毒感染、肿瘤细胞的生长、激素、应激等（Wyllie et al., 1980）。

目前已清楚 p53 可通过两种不同的机制诱导细胞凋亡，即凋亡基因转录激活依赖性和转录非依赖性机制（Polyak et al., 1997）。当细胞被致癌基因激活、DNA 损伤或其他类型的应激刺激后，p53 上的几个位点发生磷酸化，磷酸化的 p53 稳定性增加，活性增强。磷酸化的 p53 作为转录因子，在细胞核内诱导促凋亡蛋白如 *PUMA*、*NOXA*、*Bax*、*FasL* 等基因的转录，从而发挥凋亡诱导功能（Haupt et al., 2003）。p53 也可以在胞浆直接结合到抗凋亡蛋白 Bcl-2 和 Bcl-xL 上，导致只含 BH3 蛋白（BH3-only protein）的释放。p53 与 Bcl-2 和 Bcl-xL 相互作用可以抑制 p53 的转录活性，但可直接激活 *Bax* 和 *Bak*，致使线粒体外膜通透性增加，促进线粒体促凋亡因子释放，进而激活 caspase 家族，启动细胞死亡级联反应（Miyashita et al., 1994）。红耳龟在进入半咸水的环境后 p53 信号通路的激活是否对细胞凋亡起到调控作用，本节将对此进行详细阐述。

一、半咸水环境中红耳龟 Bcl-2 家族调控

Bcl-2 家族蛋白的参与是决定细胞凋亡能否继续的关键，因为它同时具有抑制和促进凋亡的功能（Adams and Cory, 1998）。此家族成员均具有 BH（Bcl homology domain）结构，透过 BH 四个结构域的排列组合，形成同源复合体（homo-complex）或异源复合体（hetero-complex）来传递细胞的死亡及生存的信息。其家族依据功能分为：①抑制细胞凋亡的成员，如 Bcl-2、Bcl-xL、Brag-l、Mcl-1 及 Bcl-w 等。②促进细胞凋亡的成员，如 Bax、Bak、Bcl-xs、Bad、Bid 及 Hrk 等。这两类蛋白通过彼此互相结合、拮抗以调节细胞凋亡是否进行，例如，当抑制细胞凋亡蛋白的含量高于促进细胞凋亡的蛋白时，细胞凋亡会被抑制，反之则会促使细胞走向凋亡（Gross et al., 1999; Reed, 1994）。

1. 红耳龟 *Bax* 基因的表达

红耳龟由淡水进入半咸水环境后，肝脏中促凋亡基因 *Bax* 的 mRNA 表达水平在 6h 和 24h 时显著降低，与淡水组相比差异显著（$P<0.05$），但从 48h 时开始 *Bax* 的 mRNA 表达水平显著升高；较低盐度（5‰）的环境中 30d 时基本恢复到正常水平，但在较高盐度环境中 30d 时依然维持较高的水平（$P<0.05$）。红耳龟心脏中 *Bax* 的表达与肝脏中的表达存在较大差异，在低盐度（5‰）环境 24h 和 30d 时显著降低，与淡水组相比差异显著（$P<0.05$），在其他时间段时均保持在正常水平（$P>0.05$）；在高盐度（15‰）的环境中 6h 时显著高于淡水组（$P<0.05$），而在 24h 和 48h 时呈下降趋势，并在较长时间（30d）后恢复至正常水平（图 9-11）。

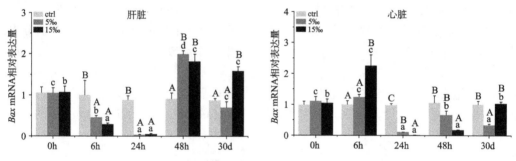

图 9-11　红耳龟肝脏和心脏中 *Bax* 的 mRNA 表达量

2. 红耳龟 *Bcl-2* 基因的表达

红耳龟在进入较高的盐度（15‰）环境时，肝脏中抗凋亡基因 *Bcl-2* 的 mRNA 表达水平仅在 24h 时显著高于淡水组（$P<0.05$），其他时间段一直维持在正常水平；在较低的盐度（5‰）环境时，*Bcl-2* 的 mRNA 表达水平在 48h 时显著低于淡水组（$P<0.05$），虽在其他时间段有上升的趋势，但与淡水组相比差异并不显著（$P>0.05$）；红耳龟在半咸水环境中较长的时间（30d）后，不论是在低盐度还是高盐度环境中，*Bcl-2* 的 mRNA 表达均恢复到正常水平。红耳龟心脏中 *Bcl-2* 的 mRNA 表达在低盐度（5‰）环境中的变化趋势与肝脏中相似；在较高盐度（15‰）环境的早期一直维持在正常水平，但是 30d 时显著升高，与淡水组相比差异显著（$P<0.05$）（图 9-12）。

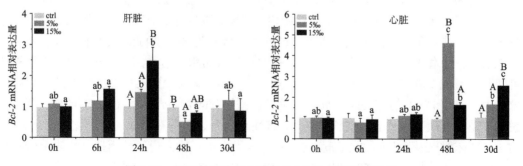

图 9-12　红耳龟肝脏和心脏中 *Bcl-2* 的 mRNA 表达量

二、半咸水环境中红耳龟 *caspase 3* 的表达

caspase (cystein-dependent aspartate specific protease) 家族属于半胱氨酸蛋白酶,能够切割细胞内 DNA 及细胞结构,目前被认为是调控细胞凋亡下游的重要因素,该蛋白酶过量表达时即会诱发细胞凋亡的产生,在凋亡过程中起核心作用(Thornberry and Lazebnik, 1998; Green and Reed, 1998; Nicholson and Thornberry, 1997; 李兆才, 2012)。Caspase 家族有许多成员,包括:起始者(initiator caspase),如 caspase 1、2、4、5、8 及 9 等,当细胞接收到死亡信号时,起始者会经由自我切割的方式而形成活化态,负责传递细胞凋亡的信号,启动细胞凋亡机制,然后活化下游的效应者(effector caspase),如 caspase 3、6 及 7 等,效应者会对细胞内一些结构蛋白及 DNA 产生水解作用,尤其是 caspase 3 的活化即意味着凋亡的发生(Fan et al., 2005; Porter and Jänicke, 1999)。红耳龟肝脏中 *caspases 3* 的 mRNA 表达水平在进入盐度环境中 48h 时开始升高,与淡水组相比较差异显著($P<0.05$),在低盐度(5‰)的环境中时生活较长时间(30d)后恢复至正常水平,但在较高盐度(15‰)环境中 30d 维持在较高水平。红耳龟心脏中 *caspase 3* 的 mRNA 表达在 5‰和 15‰的盐度环境中 6h 时显著升高,与淡水组相比差异显著($P<0.05$),在 24h 降低,在高盐度(15‰)环境中较长时间(30d)后恢复至正常水平(图 9-13)。

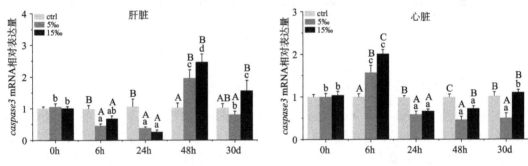

图 9-13 红耳龟肝脏和心脏中 *caspase 3* 的 mRNA 表达量

三、半咸水环境中红耳龟细胞凋亡发生情况

各种应激条件作用下,机体通过启动凋亡信号通路介导细胞凋亡的发生,凋亡细胞主要表现为细胞萎缩、染色质浓缩、染色质在核中呈现边缘化、细胞核内的 DNA 有规则断裂的现象等(Nagata, 2000)。细胞凋亡中 DNA 的断裂是个渐进的分阶段的过程,染色体 DNA 首先在内源性的核酸水解酶的作用下降解为 50~300kb 大小的片段。然后大约 30%的染色体 DNA 在 Ca^{2+} 和 Mg^{2+} 依赖的核酸内切酶作用下,在核小体单位之间被随机切断,形成 180~200bp 核小体 DNA 多聚体(Bortner et al., 1995)。DNA 断裂后缺口处产生一系列 DNA 的 3′-OH 末端可在脱氧核糖核苷酸末端转移酶(TdT)的作用下,将脱氧核糖核苷酸和荧光素、过氧化物酶、碱性磷酸酶或生物素形成的衍生物标记到 DNA 的 3′-OH 末端,从而进行凋亡细胞的检测。这类方法一般为脱氧核糖核苷酸末端转移酶介导的缺口末端标记法(TUNEL)(Gavrieli et al., 1992; Kraupp et al., 1995)。本研究采用

TUNEL 染色法判断红耳龟在半咸水环境中其组织或器官是否发生凋亡。

红耳龟在淡水环境中时，肝脏中未发现有凋亡细胞，在进入盐环境后，5‰的盐度组 48h 和 30d 时，红耳龟肝脏内见有个别分布的凋亡细胞存在。在 15‰的盐度组 48h 和 30d 时出现有部分阳性染色的凋亡细胞，并随机分布（图 9-14）。红耳龟心脏中除在较高的盐度（15‰）环境中 48h 时发现有零星的凋亡细胞，低盐度组和淡水组均未观察到阳性染色的凋亡细胞（图 9-15）。

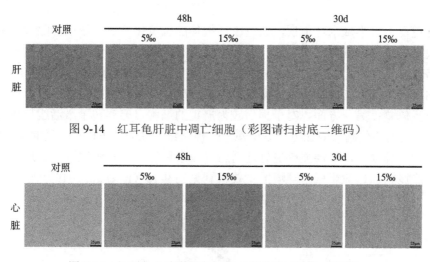

图 9-14　红耳龟肝脏中凋亡细胞（彩图请扫封底二维码）

图 9-15　红耳龟心脏中凋亡细胞（彩图请扫封底二维码）

四、半咸水环境中红耳龟细胞凋亡的分析

p53 的一个重要调节作用是通过下调 *Bcl-2* 等抗凋亡基因和上调促凋亡基因的转录来诱导细胞凋亡（Jin et al., 2011a; Zeng et al., 2014）。Bax 是位于线粒体外膜的 Bcl-2 家族的促凋亡成员，是 *p53* 转录激活的直接靶点。Bax 能诱导细胞色素 c 释放到胞质中，而抗凋亡 Bcl-2 能抑制线粒体细胞色素 c 的释放。*Bcl-2* 与 *Bax* 细胞内表达量的变化将影响细胞色素 c 的释放，*Bax* 与 *Bcl-2* 比值增加可诱导细胞凋亡（Jin et al., 2011b）。在红耳龟进入盐环境中后，肝脏中 *Bax* 与 *Bcl-2* 比值在长期生活后显著增加，同时心脏中该比值在红耳龟进入盐环境的早期显著增加，这表明盐度可能通过 *p53-Bax-Bcl-2* 途径以组织和时间依赖性方式触发细胞凋亡。半胱氨酸-天冬氨酸酶活力是应激和凋亡的重要指标，*caspase 3* 的激活导致了一系列蛋白质的分裂，如 fodrin 和核层，导致细胞凋亡（Nicholson and Thornberry, 1997）。红耳龟在面临盐度胁迫的环境时，*Bax* 与 *Bcl-2* 比例的改变可能增加了 *caspase 3* 的表达，特别是在肝脏，盐度短期暴露时 *caspase 3* 表达量降低，在长期暴露时表达量增加，但在心脏中仅是短期暴露时 *caspase 3* 表达量才增加。这些结果进一步表明，半胱氨酸-天冬氨酸酶依赖性凋亡途径可能参与盐度胁迫诱导的红耳龟细胞凋亡，但红耳龟的肝脏和心脏对于盐环境的反应存在较大的不同。为了进一步确认红耳龟在盐度环境下的细胞凋亡，我们采用原位免疫组织化学标记法检测肝脏、心脏组织中的凋亡细胞。从观察到的结果来看，凋亡阳性细胞一般只出现在较高盐度（15‰）环境中

生活的红耳龟肝脏中,并且是随机分布的,在低盐度(5‰)环境中生活的红耳龟肝脏中未发现阳性细胞,同时心脏中也未见凋亡阳性细胞。由此说明,红耳龟可能启动凋亡途径借以清除在盐环境下受损伤的细胞,而不至于对机体产生严重的后果,从而能够较长时间地适应盐度环境。

结　语

红耳龟在进入半咸水环境后,通过激活机体的抗氧化防御系统以清除过多的氧自由基,但残余的氧自由基亦会对机体产生损伤或危害。在此情况下,红耳龟启动了另一条信号通路 p53,一方面对于轻度损伤的细胞,可通过 $p53$ 转录激活下游基因 $p21$,进而引起细胞周期蛋白及细胞周期蛋白激酶等发生相应改变,阻断细胞周期,以节约能量,等待细胞自我修复;另一方面,对于损伤较为严重的细胞,$p53$ 转录激活线粒体凋亡信号 $Bax/Bcl-2$,进而活化凋亡效应分子 $caspase\ 3$,促进细胞凋亡,在相对较低的损伤水平下,降低机体的整体损伤,以便能够更好地适应半咸水环境。红耳龟通过 $p53$ 启动细胞周期阻滞和细胞凋亡以适应半咸水环境的主要机制见图 9-16(Li et al., 2019)。

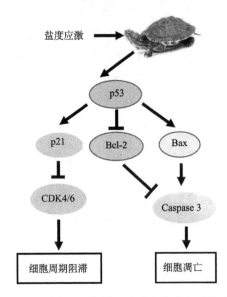

图 9-16　红耳龟通过 p53 信号通路适应半咸水环境的主要机制

参 考 文 献

邓敏. 2011. CDKI 和 CDK2 对细胞周期的调控. 北京: 中国科学院研究生院博士学位论文.
丁利. 2012. TGEV 诱导 PK-15 细胞凋亡信号转导通路研究. 杨凌: 西北农林科技大学博士学位论文.
高燕, 林莉萍, 丁健. 2005. 细胞周期调控的研究进展. 生命科学, 17(4): 318-322.
李兆才. 2012. 苦马豆素诱导 A549 细胞和 Eca-109 细胞凋亡的信号转导通路研究. 杨凌: 西北农林科技大学博士学位论文.

陆长德. 1995. 细胞周期研究进展. 生命科学, 19(2): 1-10.

孙祖俊, 易静, 王毓美, 等. 2009. 氧化应激对p53翻译后修饰影响的研究进展. 上海交通大学学报(医学版), 29(11): 1377-1382.

陶金程, 汉丽梅, 刘佳, 等. 2011. 细胞周期蛋白激酶抑制因子p27 Kip1研究进展. 动物医学进展, 32(5): 112-115.

王珊. 2009. P53选择性调控分子Apak在不同类型应激条件下的功能调控及其分子机制. 杨凌:西北农林科技大学博士学位论文.

吴晓霞. 2007. 细胞分裂素与细胞的分裂增殖. 安徽农业科学, 35(36): 11755-11756.

赵晓荣. 1999. 真核生物细胞周期研究进展. 临床与病理杂志, (3): 167-170.

郑作昱, 史成章, 牛正先. 1998. 细胞周期与肿瘤. 世界华人消化杂志, 6(12): 1097-1099.

祝峙, 朱明华. 2003. p53基因网络的研究进展. 癌症, 22(5): 547-551.

Adams J M, Cory S. 1998. The Bcl-2 protein family: arbiters of cell survival. Science, 281(5381): 1322-1326.

Andreassen P R, Lacroix F B, Lohez O D, et al. 2001. Neither p21WAF1 nor 14-3-3sigma prevents G_2 progression to mitotic catastrophe in human colon carcinoma cells after DNA damage, but p21WAF1 induces stable G_1 arrest in resulting tetraploid cells. Cancer Research, 61(20): 7660-7668.

Arellano M, Moreno S. 1997. Regulation of CDK/cyclin complexes during the cell cycle. The International Journal of Biochemistry & Cell Biology, 29(4): 559-573.

Basu A, Haldar S. 1998. The relationship between Bcl-2, Bax and p53: consequences for cell cycle progression and cell death. Molecular Human Reproduction, 4(12): 1099-1109.

Bortner C D, Oldenburg N B, Cidlowski J A. 1995. The role of DNA fragmentation in apoptosis. Trends in cell biology, 5(1): 21-26.

Brady C A, Attardi L D. 2010. p53 at a glance. Journal of Cell Science, 123(15): 2527.

Cheng R, Ford B L, O'Neal P E, et al. 1997. Zebrafish (*Danio rerio*) p53 tumor suppressor gene: cDNA sequence and expression during embryogenesis. Molecular Marine Biology and Biotechnology, 6(2): 88-97.

Chiarugi V, Magnelli L, Cinelli M, et al. 1994. Apoptosis and the cell cycle. Cellular & Molecular Biology Research, 40(7-8): 603-612.

Crissman H A, Tobey R A. 1974. Cell-cycle analysis in 20 minutes. Science, 184(4143): 1297-1298.

Deane N G, Parker M A, Aramandla R, et al. 2001. Hepatocellular carcinoma results from chronic cyclin D1 overexpression in transgenic mice. Cancer Research, 61(14): 5389-5395.

Ding L, Li W H, Li N, et al. 2019. Antioxidant responses to salinity stress in an invasive species, the red-eared slider (*Trachemys scripta elegans*) and involvement of a TOR-Nrf2 signaling pathway. Comparative Biochemistry and Physiology Part C: Toxicology & Pharmacology, 219: 59-67.

Eldeiry W S. 1998. p21/p53, cellular growth control and genomic integrity. Current Topics in Microbiology and Immunology, 227(227): 121-137.

Elmore S. 2007. Apoptosis: a review of programmed cell death. Toxicologic pathology, 35(4): 495-516.

Fan T J, Han L H, Cong R S, et al. 2005. Caspase family proteases and apoptosis. Acta Biochimica et Biophysica Sinica, 37(11): 719-727.

Fu X, Xu L, Qi L, et al. 2017. BMH-21 inhibits viability and induces apoptosis by p53-dependent nucleolar stress responses in SKOV3 ovarian cancer cells. Oncology Reports, 38(2): 859-865.

Galderisi U, Jori F P, Giordano A. 2003. Cell cycle regulation and neural differentiation. Oncogene, 22(33): 5208.

Gavrieli Y, Sherman Y, Ben-Sasson S A. 1992. Identification of programmed cell death *in situ* via specific labeling of nuclear DNA fragmentation. The Journal of Cell Biology, 119(3): 493-501.

Giacinti C, Giordano A. 2006. RB and cell cycle progression. Oncogene, 25(38): 5220-5227.

Giono L E, Manfredi J J. 2006. The p53 tumor suppressor participates in multiple cell cycle checkpoints. Journal of Cellular Physiology, 209(1): 13-20.

Green D R, Reed J C. 1998. Mitochondria and apoptosis. Science, 281(5381): 1309-1312.

Gross A, McDonnell J M, Korsmeyer S J. 1999. Bcl-2 family members and the mitochondria in apoptosis. Genes & Development, 13(15): 1899-1911.

Guardavaccaro D, Corrente G, Covone F, et al. 2000. Arrest of G-S progression by the p53-inducible gene PC3 is Rb dependent and relies on the inhibition of cyclin D1 transcription. Molecular & Cellular Biology, 20(5):1797-1815.

Hartwell L H, Kastan M B. 1994. Cell cycle control and cancer. Science, 266(5192): 1821-1828.

Haupt S, Berger M, Goldberg Z, et al. 2003. Apoptosis-the p53 network. Journal of Cell Science, 116(20): 4077-4085.

Heuvel S, Harlow E. 1993. Distinct roles for cyclin-dependent kinases in cell cycle control. Science, 262(5142): 2050-2054.

Hoever M, Clement J H, Wedlich D, et al. 1994. Overexpression of wild-type p53 interferes with normal development in *Xenopus laevis* embryos. Oncogene, 9(1): 109-120.

Hussain S P, Amstad P, He P, et al. 2004. p53-induced up-regulation of MnSOD and GPx but not catalase increases oxidative stress and apoptosis. Cancer Research, 64(7): 2350-2356.

Irwin M S, Kondo K, Marin M C, et al. 2003. Chemosensitivity linked to p73 function. Cancer Cell, 3(4): 403-410.

Jin Y, Zheng S, Fu Z. 2011b. Embryonic exposure to cypermethrin induces apoptosis and immunotoxicity in zebrafish (*Danio rerio*). Fish & Shellfish Immunology, 30(4-5): 1049-1054.

Jin Y, Zheng S, Pu Y, et al. 2011a. Cypermethrin has the potential to induce hepatic oxidative stress, DNA damage and apoptosis in adult zebrafish (*Danio rerio*). Chemosphere, 82(3): 398-404.

Joanisse D R, Storey K B. 1996. Oxidative damage and antioxidants in *Rana sylvatica*, the freeze-tolerant wood frog. American Journal of Physiology-Regulatory, Integrative and Comparative Physiology, 271(3): R545-R553.

Joyce D, Albanese C, Steer J, et al. 2001. NF-κB and cell-cycle regulation: the cyclin connection. Cytokine & Growth Factor Reviews, 12(1): 73-90.

King R W, Deshaies R J, Peters J M, et al. 1996. How proteolysis drives the cell cycle. Science, 274(5293): 1652-1659.

Kraupp B G, Ruttkay N B, Koudelka H, et al. 1995. *In situ* detection of fragmented DNA (TUNEL assay) fails to discriminate among apoptosis, necrosis, and autolytic cell death: a cautionary note. Hepatology, 21(5): 1465-1468.

Krause M K, Rhodes L D, Beneden R J V. 1997. Cloning of the p53 tumor suppressor gene from the Japanese medaka (*Oryzias latipes*) and evaluation of mutational hotspots in MNNG-exposed fish. Gene, 189(1):101-106.

Kuerbitz S J, Plunkett B S, Walsh W V, et al. 1992. Wild-type p53 is a cell cycle checkpoint determinant following irradiation. Proceedings of the National Academy of Sciences, 89(16): 7491-7495.

Kültz D, Madhany S, Burg M B. 1998. Hyperosmolality causes growth arrest of murine kidney cells induction of GADD45 and GADD153 by osmosensing via stress-activated protein kinase 2. Journal of Biological Chemistry, 273(22): 13645-13651.

Levine A J, Momand J, Finlay C A. 1991. The p53 tumour suppressor gene. Nature, 351(6326): 453-456.

Levine A J. 1997. p53, the cellular gatekeeper for growth and division. Cell, 88(3): 323-331.

Li W H, Li N, Liang L, et al. 2019. Regulation of p53 in the red-eared slider (*Trachemys scripta elegans*) in response to salinity stress. Comparative Biochemistry and Physiology Part C: Toxicology & Pharmacology, 221: 49-58.

Li Y, Jenkins C W, Nichols M A, et al. 1994. Cell cycle expression and p53 regulation of the cyclin-dependent kinase inhibitor p21. Oncogene, 9(8): 2261-2268.

Lim S, Kaldis P. 2013. Cdks, cyclins and CKIs: roles beyond cell cycle regulation. Development, 140(15): 3079-3093.

Liu D, Xu Y. 2011. p53, oxidative stress, and aging. Antioxidants & Redox Signaling, 15(6): 1669-1678.

Mak S K, Kültz D. 2004. Gadd45 proteins induce G_2/M arrest and modulate apoptosis in kidney cells exposed to hyperosmotic stress. Journal of Biological Chemistry, 279(37): 39075-39084.

Martindale J L, Holbrook N J. 2002. Cellular response to oxidative stress: signaling for suicide and survival. Journal of Cellular Physiology, 192(1): 1-15.

Mittler R. 2002. Oxidative stress, antioxidants and stress tolerance. Trends in Plant Science, 7(9): 405-410.

Miyashita T, Krajewski S, Krajewska M, et al. 1994. Tumor suppressor p53 is a regulator of *Bcl-2* and *bax* gene expression *in vitro* and *in vivo*. Oncogene, 9(6): 1799-1805.

Morgan D O. 1995. Principles of CDK regulation. Nature, 374(6518): 131-134.

Murray A W. 1991. Cell cycle extracts. Methods in cell biology, 36(1): 581-605.

Murray A W. 2004. Recycling the cell cycle: cyclins revisited. Cell, 116(2): 221-234.

Nagata S. 2000. Apoptotic DNA fragmentation. Experimental Cell Research, 256(1): 12-18.

Nicholson D W, Thornberry N A. 1997. Caspases: killer proteases. Trends in Biochemical Sciences, 22(8): 299-306.

Pagano M, Pepperkok R, Verde F, et al. 1992. Cyclin A is required at two points in the human cell cycle. The EMBO Journal, 11(3): 961-971.

Pardee A, Dubrow R, Hamlin J, et al. 1978. Animal cell cycle. Annual Review of Biochemistry, 47(1): 715-750.

Pelicano H, Carney D, Huang P. 2004. ROS stress in cancer cells and therapeutic implications. Drug Resistance Updates, 7(2): 97-110.

Peuget S, Bonacci T, Soubeyran P, et al. 2014. Oxidative stress-induced p53 activity is enhanced by a redox-sensitive TP53INP1 SUMOylation. Cell Death and Differentiation, 21(7): 1107-1118.

Polyak K, Kato J, Solomon M J, et al. 1994. p27Kip1, a cyclin-Cdk inhibitor, links transforming growth factor-beta and contact inhibition to cell cycle arrest. Genes & Development, 8(1): 9-22.

Polyak K, Xia Y, Zweier J L, et al. 1997. A model for p53-induced apoptosis. Nature, 389(6648): 300-305.

Porter A G, Jänicke R U. 1999. Emerging roles of caspase-3 in apoptosis. Cell Death and Differentiation, 6(2): 99-104.

Portt L, Norman G, Clapp C, et al. 2011. Anti-apoptosis and cell survival: a review. Biochimica et Biophysica Acta (BBA)-Molecular Cell Research, 1813(1): 238-259.

Reed J C. 1994. Bcl-2 and the regulation of programmed cell death. The Journal of cell biology, 124(1-2): 1-6.

Schieber M, Chandel N S. 2014. ROS function in redox signaling and oxidative stress. Current Biology, 24(10): R453-R462.

Schwartz G K, Shah M A. 2005. Targeting the cell cycle: a new approach to cancer therapy. Journal of Clinical Oncology, 23(36): 9408-9421.

Shadfan M, Lopez-Pajares V, Yuan Z M. 2012. MDM2 and MDMX: Alone and together in regulation of p53. Translational Cancer Research, 1(2): 88-89.

Shapiro G I. 2006. Cyclin-dependent kinase pathways as targets for cancer treatment. Journal of Clinical

Oncology, 24(11): 1770-1783.

Sies H. 1997. Oxidative stress: oxidants and antioxidants. Experimental Physiology, 82(2): 291-295.

Singh R P, Agarwal R. 2005. Prostate cancer and inositol hexaphosphate: efficacy and mechanisms. Anticancer Research, 25(4): 2891-2903.

Sun Y, Yin Y, Zhang J, et al. 2007. Bioaccumulation and ROS generation in liver of freshwater fish, goldfish *Carassius auratus* under HC Orange No. 1 exposure. Environmental Toxicology: An International Journal, 22(3): 256-263.

Thornberry N A, Lazebnik Y. 1998. Caspases: enemies within. Science, 281(5381): 1312-1316.

Tyson J J. 1991. Modeling the cell division cycle: cdc2 and cyclin interactions. Proceedings of the National Academy of Sciences, 88(16): 7328-7332.

Vermeulen K, Berneman Z N, Van Bockstaele D R. 2003. Cell cycle and apoptosis. Cell Proliferation, 36(3): 165-175.

Vogelstein B, Lane D, Levine A J. 2000. Surfing the p53 network. Nature, 408(6810): 307-310.

Waldman T, Kinzler K W, Vogelstein B. 1995. p21 is necessary for the p53-mediated G_1 arrest in human cancer cells. Cancer Research, 55(22): 5187-5190.

Wang X W, Zhan Q, Coursen J D, et al. 1999. GADD45 induction of a G_2/M cell cycle checkpoint. Proceedings of the National Academy of Sciences, 96(7): 3706-3711.

Wyllie A H, Kerr J R, Currie A. 1980. Cell death: The Significance of Apoptosis. International Review of Cytology, 68(251): 251-306.

Ye D, Luo H, Lai Z, et al. 2016. ClC-3 chloride channel proteins regulate the cell cycle by up-regulating cyclin D1-CDK4/6 through suppressing p21/p27 expression in nasopharyngeal carcinoma cells. Scientific Reports, 630276.

Yin Y, Tainsky M A, Bischoff F Z, et al. 1992. Wild-type p53 restores cell cycle control and inhibits gene amplification in cells with mutant p53 alleles. Cell, 70(6): 937-948.

Yonish R E, Grunwald D, Wilder S, et al. 1993. p53-mediated cell death: relationship to cell cycle control. Molecular and Cellular Biology, 13(3): 1415-1423.

Zeng C, Sun H, Xie P, et al. 2014. The role of apoptosis in MCLR-induced developmental toxicity in zebrafish embryos. Aquatic Toxicology, 149: 25-32.

Zlotorynski E. 2016. DNA damage response: p53 curbs topological stress. Nature Reviews Molecular Cell Biology, 17(6): 132-146.

第十章 红耳龟适应半咸水环境的肠道菌群调节

动物肠道内定植着数以万计的菌群，称之为肠道菌群，也称肠道微生态系统，主要定植在肠黏液、肠腔、粪便中（Drasar and Hill, 1974; Finegold et al., 1983; 乔艺，2014）。肠道菌群数量远超动物的体细胞，其所携带的基因是动物基因的 100 多倍，已经成为机体不可缺少的"器官"（Simon and Gorbach, 1984; 冯焱等，2012）。目前，伴随 DNA 测序技术和生物信息学技术日益发展成熟，基于 Illumina 高通量测序的研究方法可为获知肠道菌群及组成结构、了解肠道菌群与宿主的共生机制及肠道菌群在疾病中的重要作用提供有力的技术支撑。因此，很多国家相继启动了肠道微生物组计划，如 2008 年欧盟联合国际顶尖科研团队及中国的华大基因公司启动的"人类肠道宏基因组计划（MetaHIT）"。龟鳖类动物在地球上已拥有近 2 亿年的生活史，被世人称为"活化石"，其中淡水龟是龟鳖目动物中最大的一个类群，但是目前对淡水龟类的肠道微生物的菌落结构还鲜有研究。

目前发现共生在动物体内的肠道菌群主要属于 4 大门类：属于革兰氏阴性菌的拟杆菌门（Bacteroidetes）和变形菌门（Proteobacteria）、属于革兰氏阳性菌的厚壁菌门（Firmicutes）和放线菌门（Actinobacteria），约占总菌数的 99%（Hooper and Macpherson, 2010; Scupham et al., 2006）。根据肠道的空间分布，肠道菌群可分为黏膜相关菌群及肠腔菌群两部分。黏膜相关菌群主要以生物膜的形式定植于肠上皮细胞的黏液层中，与肠黏膜一起构成了机体的黏膜免疫屏障；而肠腔菌群主要是结合在肠道食糜颗粒上或是以浮游态游离在肠腔中，由于食物的摄入，外源菌影响着肠腔菌群结构的组成，但在健康情况下，黏膜菌群不断接种到肠腔菌群，从而维持肠腔菌群结构处于健康范围内（Poulsen et al., 1994）。肠道微生物是机体代谢的重要参与者，为机体的代谢过程提供底物、酶和能量；代谢产生的脂肪酸等促进上皮细胞生长与分化，并参与了维生素的合成和各种离子的吸收。肠道是机体最大的免疫器官，肠道微生物与宿主在肠道黏膜表面的交流促进了免疫系统的建立和发展，成为重要的免疫屏障。另外，肠道微生物还通过形成"菌膜屏障"为机体提供保护功能（Macpherson and Harris, 2004）。总之，肠道微生态系统可参与机体的代谢、影响机体能量摄入、调节宿主代谢相关基因、影响炎症的发生等。

动物肠道菌群结构受多种因素的影响，如年龄、性别、饮食、外界环境的改变诱发的各种应激因素等（冯焱等，2012; 马旭园，2018; 童庆，2018），例如，氧自由基可以直接攻击肠道微生物，导致肠道菌群失调（Oliveira et al., 2011）。红耳龟由淡水进入半咸水环境中时，其肠道消化酶发生了改变，且体内也产生较多的氧化应激标志物，那么在这种情况下，肠道微生态系统是否会受到影响？红耳龟为长期适应半咸水环境，是否会重筑其肠道菌群结构呢？本章将对此进行重点阐述。

第一节　半咸水环境中红耳龟肠道菌群多样性分析

一、OTU 分析

运算分类单元（operational taxonomic unit，OTU）是在系统发生学研究或群体遗传学研究中，为了便于进行分析，人为给某一个分类单元（品系、种、属、分组等）设置的同一标志。通常按照97%的相似性阈值将序列划分为不同的OTU，每一个OTU通常被视为一个微生物物种。相似性小于97%就可以认为属于不同的种，相似性小于93%~95%，可以认为属于不同的属。样品中微生物多样性和不同微生物的丰度都是基于对OTU的分析。

由表10-1可知，通过测序，淡水组红耳龟肠道检测出48 393条去嵌合体序列和136个OTU，5‰盐度组检测出43 437条去嵌合体序列和90个OTU，15‰盐度组检测出49 484条去嵌合体序列和93个OTU（表10-1）。

表 10-1　样本信息

分组	序列数	碱基数	平均序列长度	最短序列长度	最长序列长度	OTU 数
淡水组（S0）	48 393	21 093 806	435.91	363.33	462.33	136
5‰盐度组（S5）	43 437	19 093 858	439.63	325.33	461.33	90
15‰盐度组（S15）	49 484	21 999 388	444.55	332.33	451.67	91

二、稀释曲线分析

稀释曲线（rarefaction curve）是一种根据个体数与物种数构建的曲线，被用来比较测序量不同的样本中的物种丰富度，也被用来表明样本的测序量是否合理，而香农多样性指数（Shannon diversity index）的饱和水平常用来表征所选取的样品能否代表数据结构的真实性。图10-1显示，稀释曲线进入到平台期水平。这表明随着测序量的增加不会再有新的物种出现，菌群结构的多样性也不会再随之变化，因此实验数据有意义。

三、Alpha 多样性指数

Alpha 多样性是指一个特定区域或者生态系统内的多样性，常用的度量标准有 Chao、Shannon、ace、Simpson、coverage 等，可通过观察各种指数值得到物种的多样性、丰度等信息。

香农指数（Shannon index）是用来估算样品中微生物多样性指数之一，其值越大，说明群落多样性越高。红耳龟在淡水环境中的香农指数略高于半咸水环境，但差异不显著（$P>0.05$）（表10-2），由此说明红耳龟肠道菌群多样性在淡水环境和半咸水环境中无显著的差异。

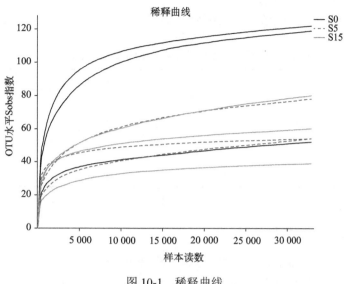

图 10-1 稀释曲线

辛普森指数（Simpson index）：由 Edward Hugh Simpson 于 1949 年提出，在生态学中常用来定量描述一个区域的生物多样性，其值越大，说明群落多样性越低。红耳龟在淡水环境中和半咸水环境中的肠道菌群辛普森指数比较发现，各组之间差异并不显著（$P>0.05$）（表 10-2）。

Chao1 指数（chao1 index）是用来反映物种丰富度的指标，红耳龟在淡水环境中该指数偏高，但与盐度组相比差异并不显著（$P>0.05$）（表 10-2）。

表 10-2 多样性指数差异检验

多样性指数	淡水组（S0）	5‰盐度组（S5）	15‰盐度组（S15）	P 值（S0-S5）	P 值（S0-S15）	P 值（S15-S5）
香农指数	2.41	2.11	2.24	0.54	0.74	0.54
辛普森指数	0.20	0.22	0.18	0.76	0.83	0.30
Chao1 指数	108.28	90.33	78.12	0.52	0.35	0.67

第二节 半咸水环境中红耳龟肠道菌群物种组成

一、基于门分类水平的物种注释

在门水平的分布上，淡水组和半咸水组的红耳龟肠道微生物均包含 4 个优势菌门——厚壁菌门（Firmicutes）、拟杆菌门（Bacteroidetes）、梭杆菌门（Fusobacteria）和变形菌门（Proteobacteria），共同构成了肠道菌群的主要结构，只是在各组所占的比例不同（表 10-3）。红耳龟在 5‰盐度组中，肠道菌群在门水平上的组成与淡水组基本接近，厚壁菌门为优势菌（占 46%），其次是梭杆菌门（占 31.57%）和变形菌门（21.2%），数量最少的是拟杆菌门（占 0.82%）；在 15‰盐度组，厚壁菌门大幅度下降（仅占 9.47%），但变形菌门和拟杆菌门均大幅度增加，其中变形菌门（占 59.2%）成为优势菌门。

表 10-3　基于门分类水平上红耳龟肠道菌群组成比例　　　　　（%）

种类	淡水组（S0）	5‰盐度组（S5）	15‰盐度组（S15）
厚壁菌门 Firmicutes	59.01	46.00	9.47
拟杆菌门 Bacteroidetes	3.71	0.82	22.93
梭杆菌门 Fusobacteria	25.87	31.57	7.90
变形菌门 Proteobacteria	10.66	21.20	59.20
其他	0.75	0.41	0.50

二、基于属分类水平的物种注释

在属分类水平的分布上，淡水组、5‰盐度组和 15‰盐度组三个组中的红耳龟肠道微生物所占比例较高的依次为：鲸杆菌属（*Cetobacterium*）、摩根菌属（*Morganella*）、肠球菌属（*Enterococcus*）、拟杆菌属（*Bacteroides*）（表 10-4）。

表 10-4　基于属分类水平上红耳龟肠道菌群组成比例　　　　　（%）

种类	淡水组（S0）	5‰盐度组（S5）	15‰盐度组（S15）
鲸杆菌属（*Cetobacterium*）	25.87	31.57	0.16
摩根菌属（*Morganella*）	0	0	23.26
肠球菌属（*Enterococcus*）	23.14	17.55	0.36
拟杆菌属（*Bacteroides*）	0.49	0.13	18.97
Testudinibacter	0	0	16.76
埃希氏-志贺氏菌属（*Escherichia-Shigella*）	1.52	14.63	0.12
乳球菌属（*Lactococcus*）	3.25	12.83	0.03
Romboutsia	10.44	5.43	0.09
梭菌属（*Clostridium*）	9.13	6.25	5.29
柠檬酸杆菌属（*Citrobacter*）	9.08	6.10	6.68
气单胞菌属（*Aeromonas*）	0	0	4.60
爱德华菌属（*Edwardsiella*）	0	0	3.27
真杆菌属（*Eubacteriaceae*）	3.18	0.10	0
紫单胞菌属（*Porphyromonadaceae*）	1.94	0.45	3.33
Terrisporobacter	1.99	0.22	2.38
沙门氏菌属（*Salmonella*）	0.001	0.02	1.79
其他	9.97	4.72	12.91

淡水组中，主要由鲸杆菌属（25.87%）和肠球菌属（23.14%）组成，其次为 *Romboutsia*（10.44%）、梭菌属（*Clostridium*，9.13%）和柠檬酸杆菌属（*Citrobacter*，9.08%），而乳球菌属（*Lactococcus*）、真杆菌属（*Eubacteriaceae*）、紫单胞菌属（*Porphyromonadaceae*）、土孢杆菌属（*Terrisporobacter*）所占比例分别为 3.25%、3.18%、1.94%、1.99%。

在 5‰盐度组中，优势菌属与淡水组相似，为鲸杆菌属（31.57%）和肠球菌属（17.55%）。与淡水组相比，肠道菌群中乳球菌属（12.83%）和埃希氏-志贺氏菌属（*Escherichia-Shigella*，14.63%）增多。

在 15‰盐度组中，其肠道菌群的组成与淡水组和 5‰盐度组有很大的区别，未检测到鲸杆菌属和肠球菌属显著下降，同时还检测到了前两组均未出现的摩根菌属（*Morganella*，23.26%）。摩根菌属与拟杆菌属（*Bacteroides*，18.97%）和 *Testudinibacter*（16.76%）成为优势菌属。此外，还检测到气单胞菌属（*Aeromonas*，4.6%）、爱德华菌属（*Edwardsiella*，3.27%）、沙门氏菌属（*Salmonella*，1.79%）。

三、红耳龟肠道菌群的特有 OTU

维恩（Venn）图可用于统计多组或多个样本中所共有和独有的物种（如 OTU）数目，可以比较直观地表现样本的物种组成相似性及重叠情况。通常情况下，分析时选用相似水平为 97% 的 OTU 或其他分类学水平的样本表。由红耳龟肠道菌群结构 Venn 图可知，5‰盐度组和淡水组红耳龟肠道中共有 OTU 为 81 个，15‰盐度组和淡水组共有的 OTU 为 47 个，5‰盐度组和 15‰盐度组组共有的 OTU 为 43 个（图 10-2）。

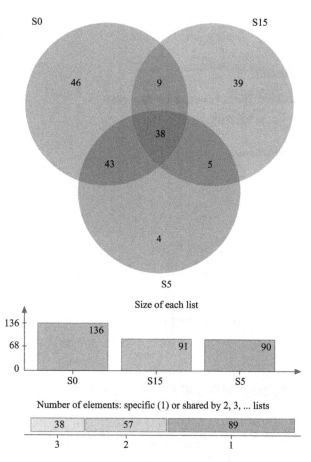

图 10-2　三组共有和独有的 OTU 数目 Venn 图分析

淡水环境中特有的 OTU 属于柔膜菌纲（Mollicutes）、瘤胃菌科（Ruminococcaceae）、红蝽菌科（Coriobacteriaceae）、*Anaerotruncus*、布劳特氏菌属（*Blautia*）、瘤胃球菌属（*Ruminococcus*）等；5‰的盐度组中特有的 OTU 属于杆菌（Bacillus）、*Erysipelatoclostridium* 属；15‰的盐度组中特有的 OTU 属于摩根菌属、*Testudinibacter*、梭杆菌属、气单胞菌属、Leptotrichiaceae、*Proteocatella*、爱德华菌属等。

四、红耳龟肠道菌群的物种差异分析

组间显著性差异检验根据得到的群落丰度数据，运用严格的统计学方法，对不同组（或样本）微生物群落之间的物种进行假设检验，评估物种丰度差异的显著性水平，获得组（或样本）间显著性差异物种。该分析可选择门、纲、目、科、属、种、OTU 等不同分类水平。

1. 基于门分类水平上红耳龟肠道菌群物种差异分析

红耳龟在淡水环境中与在半咸水的环境中，其肠道菌群结构在门水平上，厚壁菌门、变形菌门和拟杆菌门差异显著（$P<0.05$），其他如梭杆菌门和放线菌门等差异不显著（$P>0.05$）（图 10-3）。

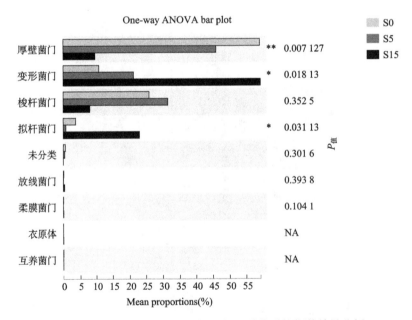

图 10-3 基于门分类水平上红耳龟肠道菌群的物种差异分析

2. 基于属分类水平上红耳龟肠道菌群的物种差异分析

红耳龟在淡水环境中与在半咸水的环境中，其肠道菌群结构在属水平上，摩氏摩根菌属、拟杆菌属、*Testudinibacter*、*Romboutsia*、梭杆菌属、气单胞菌属和爱德华菌属差异显著（$P<0.05$），其他属如鲸杆菌属（*Cetobacterium*）、肠球菌属、柠檬酸杆菌属、多

形杆菌属等差异不显著（$P>0.05$）（图 10-4）。

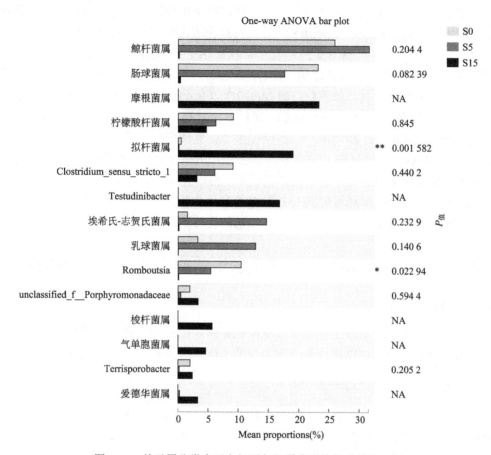

图 10-4　基于属分类水平上红耳龟肠道菌群的物种差异分析

从红耳龟肠道菌群组成上看，5‰盐度组与淡水组共有的 OTU 数最多，肠道菌群在门水平上，厚壁菌门数量低于淡水组，而变形菌门增多，但差异并不显著，说明红耳龟处于较低的盐度环境时，其肠道菌群结构并未受到较大的影响，推测由这些肠道菌群调控的消化、吸收、免疫等功能均能够较好地发挥，以适应半咸水环境。在 15‰盐度组中，厚壁菌门大幅度下降，其次是梭杆菌门，变形菌门和拟杆菌门均大幅度增加，其中变形菌门成为绝对的优势菌门。39 个特有的 OUT，属于摩根菌属、梭杆菌属、气单胞菌属、爱德华菌属等，这几类均属于致病菌，多数为条件性致病菌，由此看出，红耳龟在高盐度的环境中，相对在淡水环境，机体增加了感染疾病的机会。

由本书第六章所述，红耳龟在较高的盐度环境时，机体可能会发生氧化应激（Ding et al., 2019），而处于氧化应激条件下，肠道微生物也会启动一些机制应对机体的氧化损伤，主要有两种抗氧化系统，包括 SoxRS 和 OxyR 系统（Zheng et al., 1999；冯焱，2012；乔艺，2014）。其中，SoxRS 系统主要是响应超氧化物阴离子引起的氧化损伤，而 OxyR 系统主要响应过氧化氢引起的氧化应激（Hidalgo and Demple, 1996; Pomposiello and Demple, 2001）。OxyR 系统最初发现于鼠伤寒沙门氏菌，后来在一些致病性物种中，如大肠杆菌、粪肠球菌、绿脓假单胞菌、淋病奈瑟氏菌等菌群中都有发现。这可能是由于这些细菌病原体容易被巨噬细胞吞噬,并受到巨噬细胞分泌的自由基攻击,长期物种进化的过程中,形成了 OxyR 与 SoxRS 两种抵抗氧化应激损伤的系统(Fang, 1997)。肠球菌被报道有很强的氧自由基耐受性,甚至可以存活于巨噬细胞中(Strickertsson et al., 2013)。相比之下,在大多数链球菌(*Streptococcus*)和乳球菌(*Lactococcus*)中,消除活性氧依靠一般抗氧化酶防御系统,如 MnSOD(Britton et al., 1978; Li et al., 2015)。抗氧化酶,特别是超氧化物歧化酶(SOD)和过氧化氢酶(CAT),可以消除超氧化物和过氧化氢(Hermes-Lima et al., 2001)。然而,大多数乳酸菌也缺乏一般的酶防御系统,如缺少 SOD 和 CAT,活性氧在其细胞中容易引起氧化胁迫。红耳龟在 15‰ 的高盐度环境中,乳球菌属(*Lactococcus*)的丰度显著下降,肠球菌属(*Enterococcus*)的丰度也极大地低于淡水组,由此可知红耳龟在 15‰ 的盐度环境中生活 30d 时,肠道优势菌群发生了较大的改变,对其消化吸收功能以及抗氧化功能均有不同程度的影响。

第三节 半咸水环境中红耳龟肠道菌群系统发育及功能预测

一、系统发生进化树

在分子进化研究中,对系统发生的推断能够揭示出有关生物进化过程的顺序,了解生物进化历史和机制,可以通过某一分类水平上序列间碱基的差异构建进化树。

1. 基于门分类水平上物种进化分析

在门水平上,红耳龟肠道菌群共有 3 大类分支,一类是变形菌门;一类是拟杆菌门;放线菌门与互养菌门(Synergistetes)和厚壁菌门等一起处于一大类(图 10-5)。

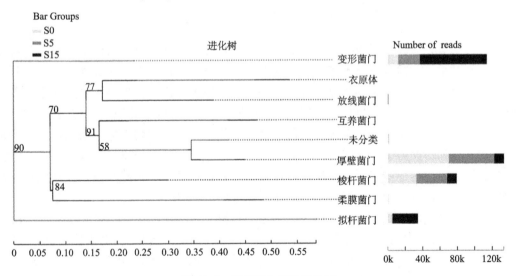

图 10-5 门水平上物种进化树

S0,淡水组;S5,5‰盐度组;S15,15‰盐度组(下同)

2. 基于属分类水平上物种进化分析

在属水平上,红耳龟肠道中菌群共有 3 大类分支,其中:变形菌属(*Gammaproteobacteria*)、气单胞菌属、*Testudinibacter*、摩根菌属构成的分支,与肠杆菌属、沙门氏菌属、柠檬酸杆菌属、埃希氏-志贺氏菌属、爱德华菌属构成的分支,以及弧菌属(*Vibrio*)分支一起构成一大类;多形杆菌属、副杆菌属(*Parabacteroides*)、黄杆菌属(*Flavobacteriaceae*)和弯曲杆菌属(*Campylobacter*)组成的分支,与 *Stenoxybacter* 一起构成一大类;第三大类包含两大分支,其中一支是由 *Faecalitalea*、支原体属(*Mycoplasma*)和鲸杆菌属、梭杆菌属、Leptotrichiaceae 等构成,另一大分支由乳杆菌属(*Lactobacillales*)、链球菌属(*Streptococcaceae*)、肠球菌属、*Turicibacter*、土孢杆菌属(*Terrisporobacter*)、*Romboutsia*、*Proteocatella*、梭菌属(*Clostridium*)等构成(图10-6)。

二、红耳龟肠道菌群 16S 功能预测

16S 功能预测是通过 PICRUSt(PICRUSt 软件存储了 greengene id 对应的 COG 信息和 KO 信息)对 OUT 丰度表进行标准化,即去除 16S marker gene 在物种基因组中的 copy 数目的影响;然后通过每个 OTU 对应的 greengene id,获得 OTU 对应的 COG 家族信息和 KEGG Ortholog(KO)信息;并计算各 COG 的丰度和 KO 丰度。根据 COG 数据库的信息,可以从 eggNOG 数据库中解析到各个 COG 的描述信息,以及其功能信息,从而得到功能丰度谱。

从红耳龟肠道菌群 16S 功能预测分析可以看出,COG 功能分为 25 类,分别为 RNA 加工与修饰(RNA processing and modification),染色质结构与动力学(chromatin structure and dynamics),能量生成与转化(energy production and conversion),细胞周期调控、细胞分裂、染色体分割(cell cycle control, cell division, chromosome partitioning),氨基酸转运与代谢(amino acid transport and metabolism),核苷酸转运与代谢(nucleotide transport and metabolism),碳水化合物转运与代谢(carbohydrate transport and metabolism),辅酶转运与代谢(coenzyme transport and metabolism),脂质转运与代谢(lipid transport and metabolism),翻译、核糖体结构与生物发生(translation, ribosomal structure and biogenesis),转录(transcription),复制、重组与修复(replication, recombination and repair),细胞壁/膜/包膜生物发生(cell wall/membrane/envelope biogenesis),细胞迁移(cell motility),翻译后修饰、蛋白质转换、分子伴侣(posttranslational modification, protein turnover, chaperones),无机离子转运与代谢(inorganic ion transport and metabolism),次生代谢产物的生物合成、转运和分解代谢(secondary metabolites biosynthesis, transport and catabolism),信号转导机制(signal transduction mechanisms),细胞内运输、分泌和囊泡运输(intracellular trafficking, secretion, and vesicular transport),防御机制(defense mechanism),真核细胞的细胞外结构(extracellular structure),细胞核结构(nuclear structure),细胞骨架(cytoskeleton)等。

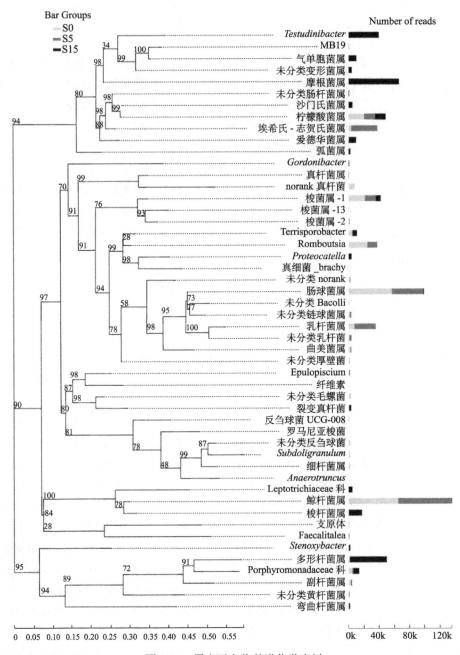

图 10-6 属水平上物种进化发育树

淡水环境中，红耳龟肠道菌群功能富集较多地集中在碳水化合物转运与代谢，氨基酸转运与代谢，转录，复制、重组与修复，翻译、核糖体结构与生物发生，能量生成与转化，细胞壁/膜/包膜生物发生，无机离子转运与代谢等，同时有两类未知的功能亦被显著富集（图 10-7）。

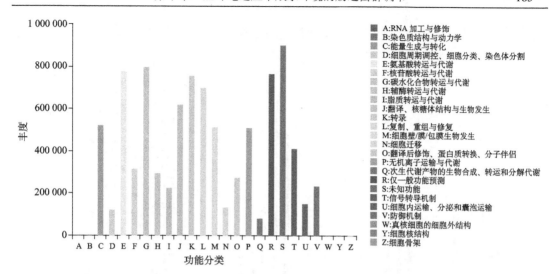

图 10-7 淡水组红耳龟肠道菌群 16S 功能分析（彩图请扫封底二维码）

红耳龟在 5‰的盐度环境时，其肠道菌群 16S 功能预测发现，除两类未知的功能被显著富集外，氨基酸转运与代谢，碳水化合物运输与代谢，复制、重组与修复，转录，翻译、核糖体结构与生物发生，无机离子转运与代谢，细胞壁/膜/包膜生物发生，能量生成与转化等也被显著富集（图 10-8）。

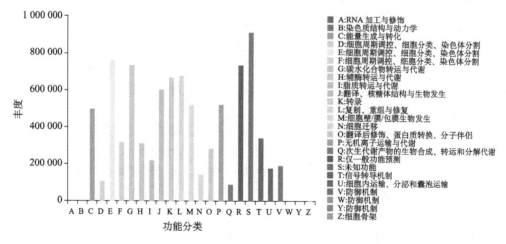

图 10-8 5‰盐度组红耳龟肠道菌群 16S 功能分析（彩图请扫封底二维码）

红耳龟在 15‰的盐度环境时，其肠道菌群 16S 功能预测发现，除两类未知的功能被显著富集外，其他显著富集的功能依次为氨基酸转运与代谢，细胞壁/膜/包膜生物发生，复制、重组与修复，碳水化合物转运与代谢，无机离子转运与代谢，转录，翻译、核糖体结构与生物发生，能量生成与转化等（图 10-9）。

通过对 COG 基因功能丰度统计，可以看出，红耳龟在 15‰盐度组，其肠道菌群 16S 基因功能丰度要明显高于淡水组和 5‰盐度组，尤其是在能量生成与转化，细胞周期调控，细胞分裂，染色体分割，氨基酸转运与代谢，碳水化合物转运与代谢，辅酶转运与代谢，脂质转运与代谢，翻译、核糖体结构与生物发生，复制、重组与修复，无机离子运输与代谢等功能方面。

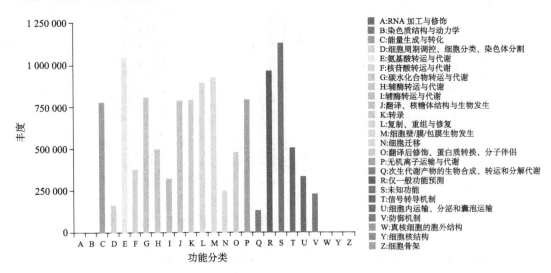

图 10-9　15‰盐度组红耳龟肠道菌群 16S 功能分析（彩图请扫封底二维码）

三、半咸水环境中红耳龟肠道菌群功能分析

肠道菌群动态平衡的破坏常伴随着宿主疾病的发生，因此肠道菌群在促进宿主健康中起到重要作用，且这种观点已被广泛接受（Gerritsen et al., 2011; Round and Mazmanian, 2009）。然而，环境应激因素对肠道菌群结构的影响是非常大的，例如降低与消化吸收和能量代谢相关的功能，导致机体摄食能力降低和参与免疫反应的能量减少等（Brown et al., 2012; Nicholson et al., 2012）。

新陈代谢是生命最基本的特征之一，包括物质代谢和能量代谢两个方面。机体通过物质代谢，从外界摄取营养物质，同时经过体内分解吸收将其中蕴藏的化学能释放出来，伴随能量的转移、贮存和利用等，最终转化为组织和细胞可以利用的能量，而机体利用这些能量来维持生命活动（Ursell et al., 2014; Wahlström et al., 2016）。红耳龟在较高盐度的半咸水环境中时，参与氨基酸、碳水化合物、脂质等的消化及吸收生理过程的微生物丰度增加，同时伴随着能量生成与转化功能的菌群丰度升高。由此可以看出，红耳龟在高盐环境下需要消耗更多的能量，这与第五章所阐述的红耳龟在半咸水环境中对营养物质的消耗增加是一致的。

红耳龟通过生成较多的能量来应对在盐环境下所启动的一些生理进程，如渗透压的调节。在本书第四章中我们证明了红耳龟在半咸水的环境中通过离子以及一些非离子成分的转运来进行渗透压调节（Hong et al., 2014, 2019; 张珂, 2014）。在红耳龟肠道菌群中，我们也发现无机离子转运与代谢、细胞内运输、分泌和囊泡运输、次生代谢产物的生物合成转运功能相关的菌群丰度在高盐度的环境中显著增加，这也充分印证了红耳龟在半咸水环境中可以很好地进行渗透压调节这一结果。

此外，红耳龟在较高盐度的环境中，肠道菌群在细胞周期调控、细胞分裂、凋亡功能上丰度也显著增加，这一结果和本书第七章中阐述的，红耳龟在15‰盐度环境中，其肝脏中细胞周期及凋亡相关基因的表达水平显著上调，在肝脏中有零星的细胞发生凋亡是一致的（Li et al., 2019）。

以上结果均说明，盐度对红耳龟肠道菌群结构有一定的影响作用，在盐度较低的环境中时与淡水环境差异不大，而在盐度较高环境中，红耳龟可通过增加物质代谢、能量代谢、离子转运等相关功能的菌群丰度以应对高渗的环境，但同时也出现了一些潜在致病菌，如摩根菌属、梭杆菌属、气单胞菌属、爱德华菌属等，增加了病原微生物感染的风险。

结　语

红耳龟进入半咸水环境后，其肠道菌群的多样性和丰度虽略低于淡水组，但差异并不显著，在盐度较低的环境中时，红耳龟肠道中的菌群结构变化不显著。在盐度较高的环境中时，红耳龟肠道中原有优势菌群显著下降，同时也出现了一些潜在致病菌，如摩根菌属、梭杆菌属、气单胞菌属、爱德华菌属等，增加了感染疾病的风险。此外，红耳龟可通过增加物质转运、能量代谢、离子转运等相关功能的菌群丰度以加强对营养物质的消化和吸收，提高能量的生成与转化，为机体进行离子等物质的转运，进而为高渗环境中渗透压的调节做好准备。以上结果表明红耳龟可通过肠道微生态调节更好地适应半咸水环境。

参 考 文 献

包士三. 2001. 细胞因子在肠道粘膜免疫中的重要作用. 现代免疫学, 21(3): 133-135.
陈悦. 2015. 灵芝多糖对H22肝癌小鼠肠道黏膜免疫功能的影响作用. 中国伤残医学, 23(21): 35-37.
冯焱. 2012. 免疫应激对肉鸡消化系统、免疫功能及肠道微生物区系的影响. 杨凌: 西北农林科技大学博士学位论文.
冯焱, 杨小军, 胡雄兵, 等. 2012. 免疫应激对肉鸡肠道微生物区系的影响. 农业生物技术学报, 20(7): 807-814.
李欣, 岳冬辉, 毕岩. 2015. sIgA在黏膜免疫中的作用. 河南中医, 35(12): 3212-3214.
刘冬妍, 刘沛. 2005. 肠道免疫防御. 国际流行病学传染病学杂志, 32(3): 184-187.
马旭园. 2018. 溃疡性结肠炎患者肠道菌群变化及其与IL-23/IL-17轴的关系. 开封: 河南大学硕士学位论文.
乔艺. 2014. 高脂诱导的氧化应激对小鼠肠道菌群改变与炎症反应的影响. 无锡: 江南大学博士学位论文.
唐庆娟. 2007. 糖蛋白pIgR两种新功能的发现研究. 青岛: 中国海洋大学博士学位论文.
唐庆娟, 戚欣, 耿美玉. 2007. 多聚免疫球蛋白受体(pIgR)在粘膜免疫中的重要功能. 中国生物化学与分子生物学报, 23(9): 724-729.
童庆. 2018. 二氢杨梅素通过调节肠道菌群结构防治肥胖及胰岛素抵抗的作用机制研究. 武汉: 华中科技大学博士学位论文.
王定越, 徐盛玉, 宋洁, 等. 2012. 分泌性免疫球蛋白A与肠道黏膜免疫的关系及其分泌的营养调控. 动物营养学报, 24(10): 1854-1860.

张珂. 2014. 红耳龟(*Trachemys scripta elegans*)对环境盐度的耐受性及生理适应机制. 海口: 海南师范大学硕士学位论文.

赵明明. 2018. 黑灵芝多糖对小鼠肠道黏膜免疫及黏膜损伤的影响. 南昌: 南昌大学硕士学位论文.

Bouskra D, Brézillon C, Bérard M, et al. 2008. Lymphoid tissue genesis induced by commensals through NOD1 regulates intestinal homeostasis. Nature, 456(7221): 507-510.

Britton L, Malinowski D P, Fridovich I. 1978. Superoxide dismutase and oxygen metabolism in *Streptococcus faecalis* and comparisons with other organisms. Journal of Bacteriology, 134(1): 229-236.

Brown K, DeCoffe D, Molcan E, et al. 2012. Diet-induced dysbiosis of the intestinal microbiota and the effects on immunity and disease. Nutrients, 4(8): 1095-1119.

Ding L, Li W H, Li N, et al. 2019. Antioxidant responses to salinity stress in an invasive species, the red-eared slider (*Trachemys scripta elegans*) and involvement of a TOR-Nrf2 signaling pathway. Comparative Biochemistry and Physiology Part C: Toxicology & Pharmacology, 219: 59-67.

Drasar B S, Hill M J. 1974. Human intestinal flora. London: Academic Press, 24/28 Oval Road, London, NWI.

Fang F C. 1997. Perspectives series: host/pathogen interactions. Mechanisms of nitric oxide-related antimicrobial activity. The Journal of Clinical Investigation, 99(12): 2818-2825.

Finegold S M, Sutter V L, Mathisen G E. 1983. Normal indigenous intestinal flora. *In*: Hentgens D J. Human intestinal microflora in health and disease. NewYork: Academic Press: 13-31.

Gerritsen J, Smidt H, Rijkers G T, et al. 2011. Intestinal microbiota in human health and disease: the impact of probiotics. Genes & Nutrition, 6(3): 209-240.

Hermes-Lima M, Storey J M, Storey K B. 2001. Antioxidant defenses and animal adaptation to oxygen availability during environmental stress. Amsterdam: Elsevier Press: 263-287.

Hidalgo E, Demple B. 1996. Adaptive responses to oxidative stress: the soxRS and oxyR regulons. *In*: Lin E C C, Lynch A S. Regulation of gene expression in *Escherichia coli*. Berlin: Springer: 435-452.

Hong M L, Jiang A P, Li N, et al. 2019. Comparative analysis of the liver transcriptome in the red-eared slider *Trachemys scripta elegans* under chronic salinity stress. Peer J, 7e6538.

Hong M L, Zhang K, Shu C H, et al. 2014. Effect of salinity on the survival, ions and urea modulation in red-eared slider (*Trachemys scripta elegans*). Asian Herpetological Research, 5(2): 128-136.

Hooper L V, Macpherson A J. 2010. Immune adaptations that maintain homeostasis with the intestinal microbiota. Nature Reviews Immunology, 10(3): 159-169.

Johnson C, Kudsk K. 1999. Nutrition and intestinal mucosal immunity. Clinical Nutrition, 18(6): 337-344.

Li P, Shi J, He Q, et al. 2015. *Streptococcus pneumoniae* induces autophagy through the inhibition of the PI3K-I/Akt/mTOR pathway and ROS hypergeneration in A549 cells. PLoS ONE, 10(3): e0122753.

Li W H, Li N, Liang L Y, et al. 2019. Regulation of p53 in the red-eared slider (*Trachemys scripta elegans*) in response to salinity stress. Comparative Biochemistry and Physiology Part C: Toxicology & Pharmacology, 221: 49-58.

Macpherson A J, Harris N L. 2004. Interactions between commensal intestinal bacteria and the immune system. Nature Reviews Immunology, 4(6): 478-485.

Mashimo H, Wu D C, Podolsky D K, et al. 1996. Impaired defense of intestinal mucosa in mice lacking intestinal trefoil factor. Science, 274(5285): 262-265.

Mayer L. 2003. Mucosal immunity. Pediatrics, 111(Supplement 3): 1595-1600.

Neurath M F, Finotto S, Glimcher L H. 2002. The role of Th1/Th2 polarization in mucosal immunity. Nature Medicine, 8(6): 567-573.

Nicholson J K, Holmes E, Kinross J, et al. 2012. Host-gut microbiota metabolic interactions. Science,

336(6086): 1262-1267.

Oliveira J H M, Gonçalves R L, Lara F A, et al. 2011. Blood meal-derived heme decreases ROS levels in the midgut of *Aedes aegypti* and allows proliferation of intestinal microbiota. PLoS Pathogens, 7(3): e1001320.

Pomposiello P J, Demple B. 2001. Redox-operated genetic switches: the SoxR and OxyR transcription factors. Trends in Biotechnology, 19(3): 109-114.

Poulsen L K, Lan F, Kristensen C S, et al. 1994. Spatial distribution of *Escherichia coli* in the mouse large intestine inferred from rRNA *in situ* hybridization. Infection and Immunity, 62(11): 5191-5194.

Round J L, Mazmanian S K. 2009. The gut microbiota shapes intestinal immune responses during health and disease. Nature Reviews Immunology, 9(5): 313-323.

Scupham A J, Presley L L, Wei B, et al. 2006. Abundant and diverse fungal microbiota in the murine intestine. Appl Environmental Microbiology, 72(1): 793-801.

Simon G L, Gorbach S L. 1984. Intestinal flora in health and disease. Gastroenterology, 86(1): 174-193.

Strickertsson J A, Desler C, Martin-Bertelsen T, et al. 2013. *Enterococcus faecalis* infection causes inflammation, intracellular oxphos-independent ROS production, and DNA damage in human gastric cancer cells. PLoS ONE, 8(4): e63147.

Turner J R. 2009. Intestinal mucosal barrier function in health and disease. Nature Reviews Immunology, 9(11): 799-809.

Ursell L K, Haiser H J, Van Treuren W, et al. 2014. The intestinal metabolome: an intersection between microbiota and host. Gastroenterology, 146(6): 1470-1476.

Wahlström A, Sayin S I, Marschall H U, et al. 2016. Intestinal crosstalk between bile acids and microbiota and its impact on host metabolism. Cell Metabolism, 24(1): 41-50.

Zheng M, Doan B, Schneider T D, et al. 1999. OxyR and SoxRS regulation offur. Journal of Bacteriology, 181(15): 4639-4643.